U0268047

国家级一流本科课程（线下一流课程）教学成果

新型工业化·新工科·计算机类系列教材

程序设计与计算思维
（基于C语言）

◆王 雷 白雪飞 王 嵩 谭立湘 编著

電子工業出版社
Publishing House of Electronics Industry
北京·BEIJING

内 容 简 介

作为省级基层示范教研室的教学成果，本书以面向知识、能力、素质三位一体的培养为教学目标，兼顾计算思维能力、自主学习能力与编程实践能力的培养目标，改革了传统教材以分立的语法单元为纲、侧重语法教学的内容组织方式，转为以程序设计方法为纲、遵循“迭代学习”的思想。

本书选用 C 语言为教学语言，主要内容包括：预备知识，程序设计入门，结构化程序设计，模块化程序设计，系统级编程初探。同时，本书附录中提供了 ASCII 表、枚举类型与自定义数据类型、运算符、预处理、常用库函数、外部对象与项目、系统调用等内容。

本书提供配套的教案、教学课件和教学视频等教学资源。

本书可作为高等学校理工科专业特别是计算机相关专业的教材，也可作为相关从业人员的自学用书。

图书在版编目（CIP）数据

程序设计与计算思维：基于 C 语言 / 王雷等编著. —北京：电子工业出版社，2022.8
ISBN 978-7-121-44028-1

Ⅰ. ① 程…　Ⅱ. ① 王…　Ⅲ. ① C 语言－程序设计－高等学校－教材　Ⅳ. ① TP312.8

中国版本图书馆 CIP 数据核字（2022）第 130229 号

责任编辑：章海涛　　特约编辑：李松明
印　　刷：三河市鑫金马印装有限公司
装　　订：三河市鑫金马印装有限公司
出版发行：电子工业出版社
　　　　　北京市海淀区万寿路 173 信箱　邮编：100036
开　　本：787×1092　1/16　　印张：17.5　　字数：448 千字
版　　次：2022 年 8 月第 1 版
印　　次：2024 年 8 月第 3 次印刷
定　　价：64.00 元

凡所购买电子工业出版社图书有缺损问题，请向购买书店调换。若书店售缺，请与本社发行部联系，联系及邮购电话：（010）88254888，88258888。

质量投诉请发邮件至 zlts@phei.com.cn，盗版侵权举报请发邮件至 dbqq@phei.com.cn。

本书咨询联系方式：192910558（QQ 群）。

前　言

本书撰写之时正值人工智能火热之日。以机器学习为代表的人工智能技术在越来越多的领域得到应用，其中的关键是如何建立模型描述问题和如何通过计算解决问题。

随着理论计算方法和高性能计算的快速发展，计算已成为继实验和理论后开展科学研究的第三大重要支柱。计算科学带动的信息产业革命不仅逐渐改变了人类的生活方式，还改变了人类认识世界和改造世界的方式。计算需要依赖程序进行，掌握程序设计的思想与方法已成为各专业对人才的基本能力要求。与此同时，问题复杂度的提高使得求解问题时需要更加有效的思维方式，计算思维的概念由此诞生。而现代教育技术的引入与教学环境的改变，则使得自主学习成为当代大学生必备的能力之一。

现代教育理念强调知识、能力、素质三位一体的培养，本书为兼顾计算思维能力、自主学习能力与编程实践能力的培养目标，改革了传统教材以分立的语法单元为纲、侧重语法教学的内容组织方式，转为以程序设计方法为纲、遵循"迭代学习"的思想，从预备知识开始，入门即通过实例引入常用的语法元素，然后按照结构化程序设计、模块化程序设计、系统级编程初探的顺序，逐层展开讲解语法概念的原理和程序设计中的应用，每章后给出了明确的能力要求。在知识结构上，每章都有一套完整的体系，读者通过迭代的学习，可以对核心知识点有不断深入的认知，并能解决越来越复杂的问题，从而达到持续培养能力的目标。

本书是国家级一流本科课程（线下一流课程）、安徽省基层示范教研室、安徽省示范课"计算机程序设计"课程组（教研室）集体智慧的结晶。

中国科学技术大学于 1984 年在大部分专业开设了必修课"C 语言程序设计"。2010 年，该课程与"计算机文化基础"合并为"计算机程序设计"，与数学类、物理类基础课并列为公选必修课程，面向所有专业一年级本科生开设。10 余年过去了，计算机教育的理念在不断发展，培养"计算思维"成为普遍接受的教学目标之一。与此同时，大学新生的计算机基础、学习方式和学习需求与以往相比也有很大的不同，编写一本更贴合现代教育理念、面向新时代、新人类的新教材势在必行。

本书的编写受到学校重视，被列入中国科学技术大学 2020 年本科质量工程"一流教材"项目。

在国家日益重视本科基础教育的背景下，在"一流本科教育质量提升行动纲领"的指引下，课程组经过充分的调研、分析和讨论，对教材的组织架构和内容侧重等方面进行了改革和创新。

本书从语法概念的原理出发，将计算思维融入具体的编程实践，系统性地阐述了程序设计的思想与方法，并对学习者提出了明确的能力要求。

考虑到基础性、稳定性和全面性，本书仍选用 C 语言作为教学语言。本书仅要求读者具有基本信息技术的基础，适用群体包括所有理工科专业的本科生，可以作为程序设计类基础课程教材。

除了主要编写人员王雷、白雪飞、王嵩、谭立湘，课程组其他教师也为本书的编写提供了很多帮助，包括信息学院、计算机学院、微电子学院、网络空间安全学院和软件学院的李卫海、李玉虎、凌强、刘勇、秦琳琳、盛捷、司虎、孙广中、唐建、王百宗、吴文涛、杨坚、尹东、於俊、张普华、张四海、郑重等。

本书设定的目标颇为宏大，但由于编写团队的水平和能力有限，难免有力所不能及的情况。粗疏错漏之处，欢迎广大的专家与读者不吝指正。

本书为读者提供相关教学资料（包括 MOOC 视频、教学课件、教案、示例程序和延伸阅读材料等），有需要者，请登录到 http://www.hxedu.com.cn，注册后进行下载。

作　者

目 录

第 1 章

CT

预备知识

本章值得关注的知识如下：

- 十进制向二进制转换的时候，小数部分存在误差。
- 所有程序都在内存中运行，包括操作系统。
- 抽象与自动化是计算思维的核心特征。
- 建模与算法设计是程序设计的核心内容。
- 为得到一个可执行的 C 程序，需要完成编写代码、编译、链接三个步骤。

通过本章的学习，读者应达到如下能力水平：

- 了解计算、信息、数据、指令、程序、内存、地址、抽象、自动化等概念以及它们之间的关联。
- 了解主流程序设计语言的分类与应用场景。
- 能针对学习中的疑问自行搜索答案，并通过多个信源的对比分析辨析正误。

1.1 引言

作为一门以实践为重的课程，计算机程序设计的学习并不需要太多的理论基础。本书的读者群体至少已在中学阶段学习过信息技术课程，有一定的计算机基础，甚至学习过其他计算机编程语言，但大多并未建立起知识体系。因此，下面分别从计算与语言两个体系出发，罗列学习程序设计之前应了解的预备知识。

由于这些知识多为基本概念和术语，易于自学，因此本书并不会展开讲解，而是重在阐述这些概念与术语之间的关联与应用。读者可以据此检验自己的知识体系是否完备，查缺补漏，为后续章节的学习打下基础。

【注意事项】 初学者常常会困惑于计算机术语的多样性与多义性。软件与程序是一回事吗？对象到底是什么？其实这正是计算机学科的特色，随着计算机技术的快速发展，内涵越来越丰富，外延越来越广泛，新术语层出不穷，老术语不断翻新。与严密的数理学科不同，读者不必纠结术语的准确定义，而是应更多在实践中结合上下文领会这些术语真正的含义。

1.2 本书的组织架构

本书部分借鉴了经典教材《C 程序设计语言》（*The C Programming Language*，简称 K&R C）的内容组织方式，即围绕示例程序，先简要介绍常用的语法元素，再以相互关联的形式，由浅入深地阐述每种元素的原理和应用。这种“迭代”方式一方面能在学习之初就让读者对 C 语言有较为全面的认知，另一方面也能尽早开始编写包含丰富语法元素的程序，在实践中逐步加深认识。毕竟，与逐个元素的语法规则练习相比，如何遵循规则将语法元素组织成程序才是学习程序设计的关键所在。虽然这种编排方式会使知识点显得较为分散，但好处也很明显，读者能更充分地体会知识点之间的联系，这种持续不断的练习更符合学习曲线。

【注意事项】*The C Programming Language* 由 C 语言的设计者 Brian W. Kernighan 和 Dennis M. Ritchie 编写，可以认为代表了 C 标准。不过由于该书面向的是有其他编程语言基础的程序员，对计算机语言的初学者来说偏于艰深，不适合直接作为教材使用。但其对语法概念的解读与使用准确而恰当，因此本书有时会援引 K&R C 进行语法概念的解释。

与 K&R C 不同的是，考虑到大部分读者是首次接触程序设计，本书的定位不仅是一本 C 语言的程序设计教材，还希望能够培养学生的程序设计能力和计算思维能力。在内容方面，本书不仅包括 C 语言的语法，还在示例中引入了与计算思维有关的思想和方法；在架构方面，则基于程序设计的层次重新进行了设计，划分为三个层次的内容：结构化程序设计、模块化程序设计、系统级编程初探。

本书的内容组织架构如图 1-1 所示。

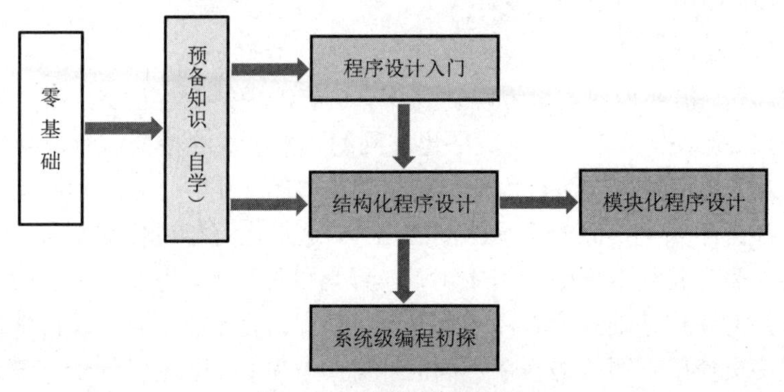

图 1-1　**本书的组织架构**

阅读本书不需要任何程序设计方面的基础，唯一的要求是能自行安装和初步学会使用一种C 语言编程软件。工欲善其事，必先利其器。

第 1 章，预备知识，讲述开始编程前应掌握的基础知识。考虑到预备知识大多较为浅显，而大学生已经有了较为成熟的认知能力与自学能力，因此本章主要通过阐述知识间的逻辑关系来搭建基本框架，读者可以自行深入学习感兴趣的知识点。纲举目张，有了框架再填充内容，能让学习事半功倍。有较好计算机基础的读者也可以快速浏览本章内容，以确定已经完整掌握了学习后续章节所需要的相关知识。

第 2 章，程序设计入门，是本书的特色内容之一。通过示例程序，本章概要介绍 C 语言常用语法元素的基本概念和用法，但不讨论其中的具体细节、规则和例外情况。这对于习惯了每个知识点都要学精学透再进入下一个知识点的读者来说可能不太适应。但本书的观点是，与全面了解语法知识（事实上，C 语言是如此博大精深，即便是资深程序员也不敢说能全面了解）相比，语法元素之间的关联才是学习编程的重点，尽早开始编写包含尽可能多语法元素的程序会更有助于读者把握程序设计的知识重点。

第 3 章，结构化程序设计，开始对语法元素进行更深入的阐述。从数据类型开始，到计算思维实践结束，本章详细介绍如何基于结构化方法编写更加复杂的程序。与第 2 章相比，本章的示例程序语法更丰富、功能更完整，能让读者更深入理解程序设计的思想和方法。算法是程序的灵魂，也是计算思维的成果，本章还会介绍最基础的算法思想，让读者能初步领略计算思维的魅力。

第 4 章，模块化程序设计，内容组织方式在同类教材中较为少见。先引入模块化的思想，在函数的基础上，通过简单的软件工程过程描述，引导读者理解与掌握模块化程序设计的方法。C 程序由函数组成，通过多种类型的函数应用示例，帮助读者进一步体会如何基于计算思维分解复杂问题、抽象功能模块和编写代码求解问题。最后的综合示例完整展示计算思维在模块化程序设计中的应用。

第 5 章，系统级编程初探，以指针为核心，从数组、函数、内存操作等角度阐述程序运行的本质和系统级编程的方法，为读者更深入理解程序设计以及将来可能从事更底层的研究与开发工作打下基础。本章内容是计算思维应用的实现基础。

一些需要经常查阅或者不常用的语法知识则被列在了附录中。

1.3　计算与计算思维

为解决计算问题，需要把现实世界映射到计算机能处理的数字世界。这种映射是一种抽象（Abstraction）。抽象是从众多的事物中抽取出共同的、本质性的特征，而舍弃其非本质的特征的过程。抽象在人类的思维与交流过程中起到至关重要的作用。比如提到石头，大概地球上所有人类的脑海中都会浮现出相似的坚硬冰冷的物体，这是亿万年进化的结果。而计算机对现实世界的抽象需要人类为其制定规则，相比之下，行为更加机械，形式也更加复杂。

即便是没有任何编程基础的读者，大概也知道编程语言不止一种。现代软件规模庞大，需要不同层次的程序员使用不同的语言在不同的环境中开发程序，为了便于交流，需要通过相通的思想与方法对现实世界进行抽象。为此，诞生了“计算思维”的概念。美国计算机科学家周以真教授最早明确给出了计算思维的定义，并将抽象作为计算思维的第一个核心特征。

为理解计算机与程序如何实现对现实世界的抽象，有必要先从计算与进制谈起。

1.3.1　计算与进制

计算的基础是进制。亚里士多德称，“人类普遍使用十进制，只不过是绝大多数人生来就有 10 根手指这样一个解剖学事实的结果”。实际上，在古代世界独立开发的有文字的记数体系中，除了巴比伦文明的楔形数字为 60 进制、玛雅数字为 20 进制，几乎全部为十进制。然而这些十进制记数体系并不是按位的。现在全世界通用的十进位值制其实是中国的一大发明。最晚在商代时，中国已采用了十进位值制。

R 进制，其每位上的数码可以是 0～R-1，逢 R 则向更高一位进 1。以十进制为例，每位可以取 0、1、2…8、9 共 10 个数码之一，逢 10 进到更高一位的 1。

人类对自动计算的追求由来已久。不论算盘到底算不算计算机的祖先，但算盘的运算规则中蕴含的进制和进制转换思想让人叹为观止。

如图 1-2 所示，算盘是上二下五珠，上面一珠表示 5，下面一珠表示 1。算盘的计算是“五升十进制”，下珠满 5 用一粒上珠表示，每档满 10 向前一档进 1。为什么上面有 2 珠呢？是与十六进制对应——中国古代一斤是十六两。十六进制的由来已不可考，但巧合的是，现代计算机除了二进制，最常用的也是十六进制。

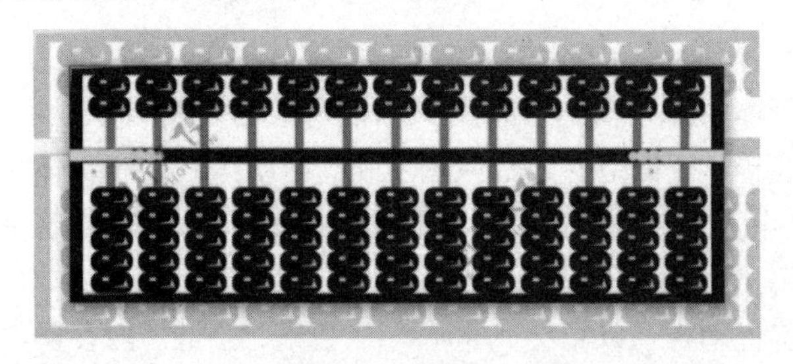

图 1-2　**算盘**

人们总结现代计算机为什么采用二进制的时候列举了很多理由：技术实现简单，运算规则简单，抗干扰能力强，便于逻辑计算，等等。不过，更重要的理由也许是存储方式的约束——现代计算机的鼻祖 ENIAC（Electronic Numerical Integrator And Computer，电子数字积分计算机）使用的是打孔卡片存储器，用有没有孔表示 0 和 1，将卡片插入真空管和继电器组成的电子装置完成计算。苏联曾经研制过三进制计算机，据说结构更简单、成本更低，但由于种种原因并未获得推广。最终，二进制计算机成为主流，并在其后的发展中提供了越来越强大的计算和存储能力，成为现代社会运行的重要基石。

既然日常使用的是十进制，计算机使用的是二进制，那么进制转换必不可少。十进制转换为二进制的一种计算方法描述如下：

❖ 整数部分除 2 取余，最先得到的余数放在小数点左侧，此后的余数依次向左排列。

❖ 小数部分乘 2 取整，最先取到的整数放在小数点右侧，此后的整数依次向右排列。

图 1-3 演示了十进制数 19 和 0.1 向二进制转换的计算过程，其中蕴含了递归的思想。递归是一种人类并不擅长、计算机处理起来却很简单的算法，本书第 4 章会专门介绍。

取余数

2 | 19　1 低位
2 | 9　1
2 | 4　0
2 | 2　0
2 | 1　1 高位
0

十进制：19　二进制：10011

取整数部分

0.1×2=0.2　0 高位
0.2×2=0.4　0
0.4×2=0.8　0
0.8×2=1.6　1
0.6×2=1.2　1
0.2×2=0.4　0 低位
……

十进制：0.1 二进制：0.000110...

图 1-3　**十进制数 19 和 0.1 向二进制转换的计算过程**

从计算过程可以看出，整数部分的计算次数总是有限的，可以实现精确转换；而小数部分除了特定的数字如 0.5、0.25、0.125 等（即 2^{-n}，n 为自然数且 $n \geqslant 1$），计算过程永无止境，只能舍去尾数以结束转换，因此转换结果必然存在误差。二进制数字后跟的字母 B 是 binary 的缩写，表示这是一个二进制数。在计算机领域，非 0 开头且未加专门标识的数字通常默认是十进制数（C 语言中，以 0 开头的是八进制）。

二进制向十进制转换时，直接使用通用的按位权展开的规则即可，这一规则也适用于其他进制向十进制的转换。例如：

$$10.11\text{B} = 1\times 2^{1} + 0\times 2^{0} + 1\times 2^{-1} + 1\times 2^{-2} = 2.75 \tag{1.1}$$

式(1.1)展示了二进制数 10.11B 转换为十进制数 2.75 的计算过程。显然，二进制向十进制转换时不存在误差。

用二进制表示数字，位数太长，转换成十进制又麻烦，为此提出十六进制，其数码包括 0～9 和 A～F，A 相当于十进制的 10，依次类推，F 相当于十进制的 15。二进制与十六进制之间的转换十分简单，每 4 个二进制位对应 1 个十六进制位，即 0000～1111 对应 0～F，直接按位替代即可，不存在误差问题。

图 1-4 为二进制数 1101 0010 与十六进制数 D2 的转换示意。

1101　0010　B
⇕　⇕
D　2　H

图 1-4　**二进制数与十六进制数的转换示意**

【拓展知识】 十进制数在所有程序设计语言里的写法是一样的，其他进制的写法则有些区别。比如，通常只能在汇编语言程序中直接书写二进制数字，以字母 B 结尾，而其他语言一般不能在程序中直接写出二进制数字。十六进制数在汇编语言中以字母 H

结尾，在高级语言中则通常用前缀 0X 或 0x 表示其后是十六进制数。

1.3.2 计算机体系结构

科学技术的突破常常具有偶然性。被称为“现代计算机之父”的冯·诺依曼最初在普林斯顿只是进行纯数学的研究，1944 年参加原子弹的研制工作后，深受计算问题的困扰。他在一次火车站候车时的短暂交谈中知道了 ENIAC 项目后，意识到了这项工作的深远意义，并随后投身于此。1945 年，在共同讨论的基础上，冯·诺依曼起草了一个存储程序通用电子计算机方案 EDVAC（Electronic Discrete Variable Automatic Computer）。

EDVAC 在当时是一种全新的设计方案，如图 1-5 所示，其中三个重要的设计思想至今仍为电子计算机设计者所遵循：

- ❖ 包含运算器、控制器、存储器、输入设备和输出设备五大基本部件。
- ❖ 采用二进制编码形式表示数据和程序。
- ❖ 要执行的程序和被处理的数据预先放入计算机，计算机能够自动地从内存储器（简称为内存）中取出指令执行。

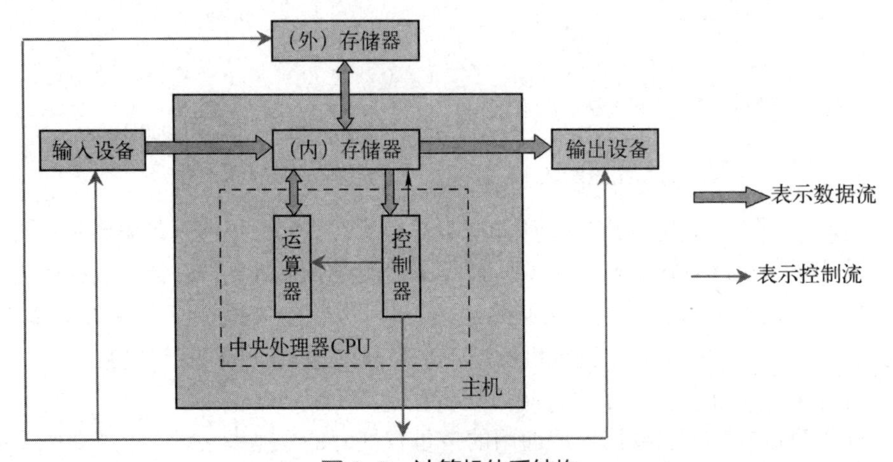

图 1-5 **计算机体系结构**

从数据处理的角度看，图 1-5 的核心显然是内存，操作系统与用户程序都运行在内存中，数据的处理逻辑也在内存中展开。最终的计算虽然由 CPU（Central Processing Unit，中央处理器）执行，但 CPU 中仅有少量的存储器（Register，寄存器）用于存放单次计算的数据和结果，在整个计算任务中只是一个重要的执行机构。二进制计算机每位（bit）代表一个 0 或 1，寄存器的位数决定了单次处理数据的最大位数，也就是计算机的位数（也称为字长）。32 位、64 位计算机的说法就是由此而来。

【拓展知识】 冯·诺依曼结构诞生于普林斯顿大学，也被称为普林斯顿结构。另一种体系称为哈佛结构，与普林斯顿结构的主要区别是，将程序与数据分开存储，是一种并行体系结构，常用于简单的嵌入式系统。现代计算机的体系结构借鉴了两者的优点，是一种通过分级存储实现的混合架构。

1.3.3 信息与编码

现实世界与计算机世界的交互内容统称为信息（information）。现实世界的信息形式种类繁多，如声音、图像、文字、蛋白质结构、围棋的棋局等。而计算机本质上只能识别二进制数据，将信息表示为二进制数据的过程称为编码（coding，现在常被用于指代编程，或者说程序设计）。

文字是人类记录和表达语言的书写符号。在图形界面出现前，计算机虽然已经能处理很多种类型的信息，但在与人类交互时只能提供人类可读（human-readable）的字符（character）界面。直到今天，Windows 和 Linux 操作系统仍然提供了字符界面（如图 1-6 所示）。

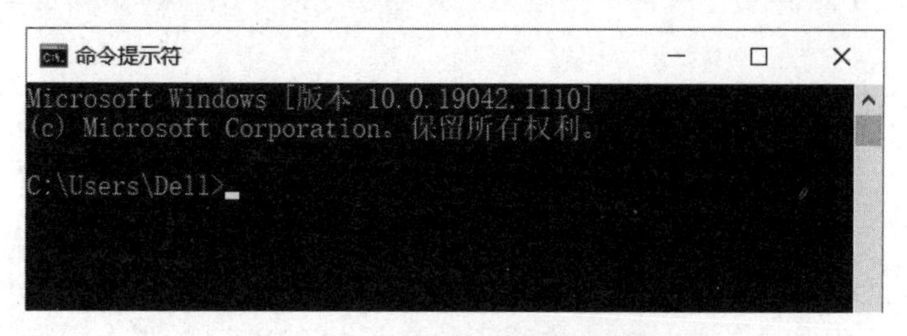

图 1-6　Windows 的字符界面

由于文字的特殊性，在编码时享有与其他信息不同的待遇。美国国家标准学会（American National Standard Institute，ANSI）专门制定了一套基于拉丁字母的 ASCII（American Standard Code for Information Interchange，美国信息交换标准）编码，后来被定为国际标准。ASCII 编码包含 95 个可显示字符与 33 个控制字符（具有某些特殊功能但是无法显示的字符），如附录 A 所示。

位（bit）是计算机中的最小数据单位。信息编码与信息传输时通常用 bit 作为计量单位，简写为 b，如音视频码率、网络传输速度使用 bps（bits per second）表示。但位能表示的数据量太小，在信息存储，如计量内存、硬盘、文件的大小时，通常以 byte（字节）为单位，简写为 B。1 字节通常对应 8 位，即 1B = 8b。

ASCII 字符是包含英文字母、数字在内的西文字符表，最初有 128 个，后扩展到 256 个。因为 1 字节有 8 位，每位可取 0 或 1，正好能表示 2^8=256 种编码组合，所以每个 ASCII 字符占用 1 字节空间。

不过当日益开放的中国携数量庞大的汉字进入计算机领域时，一切都不同了。作为当世仅存的上古表意文字，汉字历经数千年的演变，具体数量已多到无法精确统计。至 2020 年，世界上收录汉字最多的工具书正文收列单字 102 434 个，附录收列单字 11 112 个。好在其中绝大部分已经是不再使用的“死字”，常用汉字仅 6000 左右。技术的价值和生命力在于满足应用（和资本）的需求，为了吸纳汉字（进入中国的庞大市场），2 字节的 Unicode 编码应运而生。65 536 个编码组合完全可以满足日常需求。Unicode 的中日韩统一表意文字基本字集共收录汉字 20 902 个，有了足够的存储空间以后，其他语言和更多的符号也随之蜂拥而入。

【拓展知识】 我们常说的百兆网、千兆网，其计量单位是 Mbps，换算成 MBps 时，要除以 8（因为 1B = 8b）。其中的 M 采用的是二进制的计算方式，即 2^{20}，且 1M = 1K×1K，1K= 1024 = 2^{10}。而厂家生产硬盘、U 盘等存储设备时，其计量单位中的 M 和 K 采用的是十进制的计算方式，代表的是 10^6 和 10^3。这就是为什么标称 32 GB 的 U 盘在计算机上看容量“变小了”。

并不是厂家偷工减料，也不是有隐藏文件占用了空间，而是因为计算的方法不一样。读者可以算一下，二进制的G与十进制的G相差有多大（1G = 1K×1K×1K）。

文字以外的信息，也有一些编码格式的标准，如音频的MP3编码、视频的MP4编码等，但都不是唯一的标准，相比而言，通用性或者说兼容性就差了很多。

对于初学者来说，最容易引发困惑的是关于数字的编码。在输入与显示时，数字表示为一个个独立的字符，每个字符采用的是字符编码的二进制形式，而在计算时，数字表示为一个整体的数值，采用的是非字符编码的二进制形式。

以十进制（Decimal，简写为D，也可省略）数25.125为例，用字符编码时，由“2”“5”“.”“1”“2”“5”共6个字符的ASCII编码组成，连续占据6字节的存储空间，如图1-7所示。

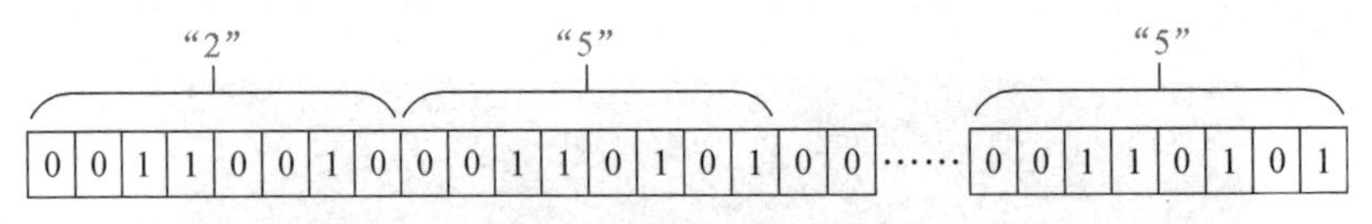

图1-7 字符编码的存储示意

用二进制（Binary，简写为B）编码时，由于25.125是个浮点数——没错，就是你可能听说过的衡量超级计算机能力的每秒多少次浮点数运算（FLOPS）的那个浮点数——情况比较复杂，通常会先将其表示成二进制的科学计数法形式，再按某个标准进行编码，其占用字节数与标准有关。目前，几乎所有的浮点处理器都完全或基本支持的浮点数编码标准是IEC60559（前身为IEEE754/854）。例如，25.125在内存中的编码与存储示意如图1-8所示，连续占据32位即4字节的存储空间。而这4字节组合在一起代表一个数值。

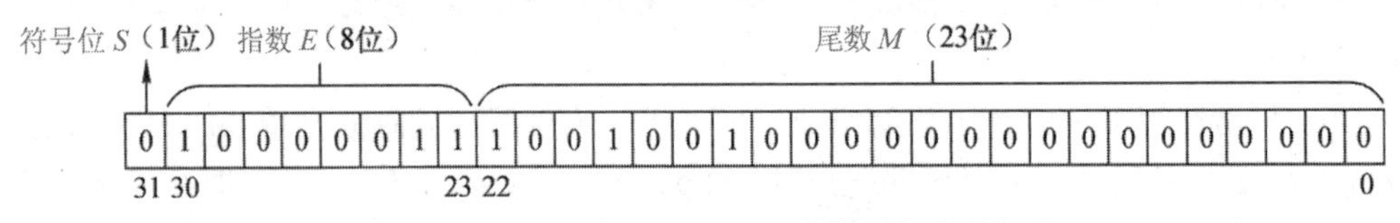

图1-8 单精度浮点数25.125的编码与存储示意

该编码标准较为复杂，不仅包含符号位、指数、尾数三部分，指数部分与尾数部分的编码规则也不一样。其中，指数部分由于需要考虑符号与表示范围的问题，采用移码的表示形式，感兴趣的读者可以自行了解具体内容。如果不进行高精度的科学计算，通常可以不用深究编码规则的细节。

与浮点数对应的概念是定点数。前文介绍的十进制数转换为二进制数的算法，设计的对象其实是定点数。顾名思义，定点数的含义是其小数点的位置是固定的。用定点数表示整数时，因为小数点的位置是在所有数字的最后，所以可以忽略不写。而用定点数表示小数时，需要约定小数点的位置，再把整数部分和小数部分分别转换为二进制数，过程比较烦琐，不再赘述。

好用才是硬道理，于是，在现代计算机中，通常用定点数表示整数，用浮点数表示小数。

1.3.4 文件与地址

内存中的程序和数据要靠持续不断地刷新电路才能保持住内容，掉电时就灰飞烟灭了。为了永久保存，通常以文件形式存储。文件存放在磁盘、光盘等介质中，其中的数据存储格式就是1.3.3节介绍的字符或二进制编码格式。其中，以字符编码格式存储的文件称为文本文件，其他格式的文件称为二进制文件。

字符编码格式由于标准统一、规则简单，契合开源、开放、互连、互通的时代，已成为信息交互的主流文件格式。Windows 操作系统使用“文件名.扩展名”的文件命名方式，其中扩展名用于表示文件的类型。常见的文本文件扩展名包括 txt、html（HyperText Markup Language，超文本标记语言，用于存储网页内容的文件）、xml（eXtensible Markup Language，可扩展标记语言，用于传输和存储数据的标准化格式文件）、c（C 语言源程序文件）、h（C 语言头文件）、cpp（C++源程序文件）、bat（batch file，批处理文件）、py（Python 源程序文件）等。

注意，文件扩展名是可以随便写的，扩展名为 txt 的文件未必是一个文本文件。有一个简单的判断方法，用 Windows 系统自带的“记事本”程序（Notepad）可以打开、没有乱码的基本上就是文本文件，有乱码的肯定不是。

本书建议初学者安装 Dev C++作为开发环境，有一定编程经验后再换其他功能更强大的编程软件。用记事本分别打开标准输入输出头文件 stdio.h 和 Dev C++的可执行文件（devcpp.exe）后（读者可以在硬盘上搜索这两个文件），其中能显示的内容如图 1-9 所示。明显，前者是文本文件，后者不是。

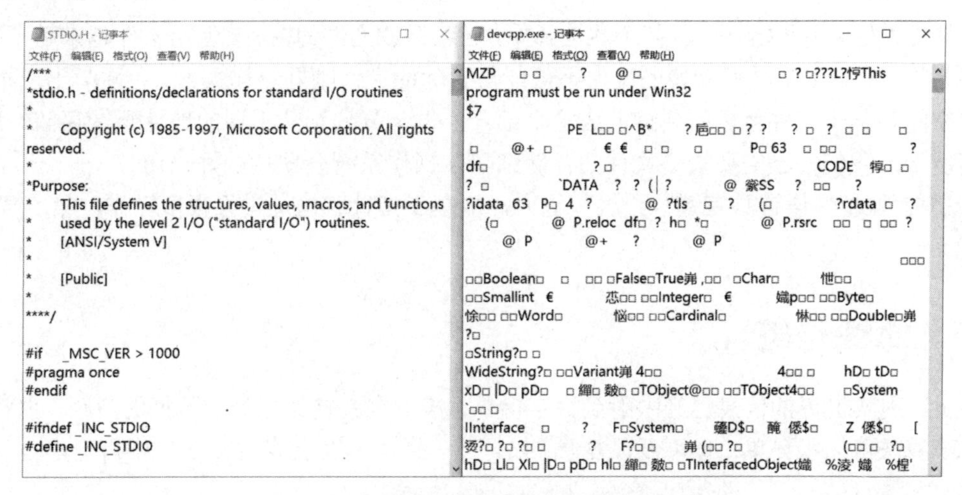

图 1-9　字符编码与非字符编码的文件内容

图像、音频、视频、棋局、可执行程序等其他类型的文件，可能会有多个编码标准。比如常用的图像格式有 JPEG、GIF、BMP、PNG，音/视频格式有 AVI、WMA、MP3、MP4 等。程序员可以根据需要选择，也可以创造自己的编码格式。随着计算机软硬件技术的进步，编码方法也在不断优化，主要目标是以尽可能少的数据量存储与传输更高质量的信息。

通用操作系统都允许用户自定义文件名，Windows 系统中的文件扩展名可以随便写，Linux 系统甚至不以扩展名区别文件类型，有些恶意程序会通过文件名或扩展名进行伪装，诱导用户执行自己，使用文件时需要注意这些问题。

文件通常存储在可永久保存的存储设备中，如硬盘、光盘等。当计算机使用文件时，需要把文件从外部存储设备读入内存。文件在硬盘和内存中的存储方式不同，但为确定具体位置，都需要使用地址（address）。本书仅讨论内存中的地址。

存储的计量单位通常是字节。为了定位存储的内容，可以像门牌号一样，给内存中的每个字节分配一个地址。地址也是一种数据，所以采用二进制编码，从 0 开始计数。只要存储容量确定，就可以给出地址范围。比如，1 MB 的内存（不要觉得奇怪，DOS 时代计算机的内存就只有这么大）可以用 20 位二进制数表示，即 $1M=2^{20}$。每 4 位二进制数对应 1 个十六进制数，20 位是 5 个十六进制数，因此最大地址是 FFFFFH，地址范围是 00000H～FFFFFH（如图 1-10 所示）。

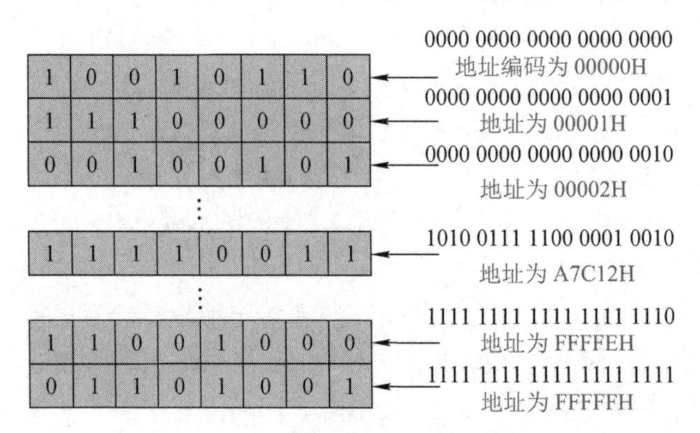

图 1-10　1 MB 存储空间及其地址编码示意

存储文件时，刚开始可以从某个地址开始，连续存放文件的内容。但当文件越来越多以后，早晚要删除一些文件，其后新增的文件不可能与删除的文件刚好一样大，就会逐渐出现不连续的存储空间。一个文件就可能要拆散成多个部分，每部分分别从不同的地址开始存储。所幸，通常情况下，我们并不需要知道文件的存储细节，操作系统会默默做好一切。

本书使用的 C 语言具有系统级编程能力，能基于指针和地址进行很多操作，第 5 章会展开阐述。

1.3.5　算法与逻辑

至此，现实世界的信息已经映射到数字世界，接下来就是如何处理数据的问题，也就是设计算法。算法可以很简单，也可以很复杂。实际上，所有人都会在生活工作中自觉不自觉地使用算法。

当遇到一个问题时，人们首先从大脑中搜索已有的知识和经验，寻找它们之间有关联的地方，将一个未知问题进行适当的转换和分解，转化为一个或多个已知的问题进行求解，再转换或综合得到原始问题的解决方案。这个方案就是算法。

算法不仅仅包含数学运算，也不只包含在 OJ（Online Judge，在线提交系统，竞赛或刷算法的网站一般会提供）题集中，任何逻辑推理、判断决策的过程都可归于算法。

广义的算法是指解题方案的准确而完整的描述。无论何种程序设计语言，数学运算、关系运算、逻辑运算的规则都差不多，主要区别在于特有的数据类型与对应的运算规则，如 C 语言的指针、Python 语言的字典等。在运算规则确定的情况下，设计算法时主要考虑逻辑结构。

最基本的逻辑结构有三种：顺序、选择（分支）和重复（循环）。通常来说，使用这三种逻辑结构就足以描述常规的算法。顺序结构就是简单的从前往后执行每条语句。选择结构会根据条件判断的结果选择执行部分语句，如主流语言基本上都有 if-else 语句；循环结构会重复运行其后包含的语句，直到满足某个停止条件，主流语言大多有 for 循环语句。三种结构的执行逻辑如图 1-11 所示。

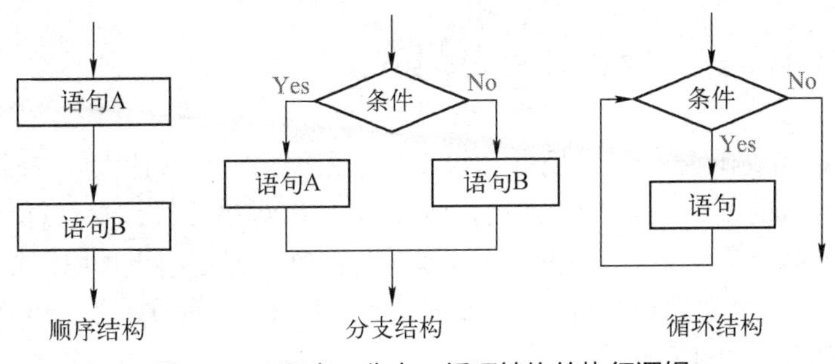

图 1-11　顺序、分支、循环结构的执行逻辑

完成算法设计后，就可以使用合适的计算机程序设计语言编程实现算法。正确编写的程序经翻译后就能在计算机上自动运行，并在处理数据（完成计算）后最终输出结果。这一过程符合计算思维的第二个核心特征：自动化（Automation）。

1.3.6　计算思维

周以真教授给出的计算思维定义是：运用计算机科学的基础概念进行问题求解、系统设计和人类行为理解的一系列思维活动。她特别强调，计算思维是一种解决问题的思考方式，不是具体的学科知识；是概念化，不是编程；是基础技能，不是死记硬背的技能；是人的思考方式，不是计算机的思考方式。

计算思维提出后，受到计算机教育界的重视，人们在实践中不断探索，对计算思维产生了不同的理解，目前尚未形成统一的概念框架，但存在若干共识，如计算思维的核心本质包括抽象和自动化。一种观点认为，抽象的主体是人，负责把实际问题转化为可计算问题并设计算法；自动化的主体是计算机，负责根据算法完成具体的计算任务。

Google 面向教育者的培训文档中，将计算思维的过程划分为分解问题、模式识别、抽象化和算法实现四个步骤。另一种观点则把运用计算思维进行问题求解划分为如下关键过程。

❖ 建模：把实际问题抽象为数学问题，并用数学语言描述。
❖ 映射：用特定的符号代替数学模型中的变量和规则。
❖ 编程：把解决问题的逻辑分析过程编程计算机指令（算法）。
❖ 求解：计算机执行指令（算法），完成求解。

为建立数学模型，需要理解问题并用数学语言进行描述，理解的内容主要包括哪些东西可以计算，描述的内容则主要是如何进行计算。建模需要抽象能力和一定的数学基础。

映射环节体现了计算的实质，即针对已知的特定的符号串，按照预定的规则，一步步改变符号串，经过有限步骤，最终得到一个满足预定条件的符号串的过程。

与前两个环节相比，编程和求解虽然很重要，但基本不需要创造性，选择合适的程序设计语言，遵循程序设计原则，凭借经验，按部就班做就好。

总之，在使用计算思维理念求解问题的过程中，抽象是方法，是手段，贯穿整个过程的每个环节；中间目标是实现问题的可计算化，成果是数学模型、算法和程序；自动化是最终目标，让程序驱动机器去做计算的工作，把人脑解放出来，更多从事创造性的工作。

1.4 编程语言与程序设计

19 世纪中叶，当英国人 Ada 利用打孔纸带写出人类第一个软件程序的时候，距离能够运行这个程序的计算机的发明还有 100 年的时间，而这个程序已经包含了循环和子程序。Ada 因此被认为是人类第一个程序员。后来，美国国防部把唯一指定用于军用系统开发的语言命名为 Ada。而世界上第一台通用计算机 ENIAC 并没有存储器，其程序存在于旋钮和接插线板上，直到那时都还没有专门的计算机语言。

1.4.1 低级语言

现代计算机是由高、低电平驱动的超大规模集成电路系统，其内部是更小尺寸的电子开关（晶体管），其特性决定了无论控制计算机运行还是处理数据，本质上都是基于二进制进行的。

驱动计算机硬件运行的 0-1 序列称为指令（Instruction）。换句话说，指令是根据计算机的硬件电路设计，给出的驱动电路实现相应功能的二进制序列，由于与硬件机器关联，也被称为机器指令。机器指令的集合称为机器语言。

早期，人们直接使用机器语言开发程序，过程包括：① 设计好要执行的指令顺序；② 查表得到二进制代码；③ 在纸带上穿孔。这个过程虽然已经比 ENIAC 简单很多，但仍然是一项非常需要细心和耐心的工作，所以很长时间内，程序员都是以更擅长此类工作的女性为主。

汇编语言出现于用磁介质记录指令的时代，用容易理解和记忆的字母和单词代替二进制序列，用键盘编写汇编程序，再用编译器把汇编语句翻译成二进制指令，编程效率有了很大的提升。由于最接近底层硬件，机器语言和汇编语言并称为低级语言。如在图 1-12 中，上半部分是十六进制格式的部分机器语言程序，下半部分是对应的汇编语言程序。

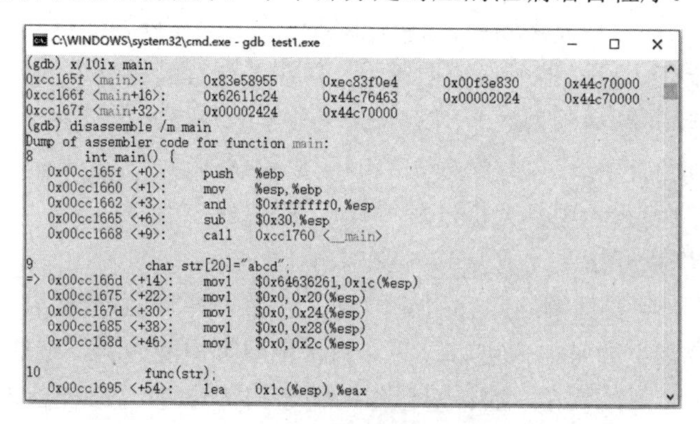

图 1-12 **机器语言和汇编语言**

机器语言和汇编语言依赖于硬件，优点是执行效率高，缺点是难以移植到不同的硬件系统上，而且即便是使用汇编语言，编程的效率仍然很低，如今只被用在底层优化或直接面向硬件操作的场合。

1.4.2 高级语言

为了提高编程效率，屏蔽与硬件相关的底层实现的细节，让程序设计语言的用户（不应该假设每个人都想当程序员）能专注于解决问题本身，计算机科学家和工程师不断尝试，推出了各种类型的程序设计语言。它们的共同特点是基本脱离了机器的硬件系统，语句较接近自然语言和数学公式，这些编程语言统称为高级语言。

一些高级语言早期的发展历程如图 1-13 所示。1954 年，第一个通用性的高级语言 FORTRAN 发布；1957 年，在 IBM704 计算机上实现了第一个 FORTRAN 编译器，并首次成功运行了 FORTRAN 程序。

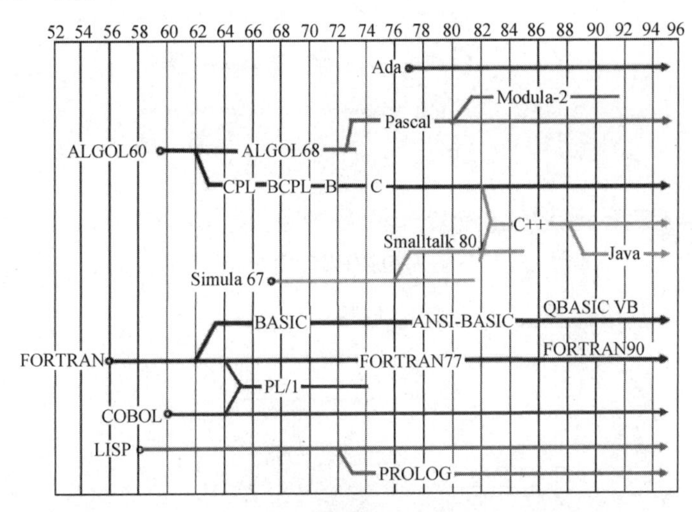

图 1-13 一些高级语言早期的发展历程

用高级语言编写的程序被称为源程序，需要翻译成机器所能识别的二进制代码，才能由计算机去执行。虽然增加了环节，往往会降低计算机的执行效率，但是由此带来的可移植性、易理解性和编程效率的显著提高，在绝大多数情况下足以弥补执行效率的降低。

1972 年，C 语言横空出世，1973 年初被用于重写 UNIX 操作系统。1977 年，不依赖于具体机器系统的 C 语言编译文本（可移植的 C 语言编译程序）发布。1989 年，ANSI 发布了第一个完整的 C 语言标准。C 语言介于低级语言和高级语言之间，可以嵌入汇编语句，也可以绘制图形界面，如今常包含在 C++语言的 IDE（Integrated Development Environment，集成开发环境）中。C++语言是 C 语言的超集，而 Java 语言也是基于 C++语言而开发的。由于设计上的优势，C 语言成为主流操作系统的内核、程序设计语言的编译器与解释器、浏览器与数据库等基础软件核心模块的开发语言。有意思的是，C 语言的编译器也是用 C 语言写的。

开源、跨平台的 C/C++集成开发环境 Code::Blocks 的运行界面如图 1-14 所示。集成开发环境一般是一套大型软件，是一个或一组提供程序开发环境的应用程序，一般包括代码编辑器、编译器/解释器、调试器和图形用户界面等工具。

1.4.3 编程语言分类

编程语言到底有多少种，并没有确切的统计，最夸张的说法是有数千种。但大多数语言无人问津，很快就消失在历史的长河中。主流编程语言的简单分类如图 1-15 所示。

抽象等级指的是离具体的机器实现有多远。机器语言是直接驱动计算机运行的二进制语言，需要针对具体的计算机硬件实现，很早人们就不再通过人工进行机器语言编程。同为低级

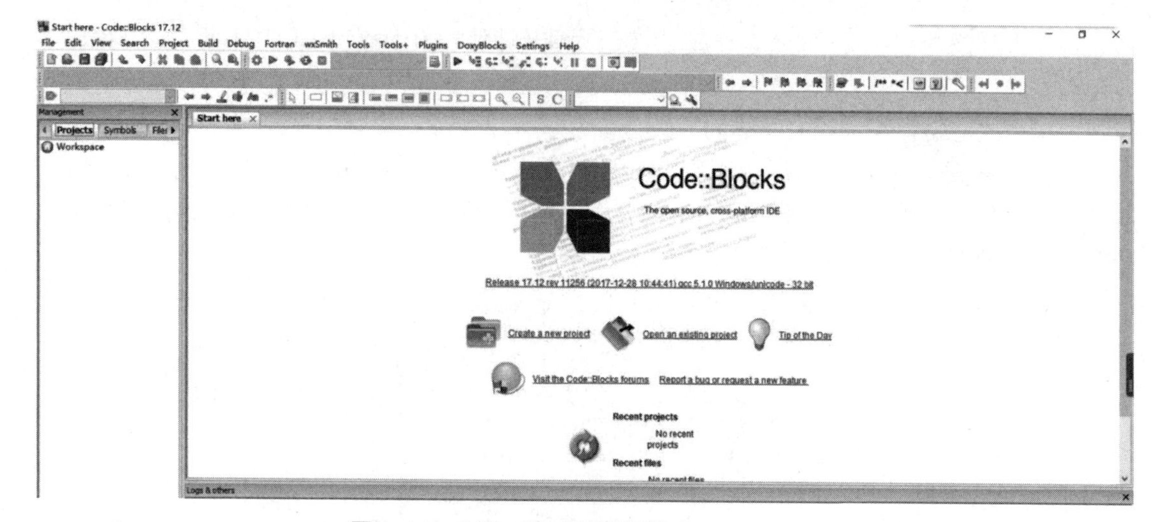

图 1-14　C/C++集成开发环境 Code::Blocks

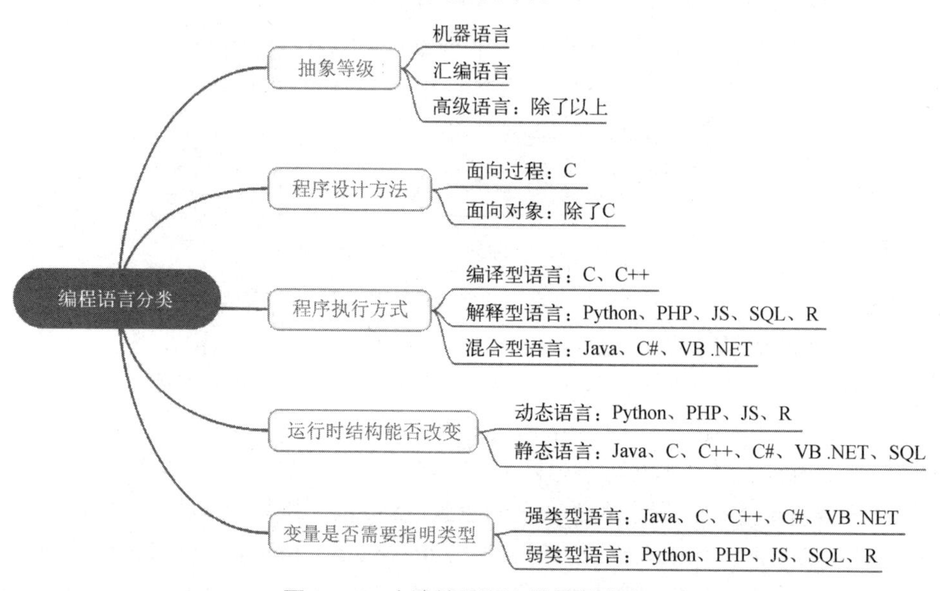

图 1-15　**主流编程语言的简单分类**

语言的汇编语言，仍然只能面向特定的具体硬件进行编程，但通过助记符大幅提高了编程效率。有意思的是，近年来汇编语言的应用呈现出稳健增长的趋势，频繁出现在各类计算机编程语言排行榜的前列。与这两种低级语言相比，其他主流语言都是不再与硬件关联的高级语言，即具有更高的抽象等级。

早期计算机由于存储容量及计算性能的限制，通常只能处理步骤明确、不需要协作的事务，所以当时的语言主要使用面向过程（Procedure Oriented）的程序设计方法。随着计算机软件和硬件水平的提高，计算机能处理具有复杂协作关系的事务，面向对象（Object Oriented）成为主流的程序设计方法。到了今天，C 语言可以说是硕果仅存的主要使用面向过程方法进行程序设计的主流语言。但需要注意的是，程序设计语言和程序设计方法是两个概念，几乎所有主流语言在实现简单功能或基本模块时，仍会把面向过程的方法作为首选。关于编程方法，1.4.4 节会进一步介绍。

解释和编译本质上都是把高级语言程序翻译成低级语言程序的技术。由于计算机只能理解和执行最低级的机器语言，因此翻译的过程必不可少。

编译与解释最主要区别的是翻译的时间不同，如图 1-16 所示。解释型语言几乎每条语句都能单独翻译执行，Python 就是典型代表，而编译型语言需要编写一个完整的程序且编译无误后才能执行，C 语言系（包括 C、C++、C#，还有人把基于 C++类库的 Qt 开发平台当成一种语言）都属于此类。从这方面看，解释型语言的程序调试更直观、方便，对初学者更友好，缺点是它们的执行效率低，不适用于计算量很大的任务。

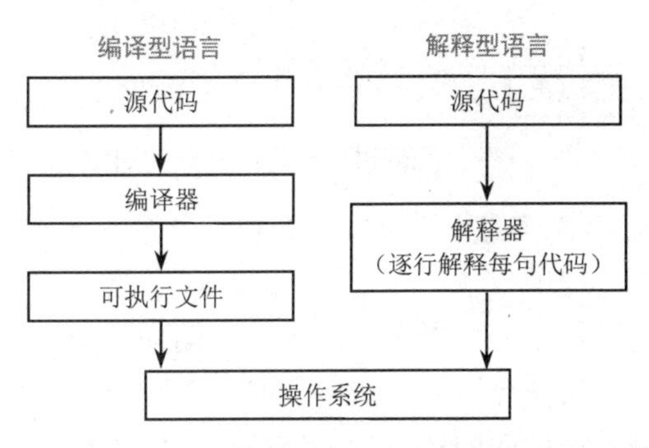

图 1-16 **编译型语言与解释型语言**

更专业的分类还包括强类型语言与弱类型语言、静态语言与动态语言等。由于过于专业，即便是有一定经验的程序员也未必能准确区分。比如，关于 C 语言到底是强类型还是弱类型语言就存在争议。其根源在于，语言的设计者并不会过多考虑应该遵循哪种分类，而是主要考虑如何满足开发的需求。初学者选择语言的方法非常简单，先弄清楚需要解决的是什么问题，再搜索目前大多人用什么语言解决此类问题，然后就心中有数了。

归根到底，每种流行的语言都有自己的特点。没有普遍意义上好不好的语言，只有具体应用中适不适合的语言。

本书面向基础课教学，目标不仅是教会读者如何使用特定的语言编写应用程序，还包括尽可能从原理层面阐述程序设计的思想与方法，为读者将来使用其他类型的语言进行编程打下理论基础。由于常常需要使用地址与指针等概念揭示程序运行的原理，因此选择 C 语言作为教学语言。通常来说，学懂 C 语言后，再学其他语言都不是难事。

从语言分类的角度，C 语言是一种面向过程、结构化、静态、编译型的高级语言。以下从面向过程概念入手介绍编程语言和编程方法的联系与区别。

1.4.4 编程方法

编程方法和编程语言是两个独立但相关的概念。编程方法有很多种分类。初学者最先应该了解的是面向过程的编程方法和面向对象的编程方法。

顾名思义，面向过程的方法围绕解决问题的过程进行编程，面向对象的方法围绕问题中的对象以及对象间的关系进行编程。以编写下棋程序为例，采用面向过程的方法时，程序描述的是下棋的过程：绘制棋盘、行棋、更新棋盘、判断输赢，还包含循环往复的过程，如图 1-17 所示。只要能厘清逻辑关系，就可以编写出结构清晰的程序，设计过程相对简单。采用面向对象的方法时，程序描述的是下棋涉及的对象及其行为关系：绘制棋盘对象包括对弈者、棋盘系统、

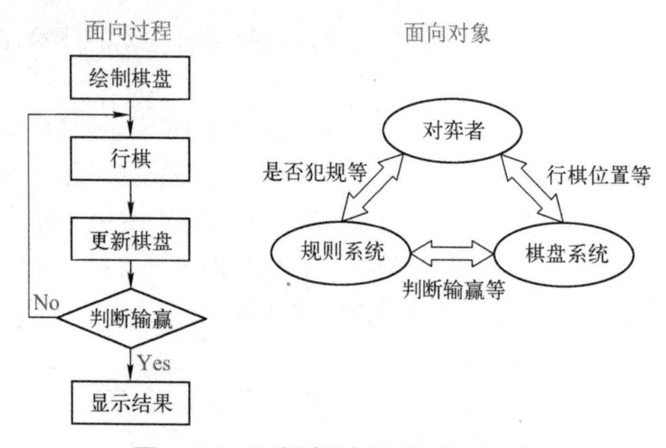

图 1-17　**面向过程与面向对象的对比**

规则系统，行棋关系包括对弈者获得行棋位置后告知棋盘系统，棋盘系统在屏幕上更新棋局，同时利用规则系统判定棋局状态。

由以上分析可知，面向过程是一种以事件为中心的编程思想，先把解决问题的步骤分析出来，然后一步步编程实现。这很符合日常生活中人们解决问题的习惯。但是当问题规模变大以后，逻辑关系可能十分复杂，使用面向过程的方法往往难以厘清关系。而且，面向过程的程序是一个逻辑整体，修改起来很麻烦。

为表达复杂问题中的事物关系，人们很早就提出了面向对象的思想，甚至早于所有编程语言出现。面向对象可以认为是对现实世界的映射，每个人和事物都可以看作一个对象，而每个对象都有自己的属性和行为，对象与对象之间通过方法来交互。在编程时，面向对象方法以“对象”为中心，首先确定问题包含哪些类型的对象，然后按类别建立对象。建立对象的目的不是为了完成一个步骤，而是为了描叙某对象在整个解决问题的步骤中的属性和行为。面向对象的方法设计复杂，但程序框架确定后，修改和替换反而更方便。

面向对象的思想可以帮助人们从宏观上把握、从整体上分析整个系统，但是当具体到对象行为（也称为对象的方法）的实现时，仍然需要使用面向过程的思路去处理。因此，面向过程和面向对象并不是对立关系，而是需要根据应用场景进行选择。

如果有人说，用 C 语言进行了面向对象的编程，你一定会觉得不可思议——C 语言明明没有对象啊！C++语言是 C 语言的超集，是由 C 语言诞生出来的，迄今为止大部分 C++ IDE 中还包含着 C 语言编译器。直接用 C 语言构造对象在理论上是完全可行的。当然，现实中基本上没人会这么做，毕竟基于 C++的类库进行面向对象编程比自己从头写要省事得多。

这个误解其实是源于没有区分“基于对象”和“面向对象”这两个概念。“基于对象”是语言自身的特性，主流的高级语言，除了 C 语言，可以认为都是“基于对象”的。而“面向对象”是与语言无关的一种编程方法，所有编程语言都可以使用“面向对象”的思想和方法进行编程。很多人不知道的是，上古过程式语言 FORTRAN 很早就有面向对象的开发方法。

初学者不需纠结要不要学面向对象编程的问题——在没有掌握结构化、模块化等方法之前很难理解面向对象技术中的实体、属性、方法这些概念，更不用说封装、继承和多态这些机制了。无论使用哪种语言，在解决较为简单的问题时，很少有人会使用面向对象的方法设计程序。

【概念辨析】 对象（Object）在不同上下文中含义不同。面向对象（Object Oriented，OO）中的“对象”，通常与“类”（Class）“实例”（Instance）等概念关联。C 语言中也有“对象”

的概念，指的是“有意义的存储空间”，如变量、函数等。因此，不要看到“对象”这个词就以为是面向对象。

1.4.5 操作系统与程序

编写程序并驱动计算机解决问题的过程会涉及与硬件、软件相关的很多技术细节，没有统一的管理和控制很难保证正确执行，这就是操作系统的工作。操作系统是一套庞大的软件系统，包含很多程序，与 CPU、内存等核心器件打交道的部分被称为内核。操作系统最早使用汇编语言开发，后来是 C 和 C++。当今主流的操作系统，如 Windows、Linux、MacOS、iOS、Android 等，内核大部分是用 C 语言编写的。

计算机开机后，会自动从硬盘指定的位置（即硬盘地址）读取操作系统文件，送到内存的指定位置（即内存地址，如 2AC0FH）开始运行。此后，操作系统接管全部的硬件和软件控制，包括 CPU、硬盘、内存、输入设备、输出设备等硬件，以及文件、数据库、编译器、文字和图表处理等软件。

操作系统以外的程序都可以视为应用程序。这里的程序指的是可执行程序，在 Windows 操作系统中，可执行程序的扩展名通常有 exe、com 两种，都是二进制文件。而扩展名为 bat 和 cmd 的文件虽然也可以执行，但它们都是文本文件，称为批处理文件，由一系列命令构成，包括对其他程序的调用。

当说到执行一个程序时，通常指的是操作系统将该程序的可执行文件加载到内存中运行。

1.4.6 C 语言程序设计

本书使用 C 语言作为教学语言，开始编写 C 语言程序前，列举如下相关知识：

① Windows 操作系统下常用的 C 语言程序集成开发环境有 Dev C++、Code::Blocks、Visual Studio、VS Code 等，其中 Code::Blocks、VS Code 也可以在 Linux、MacOS 等其他操作系统上安装使用。

② 在 IDE 上编写程序时使用的是文本编辑器，编写的内容称为源代码（source code）或者源程序，编写完成后，以文本文件形式保存，称为源程序文件，简称源文件（source file）。

③ 编程时可以选择只创建一个源文件，也可以选择创建一个项目（project）。一个项目通常希望包含多个源文件。对于初学者来说，一个源文件就够用了，但真正的项目开发都需要多人合作，多文件的项目是必然之选。

④ 源文件并不能直接执行，双击源文件时，大概率会打开编写该文件的 IDE。当然，如果同时装了两个 IDE，如 Dev C++和 Code::Blocks，当双击 C 源文件（.c 文件）时，会运行事先选择好的默认程序。

⑤ 编写完源程序后，先要进行编译（compile），就是将高级语言层面的文本文件翻译成 CPU 能识别的二进制代码文件，称为目标文件（object file）。

⑥ 目标文件仍然不能直接执行，因为它还不全，只包含用户编写的高级语言语句的翻译部分，还需要与 IDE 自带的那些面向硬件操作的二进制代码文件链接（link）在一起，才能得到最终的二进制的可执行文件（executable file）。

在 Linux、MacOS 等操作系统下进行 C 程序设计也遵循编写源代码、编译、链接的流程，但具体的操作可能有所不同。

小　结

预备知识应该掌握到什么程度？这个问题并没有标准答案。学习程序设计前确实需要具备一定的计算机基础，但教学实践表明，即使完全没有基础的学生，也不需要花费太多的时间和精力，就能与其他同学站在接近齐平的起跑线上。很多人在其后的阶段甚至能更快地成长，其原因可能在于从无到有建立新的知识体系比修补已有的陈旧体系更加容易。对于本章的学习，我们的建议是“不求甚解”——应侧重了解概念的原理以及它们之间的联系，而不要过多地陷入知识细节。

后续章节才是学习的重点，有两点建议供读者参考：其一是培养兴趣，其二是转变思想。伟大的科学家爱因斯坦说过：“兴趣是最好的老师，它可激发人的创造热情、好奇心和求知欲。由百折不挠的信念所支持的人的意志，比那些似乎是无敌的物质力量有更强大的威力”。期待读者能尽快在学习过程中找到兴趣点，尽早体会到编程的乐趣。另一方面，思想的转变也很重要。从小到大的各级考试使得很多读者形成了学习就是多刷题拿高分的思维惯性。这种思想在一些大学课程的学习中似乎仍能继续奏效，然而长远看却未必有效。“纸上得来终觉浅，绝知此事要躬行”。一本教材可能无法让人改变太多，但我们衷心希望读者能从本书的例题习题中学会如何结合实践进行学习，以及在思维实训中学会如何通过思考提升能力。

思考与练习 1

说明：本书的思考与练习很多是开放性问题，没有标准答案。读者可以结合所学知识，搜索与问题相关的各种观点，在寻找答案的过程中拓展知识面，加深对相关概念的认识。

1．了解三进制与三进制计算机的优缺点。

2．了解移码的原理以及更多浮点数的存储细节，并思考为什么一些标准的指数部分和尾数部分分别采用这两种编码方式。

3．举例说明用计算思维解决问题的过程，思考计算思维与程序设计之间的关系。

4．了解有哪些主流的计算机语言排行榜，以及排行的依据是什么。

5．了解主流计算机语言的优缺点以及主要应用场景。

6．借助网络资源自学思维导图，尝试绘制本章内容的思维导图。

7．了解 Windows 操作系统的文件管理方式，尝试在命令提示符下操作目录与文件。

8．向高年级学生了解本专业未来常用的计算机语言、计算需求与专业软件。

第 2 章

CT

程序设计入门

本章通过一些简单的示例展示程序设计中的常用语法元素，重点内容如下：

- 通过变量声明，可以分配存储空间，程序通过变量名读写其中的数据。
- 变量空间的大小由声明该变量的数据类型决定。
- 数组是一块存放多个同类型数据的存储空间，每个数据都是一个数组元素，用法与一般的变量相同。
- 循环结构适用于批量处理数据，经常与数组搭配使用。

通过本章的学习，读者应达到如下能力水平：

- 了解常用的 C 语言语法。
- 能复现本章的所有示例。
- 能对条件判断、输出语句进行局部修改，并得到预期的结果。
- 能绘制流程图、书写伪代码。
- 学会撰写规范的程序，以方便与他人交流。

对语法概念与规则的理解只能在编程实践中进行，也只有通过大量的编程才能真正学会程序设计。本章通过简单的示例，讲述 C 语言中常用的语法元素，让读者尽早对概念与规则有一个虽然粗浅但较为全面的认识，同时在后续章节尽可能提供语法更丰富、结构更完善、“更有用”的示例程序。

程序设计语言种类繁多，包含的语法元素也形态各异。在使用计算思维解决问题的过程中，语法元素可以分为如下几类：

- ❖ 从问题中抽象出计算机能存储和处理的数据。
- ❖ 根据数据的特性确定计算机能执行的运算规则。
- ❖ 针对问题的特征设计能控制计算过程的算法。
- ❖ 在计算机内部以及与外界之间传输数据。

数据、运算、控制、传输就是所谓的程序设计语言的基本成分。本章将分别介绍：数据与运算，输入与输出，条件判断与选择，以及循环与数组。

2.1 数据与运算

MOOC 视频

用计算机解决问题时，无论是简单还是复杂的问题，都必须将其抽象成计算机可以存储与处理的数据形式。比如，大学生体测时会测量身高和体重值，并据此计算出能粗略衡量身材是否标准的 BMI（Body Mass Index）值（体重单位：千克，身高单位：米）：

$$\text{BMI} = \text{体重} \div \text{身高} \div \text{身高}$$

假设已知身高为 1.85 米，体重为 80 千克，计算并存储 BMI 值的 C 程序语句如下所示：

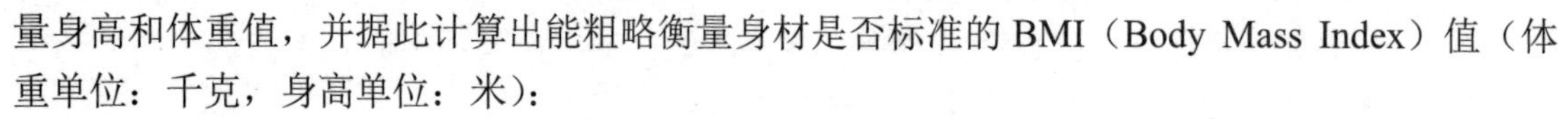

```
bmi = 80/1.85/1.85;
```

只是一条简短的语句，却要用到很多语法概念与语法规则，简要介绍如下。

2.1.1 数据与数据类型

80 和 1.85 是直接写在程序里的不变的数值，称为常量（constant）。bmi 是存储 BMI 值的内存空间的名字，该空间中的数据允许被改变，称为变量（variable）。注意，C 语言是大小写敏感的，也就是说，BMI 和 bmi 在程序中是两个不同的变量名。习惯上，C 语言程序中多使用小写字母来命名变量，因此本例使用 bmi 而不是 BMI 作为变量名。变量名是一种标识符，有特定的命名规则。

【说明】 标识符（identifier）是指用来标识某个实体的一个符号，在不同的应用环境下有不同的含义。在程序设计语言中，标识符用于给变量、函数等命名，以建立起名称与使用之间的关系。标识符由字母、数字和下画线构成，且不能以数字开头。为便于理解程序，通常建议用有意义的单词或缩写来命名标识符。

C 语言中的变量必须先声明后使用。变量声明语句包含变量的类型和名字。C 语言编译器根据变量声明的类型确定给变量分配多大的空间。C 语言提供的基本数据类型包括：

❖ char，字符型，占用 1 字节，使用（字符的 ASCII 值）整数编码格式存储数据。

❖ int，整型，通常占用 4 字节，使用整数编码格式存储数据。

❖ float，单精度浮点型，占用 4 字节，使用较低精度的浮点数编码格式存储数据。

❖ double，双精度浮点型，占用 8 字节，使用较高精度的浮点数编码格式存储数据。

通过在这些基本数据类型的前面加上一些限定符，还可以派生出更多数据类型。各种数据类型最主要的区别是占据字节多少以及这些字节上每位的编码方式。

由于 bmi 中存储的是一个精度要求不高的浮点数，因此声明为单精度浮点类型即可。变量 bmi 的声明语句如下：

```
float  bmi;                    // 声明一个存储身体质量指数 BMI 值的浮点型变量 bmi，其中的值未知
```

“//”用来表示后面跟的是注释，是给人看的文字描述，编译器会忽略“//”及后面的内容。注释的范围是从“//”起到本行结束。

如果需要注释多行内容，可以使用“/*”与“*/”的组合，在这对组合的范围内，无论有多少条语句，无论内容是什么，都视为注释，例如：

```
/* 声明一个存储身体质量指数 BMI 值的浮点型变量 bmi
   其中的值未知  */
float  bmi;
```

可以理解的是，注释的内容中不能包含“/*”和“*/”。这种注释方式比“//”方式出现得更早，在编辑器没有区分显示不同类型语句的年代，由于可注释的范围几乎无限，有时会影响对程序的阅读，曾经不被推荐使用。现在则不存在这样的问题，在调试程序时用来注释大段的程序非常方便。书中的程序已经通过调试，没有大段注释的需求，因此很少使用这种注释方式。

注释虽然不是有效的程序语句，但在程序设计中具有十分重要的作用。适当的注释有助于对程序的阅读理解，不仅是其他读程序的人，也包括编写程序的人。毕竟，没人保证写完程序很长时间后还能记得当初为什么这么写。

【说明】 C 语言中的变量定义（definition）其实是变量声明（declaration）的一种，不过由于这两个概念仅在多个文件访问相同的变量时才有明显的区分，因此通常可以混用。

至于常量，编译器会直接根据数值确定数据类型。比如，体重“80”是整型常量，即 int 数据类型，身高“1.85”是双精度浮点型常量，即 double 数据类型（并不是 float 类型）。

2.1.2 运算符与表达式

程序设计中，所有对数据的操作都可以视为运算，常见的运算包括算术运算、关系运算、逻辑运算等，而与运算相关的概念和规则包括：操作数、运算符、表达式、优先级、结合性、运算次序、类型转换等。

C 语言拥有非常丰富的运算符，其中一些与数学中的运算符形式相同且规则相似，但更多运算符要么形式不同，要么规则大相径庭。例如：

```
bmi = 80/1.85/1.85;
```

解析：

① 操作数。“80”和“1.85”是常量，“bmi”是用来存放计算结果的变量，常量和变量都是操作数，也称为操作对象或运算对象。

② 运算符。“/”和“=”都是运算符，左右两边一共有两个操作数，称为二元运算符（或称双目运算符）。只有一个操作数的运算符是一元（单目）运算符。C 语言中还有 1 个三元（三目）运算符，以后介绍。

③ 算术运算。“/”是除法运算符，有浮点数参与的运算，规则与数学运算一样，得到一个浮点数结果；而两个整数相除时，得到的却是截断取整的整数结果，其实就是“商”。比如，“1/2”的计算结果是 0，而不是 0.5。也因此，常用算术运算符除了加（+）、减（-）、乘（*）、除（/），整数间的运算符还有求余（%），即取余数，“1%2”的计算结果是 1。浮点数不能进行求余运算。

④ 表达式。运算符与操作数的组合称为表达式，“80/1.85”“80/1.85/1.85”和“bmi = 80/1.85/1.85”都是表达式，前两个有时被称为子表达式。每个表达式最终都会产生一个值。常量和变量都是最简单的表达式，表达式的值就是常量或变量的值。

⑤ 赋值运算。“=”不是数学上的相等符号，而是赋值运算符，用来把右边表达式计算出的值赋给左边的变量。

⑥ 优先级。表达式中包含多个运算符时，按运算符的优先级确定计算顺序，赋值运算符“=”的优先级比除法运算符“/”低，因此先进行除法计算。C 语言中，所有运算符的优先级见附录 C。

⑦ 结合性。一个操作数两边都有运算符，且优先级相同时，按运算符的结合性确定计算顺序，结合性分为左结合与右结合两种，大部分二元运算符是左结合的，也就是操作数先与左边的运算符结合进行计算。比如，“80/1.85/1.85”，中间的“1.85”先与左边的“/”结合，即先计算“80/1.85”。所有运算符的结合性见附录 C。

⑧ 运算次序。对于“80/1.85/1.85”，最终的运算次序是先计算左边的“80/1.85”，再计算右边的“/1.85”，最后计算前边的“bmi =”。

⑨ 类型转换。当二元运算符两边的操作数类型不同时，会自动（隐式）进行类型转换，其中赋值运算符右边的值会转换成左边的类型，算术运算会向表示范围更大的类型转换。比如，“80/1.85”计算前会先将“80”转换为 double 型，即“80.0”，“80/1.85/1.85”的计算结果会转换成 bmi 的类型即 float 类型后，赋给 bmi。在大多数情况下，这种转换并不影响预期的结果，但有时会引发问题，第 3 章进一步阐述。

⑩ 语句。在表达式后添加字符“;”，就构成了一条可执行的 C 程序语句。可执行语句可以认为是最基本、最简单的“自动化”。注意，“语句”也不是一个有确切定义的概念，需要根据上下文判断其含义。并非所有的语句都以“;”结束，也并非所有的语句都能执行。

2.2 输出与输入

初学者最常用的数据传输方式是向屏幕输出（也称为打印、显示）数据，以及从键盘输入数据。C 语言程序通过调用 scanf()、printf()等库函数实现各种类型数据的输入输出功能，这些函数由 C 语言编译环境提供，程序员按规定的格式直接使用即可。注意，虽然习惯上称为数据，但无论是在屏幕上显示的、还是从键盘输入的，实际上都是由一个个字符组成的文本字符串（顾名思义，字符串就是一串连续的字符）。库函数 scanf()和 printf()的功能是在输入、输出前进行字符串与数据之间的转换。

【说明】 库函数并不是 C 语言本身的一部分，是由编译程序根据一般用户的需要编制、可供用户使用的一组程序。由于版权原因，库函数的源代码一般是不可见的，但可以在头文件中看到它对外的接口库函数简介（函数声明）。C 语言的库函数极大地方便了用户，同时补充了 C 语言本身的不足。事实上，在编写 C 语言程序时，应当尽可能多地使用库函数，这样既可以提高程序的运行效率，又可以提高编程的质量。

2.2.1 用 printf()函数输出

printf()函数的作用是把表达式的值转换成可显示的形式后输出到屏幕上，一般形式为：

```
printf("显示格式字符串", 表达式);
```

与基本数据类型相对应的显示格式包括：

- %c，显示为单个字符。
- %d，显示为十进制整数形式的字符串。
- %f，显示为小数点后 6 位数字的十进制浮点数形式的字符串。

更多显示格式将在后续章节用到时再介绍。

例如，把体重、身高和 BMI 值分别输出到屏幕的语句如下：

```
printf("%d", 80);                // 用十进制整数格式在屏幕上打印常量 80
printf("%f", 1.85);              // 用十进制小数格式在屏幕上打印常量 1.85
printf("%f", bmi);               // 用十进制小数格式在屏幕上打印变量 bmi 的值
```

其中，80、1.85、bmi 都是最简单的表达式。当然，也可以直接用 printf()函数打印复合运算表达式的值：

```
printf("%f", 80/1.85/1.85);
```

2.2.2 C 语言程序与函数

一个 C 语言程序，无论大小如何，都主要由变量和函数组成。函数中包含语句，以指定所要执行的计算操作，变量则用于存储计算过程中使用的值。

为正确使用 printf()函数（术语是调用函数），需要在 C 语言程序中包含#include <stdio.h>命令（术语是文件包含）。stdio.h 是所谓的头文件（Header file），其中说明了 printf()等函数的格式。至此，已经可以完整编写计算 BMI 值并显示结果的 C 语言程序。

```
// 例 2.2-1  计算并显示 BMI 的程序
    #include<stdio.h>              // C 语言程序最常见的第一行，称为“文件包含”，内有函数的说明
    int main()                     // C 语言程序必须有一个 main 函数，也总是从 main 函数开始执行
    {                              // 大括号中包含的是 main 函数的函数体
        float  bmi;                // 声明存储 BMI 值的浮点型变量 bmi，其中的值未定
        bmi = 80/1.85/1.85;        // 计算与赋值语句，结果存储在 bmi 中
        printf("%f", bmi);         // 输出语句，用十进制小数格式在屏幕上打印变量 bmi 的值
        return 0;                  // 程序执行完毕返回到操作系统
    }
```

这个程序的内容相当丰富，包含了数据、运算和传输成分。其中的重点则是函数的相关概念，解析如下：

① 文件包含。#include <stdio.h>，告诉编译器在文件 stdio.h 中包含标准输入/输出库函数的信息，以便于后续调用所需的函数。

② 函数。printf()是标准库中写好的函数，封装了具体的实现语句，其调用格式在 stdio.h 中说明。调用函数时，不需考虑它是如何实现的，只需知道如何向函数传入、传出数据即可。本例调用 printf()函数时，“()”中有两个参数（用“,”隔开），分别向函数传入输出格式和表达式的值。main()也是函数，需要程序员在“{}”中编写内容，这个过程称为定义函数，其中的内容称为函数体。main()函数后的“()”中没有内容，表明它不需要传入数据，传出的数据在下文介绍。C 语言程序都是从 main()函数开始执行，所以用 C 语言写的程序有且只有一个 main()函数。

③ 函数类型。与变量声明类似，函数 main 前的 int 声明了函数的类型。事实上，函数调用也是一种表达式，执行后可以产生一个值，称为返回值，函数类型就是这个返回值的类型。

④ 返回语句。return 是返回语句，会结束函数的执行，并把控制权返回到某处。main()函数通常会返回到操作系统，return 后跟的“0”就是 main()函数的返回值，类型为 int。

该程序在 C 语言编程环境中编译、链接并运行后，会在屏幕上显示如下结果：

```
23.374725
```

2.2.3 用 scanf()函数输入

一个功能完整的程序通常包括输入（Input）、处理（Process）和输出（Output）三部分。scanf()函数的作用是把从键盘输入的字符串转换成整数、浮点数等数据后存放到从某个地址（地址概念见 1.3.4 节）开始的若干字节的内存中，一般形式为：

```
scanf("接收的输入格式", 内存地址);
```

注意，scanf()与 printf()的格式并不一一对应。常用的输入格式包括：

- ❖ %c，接收任意的单个字符并转换为 ASCII 整数。
- ❖ %d，接收一串连续的数字字符并转换为一个整数。
- ❖ %f，接收一串可包含小数点的连续的数字字符并转换为一个单精度浮点数。
- ❖ %lf，接收一串可包含小数点的连续的数字字符并转换为一个双精度浮点数。

更多接收格式将在后续章节用到时再行介绍。

在输入数据前，先要为其分配存储空间。假如体重是整数、身高是浮点数，可以分别声明一个整型变量和一个浮点型变量进行存储，变量声明语句如下：

```
int  weight;                    // 声明存储体重数据的整型变量 weight，其值未知
float  height;                  // 声明存储身高数据的浮点型变量 height，其值未知
```

为简便起见，多个同类型变量可以放在一条语句中声明，bmi 和 height 都是浮点型变量，可以写成：

```
float  bmi, height;
```

使用 scanf()函数从键盘接收体重、身高数据的语句是：

```
    scanf("%d", &weight);              // 把键盘输入的整型数据放入变量 weight 所在的地址空间
    scanf("%f", &height);              // 把键盘输入的浮点型数据放入变量 height 所在的地址空间
```

与用 printf()输出数据不同的是，在用 scanf()输入数据时，变量 weight 前需要使用取地址运算符&。内存的每字节都有地址，对于占据多字节空间的变量来说，取地址操作取的是首字节的地址。scanf()与 printf()用法的区别有个很妙的比喻，printf()相当于从房间里出来，不需要知道门牌号，scanf()相当于要去某房间，当然需要知道门牌号。至于其中真正的原因，将在第 4 章介绍。

```
// 例 2.2-2  包含完整的数据输入、数据处理、数据输出功能（IPO）的程序
    #include<stdio.h>                  // scanf 的说明也在 stdio.h 中
    int main()
    {
        float  bmi, height;            // 同类型变量一起声明，语句更简洁
        int  weight;

        scanf("%d", &weight);          // 从键盘接收整数格式的体重值
        scanf("%f", &height);          // 从键盘接收小数格式的身高值
        bmi = weight/height/height;    // 计算 bmi 的语句
        printf("%f", bmi);             // 在屏幕上打印 bmi 值

        return 0;
    }
```

该程序在 C 语言编程环境中编译、链接并运行后，屏幕上一片漆黑，这是在等待键盘输入。从键盘输入如下内容：

```
    80↵
    1.85↵
```

其中的“↵”代表换行，之后会立刻显示以下计算结果：

```
23.374725
```

2.3　条件判断与选择

上述示例程序的功能虽然完整，但只是简单的计算后输出结果数据，没有说明这个结果的意义，是一个“用处不大”的程序。为了给用户提供更好的体验，可以通过比较 BMI 值与标准值，使用条件判断与分支选择语句，针对不同 BMI 值给出身材是否超标的提示，从而把数据转换成人们更容易理解的信息。

C 语言中的 if-else 语句可以实现上述功能：

```
    if(bmi > 25)                       // 当 bmi 的值大于 25 时，即表达式的值为真时
        printf("你超重了哦！");         // 提示超重
    else                               // 否则
        printf("你没有超重。");         // 显示未超重
```

虽然分成 4 行，但这只是一条语句，其中包含关系运算、分支结构与输出语句。

2.3.1 关系运算

关系运算符包括：>（大于）、>=（大于等于）、<（小于）、<=（小于等于）、==（相等）、!=（不相等）。它们都是二元运算符。关系运算的操作数几乎可以是任意类型的任意数值，而关系表达式的结果只有真（1）和假（0）两个值，且为 int 类型。若左右操作数的关系成立，关系表达式的值为 1，否则值为 0。例如，“-1 > 1”的值为 0，“1.8 <= 35”的值为 1，“3 != 5”的值为 1。若 bmi 的值是 23.37，则“bmi > 25”的值为 0。

2.3.2 if-else 语句与流程图

if-else 是一种控制程序走向的分支结构，其基本形式如下：

```
if (表达式)
    语句 1
else
    语句 2
```

其中，else 部分是可选的。if 后的“( )”中是一个表达式，当表达式的值被判断为真（非 0）时，执行语句 1；当值为假（0）时，执行 else 后的语句 2。这就是所谓的两个分支，无论何时，都只会执行其中的一个分支。

```
// 例 2.3-1  包含分支语句的程序示例
#include <stdio.h>
int main()
{
    float  bmi, height;
    int  weight;

    printf("输入体重（千克）: ");
    scanf("%d", &weight);                       // 从键盘输入整数格式的体重值
    printf("输入身高（米）: ");
    scanf("%f", &height);                       // 从键盘输入小数格式的身高值
    bmi = weight/height/height;                 // 计算 bmi 的语句

    if(bmi>25)
        printf("你超重了哦！");                 // 当 bmi 的值大于 25 时，提示超重
    else
        printf("你没有超重。");                 // 否则显示未超重

    return 0;
}
```

读者可以尝试删除 else 及其后的语句，则程序只会给出超重的提醒。

注意，程序中 if 和 else 控制的语句都缩进了一个制表位（大多数编译环境会自动提供缩进，也可以通过 Tab 键手动缩进），这种缩进方式突出了程序的逻辑结构。尽管 C 语言编译器并不关心程序的外观形式，但正确的缩进对程序的易读性非常重要。

本例在 scanf 输入语句前添加了作为输入提示的 printf 输出语句，这样不仅能知道当前应

该输入什么，也能知道程序执行到了哪条语句，以方便进行程序的调试。这些 printf 语句由于不需要输出数据，因此没有格式字符“%”，此时会输出“""”中的全部字符串内容。

以上程序编译运行后，会先提示“输入体重（千克）:”，等待输入体重值后，接着提示“输入身高（米）:”，接收到身高值后，立刻计算出 bmi 的值，并按照条件判断结果，输出“你超重了哦!”或“你没有超重。”

包含分支语句的程序会随条件不同而改变执行语句，虽然简单，也可以称得上是算法了，可以用流程图进行算法的描述。流程图是使用最早的算法流程与程序流程描述工具。国家标准中的常用流程图符号如图 2-1 所示，具体的符号用法可以在后续的示例中学习。

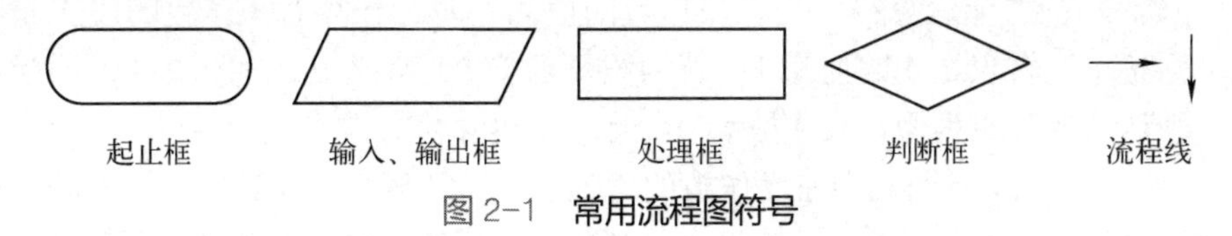

图 2-1　**常用流程图符号**

针对上例程序，完整的流程图如图 2-2 所示。

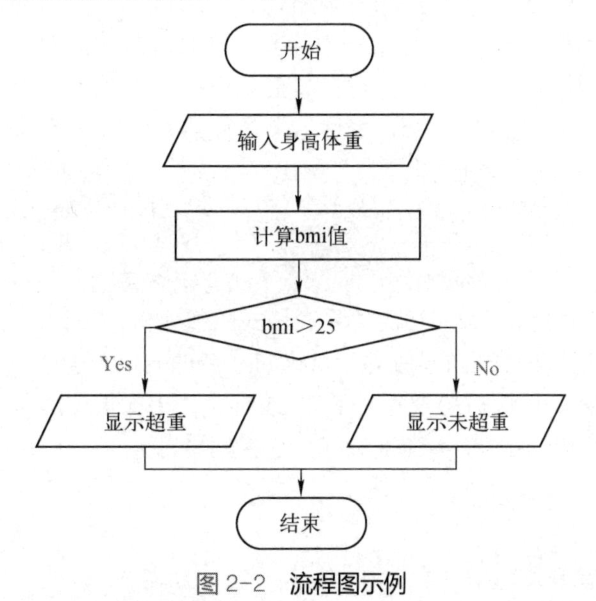

图 2-2　**流程图示例**

规范的流程图的画法中应包含起止框，并且用平行四边形描述程序的输入和输出。矩形块中描述处理过程，菱形块执行分支条件的判断，务必注意每个分支前要加上 Yes 或 No 的判断结果。显然，起止框只能单向流入或流出，其他类型的框都应该既有流入又有流出，而判断框虽然可以有多个流出，但只能根据判断条件选择其中之一流出。不过也能看到，一些简略的画法中省略了起止框，并用矩形块描述输入输出。

刚开始学习流程图时读者可能会觉得很麻烦，明明只有几行简单的语句，却要花费很长时间去画流程图，有必要吗？其实，绘制基本语句的流程图只是一种训练手段，流程图最常见的应用场景是描述程序的总体流程或算法逻辑。比如，图 2-2 中的“显示超重”和“显示未超重”，在实际的程序中可能分别是“执行减肥计划”与“执行健身计划”。这样其他程序员或项目管理者不需要查阅程序就能清楚地知道这个程序的逻辑结构，便于进一步的交互。

除此以外，流程图也是很直观的算法描述工具。在编写程序前，用流程图描述算法逻辑有助于提前排除一些设计中的错误。这需要读者在第 3 章的学习中再行体验。

2.3.3 逻辑运算

C 语言的逻辑运算符有 3 种：&&（逻辑与）、||（逻辑或）、!（逻辑非）。逻辑运算的操作数可以是任意类型的数据，但仅区分为逻辑值“真”和“假”，所有非零操作数都视为真值，只有 0 对应假值。逻辑运算的结果是真（1）和假（0）。逻辑运算符有较为特殊的属性，如由&&、||连接的表达式按从左到右的顺序进行求值，并且在知道结果值为真或假后立即停止计算。

&&（逻辑与）：二元运算符，当左操作数的值为真时，计算右操作数的值，若右操作数的值为真，则整个逻辑表达式的值为 1；若为假，则整个逻辑表达式的值为 0；而当左操作数值为假时，表达式的值也为假，直接置为 0，此时不再计算右操作数的值。

||（逻辑或）：二元运算符，当左操作数的值为假时，计算右操作数的值，若右操作数的值为假，则整个逻辑表达式的值为 0；若为真，则整个逻辑表达式的值为 1；而当左操作数值为真时，表达式的值直接置为 1，此时不再计算右操作数的值。

!（逻辑非）：一元运算符，若操作数的值为真，则表达式的值为 0；若操作数的值为假，则表达式的值为 1。运算规则简单，但有时会与直觉不符，如“!0.1”和“!-1”的结果都是 0。

仍以 BMI 为例，标准值为 20～25，表达这个条件的程序语句是：

```
if(bmi >= 20 && bmi <= 25)
    printf("你的体重很标准。");                    // BMI 的标准值为 20～25
else
    printf("你的体重超标了哦。");                  // 否则就是超标了
```

当 bmi 的值小于 20 时，&&左边的关系表达式的值为假，不计算右边的关系表达式，整个逻辑表达式的值为假，条件判断不成立，执行 else 后的 printf 语句。

只有当 bmi 的值既大于等于 20 又小于等于 25 时才认为体重标准，执行 if 后的 printf 语句。读者可以用上述语句修改例 2.3-1 并尝试运行，观察结果。

2.4 循环与数组

与人类相比，计算机不知疲倦，特别擅长处理连续重复的工作。上述示例程序每次运行只能处理一组身高、体重数据，换一组数据则需要重新运行程序，显然没有很好利用计算机的这种自动化能力。在程序中，循环结构和语句可以重复执行指定的语句，如果与能存放很多数据的数组配合，就可以获得在一次运行中连续处理成批数据的能力。

2.4.1 for 循环与伪代码

作为一种基本的程序结构，很多高级语言都有 for 循环语句，通常用在循环次数已知的场合。C 语言中，for 循环语句的常见形式如下：

```
for(表达式<1>; 表达式<2>; 表达式<3>)
{
```

```
        循环体<4>
    }
```

第一行常称为循环头，“()”中必须包含两个“;”，以间隔三个表达式。“{ }”中的语句称为循环体，包含一条或多条语句。当只有一条语句时，可以省略“{ }”。例如，对 1～100 累加求和的 for 循环如下所示：

```
    for(i = 1; i <= 100; i = i+1)
        sum = sum + i;
```

解析：

① 表达式<1>先执行，且只执行一次，通常用来给控制循环过程的变量（常称为循环控制变量）赋初值，如本例的“i = 1”。

② 执行表达式<2>。该表达式通常是一个测试循环控制变量是否越界的关系表达式，其值为 0 时 for 语句结束执行。

③ 否则执行循环体<4>。本例刚开始运行时，i 的值显然比 100 小，因此会执行 sum=sum+i。

④ 执行循环体之后再计算表达式<3>，该表达式通常用来修改循环控制变量的值，如“i=i+1”。C 语言中，习惯使用 i、j、k 等字符作为循环控制变量名。

⑤ 继续按照表达式<2> → <4> → <3> → <2> → <4> → <3> →…的次序反复执行，直到表达式<3>将 i 的值增至 101，则表达式<2>的“i<=100”不成立，其值为 0，循环结束。

完整的程序如下：

```
// 例 2.4-1  对 1～100 累加求和的程序
    #include <stdio.h>
    int main()
    {
        int  i, sum = 0;
        for(i = 1; i <= 100; i = i+1)
            sum = sum + i;
        printf("sum = %d\n", sum);
    }
```

注意，虽然循环体中只计算 1～100 的和，但 i 的值会增到 101，并判断条件“**i<=100**”不成立后，才结束循环。

循环变量从 1 开始计数比较符合日常的习惯，但在 C 程序中更习惯从 0 开始计数。此时，要将循环停止条件改成小于上限，而不是小于等于上限。在例 2.4-2 中，i 从 0 计数，循环体则是复合语句，并在其中包含了分支语句。

```
// 例 2.4-2  包含循环与分支语句的示例程序
    #include <stdio.h>
    int main() {
        float  GPA;
        int  i;                               // i 作为循环控制变量
        for(i = 0; i < 3; i++)                // for 语句的循环头，循环 3 次
        {                                     // 循环体有 3 行、2 条语句
            scanf("%f", &GPA);
            if(GPA>4.3)
                printf("你作弊啦！");          // 假设满绩 4.3
```

```
        else
            printf("还要加油哦");                    // 心情复杂
    }                                               // 循环头和循环体一起组成一条 for 语句
    return 0;
}
```

解析：

① C 语言习惯从 0 开始计数，虽然与日常应用不一致，但会为计算带来很多方便，以后就能慢慢体会到。

② 修改循环变量值的表达式<3>为 i++。“++”是自增运算符，如“i++”的运算结果与“i=i+1”一样，使得循环控制变量的值增 1。

运行上例，分别输入 3.8、4.0、5.2 的结果如下：

```
3.8
还要加油哦 4.0
还要加油哦 5.2
你作弊啦！
```

C 语言的格式非常灵活，本例中 main 函数与 for 循环的“{”分别写在不同的位置，这都是允许的。读者可以选择适合自己的一种风格，并养成一直使用这种风格的好习惯。

例 2.4-2 可以用如图 2-3 所示的流程图表示。

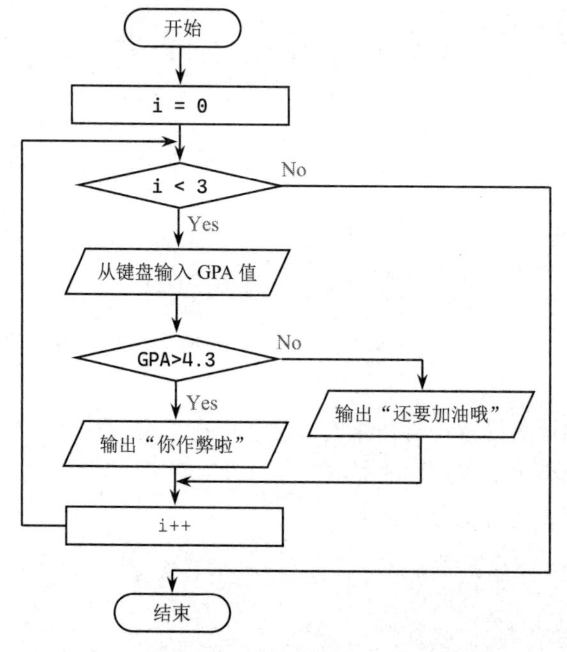

图 2-3　包含顺序、循环与分支结构的流程图

与书写寥寥几条程序语句相比，绘制流程图十分麻烦，也难以修改。实际上，如 2.3 节所述，流程图的主要优点是直观，因此更常用于在上层描述总体的流程或算法逻辑，其使用者甚至可以不懂编程。在更具体的语句层面时可以考虑使用更“专业”的工具：伪代码（Pseudocode）。之所以说“更专业”，是因为伪代码常被用在学术论文、技术文档和科学出版物中描述算法，

其中一个重要原因是伪代码的撰写与修改非常简便。

伪代码没有严格的规范与标准，可以使用介于自然语言和计算机语言之间的文字和符号（包括数学符号）来描述。程序员往往会用自己偏好的语言风格书写伪代码，比较常用的有类Pascal语言风格与类C语言风格。对伪代码的唯一要求是易于阅读与理解。

例2.4-2可以用如下伪代码描述：

```
1.      For i = 0 to i < 3
2.          从键盘输入GPA值
3.          If GPA > 4.3  输出"你作弊啦"
4.          Else  输出"还要加油哦"
5.          End If
6.          i = i+1
7.      End For
```

前面的行号可有可无，根据需要使用。从伪代码的写法可以看到，为使表达简洁，通常需要使用某种风格的程序设计语言关键字。特别地，由于主流语言基本都包含for、if等关键词（不区分大小写）且用法接近，会经常出现在伪代码中。因此，虽然原则上伪代码是与特定语言无关的，但为了能够顺利撰写与阅读伪代码，使用者需要至少掌握一种编程语言。这也是为什么伪代码更多用在“专业人士”的交流中。

不过由于伪代码不够规范，与直观且规范的流程图相比，难以检查逻辑错误或语法问题，实际上对初学者并不友好。因此在本书其余部分，除了粗略的算法描述，更多使用流程图工具。读者也应在熟练掌握流程图的用法后，再尝试使用伪代码。

2.4.2 数组

实际问题中的数据量往往很大，不可能为每个数据声明一个变量，这时就需要用到能存储批量数据的对象。

C语言用“数组”存储同类型的多个数据。比如，声明语句

```
    float  data[8];
```

将变量data声明为由8个浮点数构成的数组。在C语言中，数组下标总是从0开始，因此该数组由data[0]～data[7]共8个元素构成，“[ ]”中是数组元素的下标。

可以在定义数组的同时为其赋初值。比如，某次大学物理实验测得8个带小数的实验数据，可以定义如下数组进行存储（如图2-4所示）。

```
    // 定义数组的同时，将已知的数据作为初值赋给该数组
    float  data[8] = {9.812, 9.806, 9.901, 9.788, 9.853, 9.790, 9.819, 9.787};
```

	data[0]	data[1]	data[2]	…	…	…	data[6]	data[7]
data	9.812	9.806	9.901	9.788	9.853	9.790	9.819	9.787

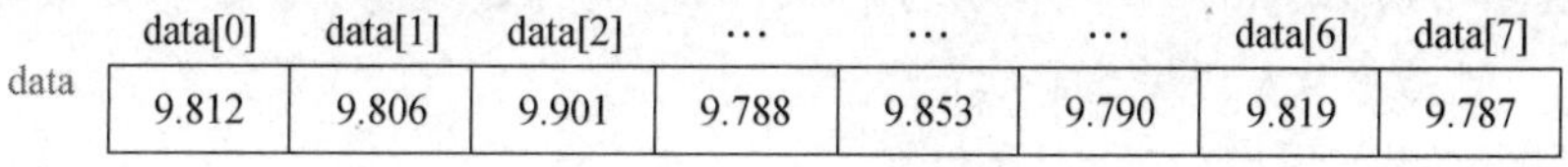

图2-4 数组data在内存中的存储示意

解析：

① 每个数组都只能存储同一种类型的数据，float是这个数组的数据类型。

② 在定义数组时，“[ ]”是数组的标识，前面的data是数组名，“[8]”表示data数组能存

放 8 个数据。

③ “=”后的“{}”中给出了这 8 个数据的值，称为初始化，数据之间用“,”隔开。

数组配合循环才能真正发挥计算机的优势。例 2.4-3 展示了如何用 C 语言程序求 8 个实验数据的平均值。

```
// 例 2.4-3  数组与循环配合求数据的平均值
    #include <stdio.h>
    int main()
    {
        float  data[8] = {9.812, 9.806, 9.901, 9.788, 9.853, 9.790, 9.819, 9.787};
        float  sum = 0;              // 为求平均值，先要对数据求和，变量 sum 用于求和，初值赋为 0
        float  ave;                  // 平均值放这个变量里
        int  i;                      // 循环控制变量
        for(i = 0; i < 8; i++)       // 对需要计数的循环，用 for 语句更清晰
        {
            sum = sum + data[i];     // 累加求和，data[i]是数组元素，从 0 开始
        }
        ave = sum/8;                 // 计算平均值
        printf("平均值是%f", ave);    // printf 语句的""中可以混合输出文字与数值
        return 0;
    }
```

解析：

① 开始计算前，先要声明存储中间结果和最终结果的变量。

② 当循环体只有一条语句时，可以不加“{}”，但为使逻辑结构清晰且便于调试，建议加上“{}”。

③ 数组通常不能作为一个整体参与运算，而是通过数组下标运算符“[]”逐个引用数组中的元素，如数组 data 包含 data[0]～data[7]共 8 个元素（C 语言习惯从 0 开始计数，data[8]已经超出下标范围，不是这个数组的元素）。引用数值元素时，“[]”中的下标可以是常量、变量或表达式，只要值为整型就行，如 data[i]或 data[7]。每个数组元素相当于一个单独的变量，用法与普通变量没什么不同，如可以令“data[i] = 9.8”。

④ 定义数组的写法是 float data[8]，数据类型在前，而在程序语句中引用数组元素时，不要再写数据类型了，直接用数组名加下标就可以，如“data[7]”或“data[i]”。

⑤ printf 语句的“""”中可以混合文字与数据格式，"平均值是"这串文字原样输出，数据格式规定了后面的变量值输出时的格式，“%f”字符不会被显示到屏幕上。

【注意】 data[8]的写法在语法检查时并不会提示错误，甚至可以使用负数作为下标，如 data[-1]。但这些用法都超出了事先声明的下标范围，称为数组越界，某些特殊场景可能有用，但通常是 bug，极易导致程序异常退出。

上例的运行结果如下：

```
平均值是 9.819500
```

在演示程序时，通常会在定义数组的同时为其赋初值（也称为初始化）。但实际的应用中更多还是从外界接收数据，如使用 scanf()函数接收从键盘输入的数据，并存入数组。通过循

环访问下标，可以用简短的语句实现批量的数据输入，如下所示。

```
// 例 2.4-4  从键盘读数组元素的值
    #include <stdio.h>
    int main()
    {
        float  data[4];                             // 实际情况中数组的初值通常从外界输入
        float  sum = 0, ave;
        int  i;
        for(i = 0; i < 4; i++)                      // 示例程序不必输入太多数据
        {
            scanf("%f", &data[i]);
            sum = sum + data[i];                    // 累加求和，data[i]是数组元素，从 0 开始
        }
        ave = sum / 4;                              // 增加输入数据的时候这里别忘记改了
        printf("平均值是%.2f", ave);                 // %.2f 表示输出时只保留小数点后 2 位
        return 0;
    }
```

解析：

① 在调试程序时，为方便起见，可以先定义一个较小的数组。

② 用 scanf 语句给数组元素输入数据，与普通变量没什么区别。事实上，绝大多数情况下，data[i]、data[2]这种数组元素参与运算时的用法与普通变量完全一样。

③ 需要注意的是，与变量可以在声明后单独赋值不同，数组只能在定义时整体赋初值，不能在程序语句中作为整体赋值。

④ printf 中的格式其实很丰富，本例的“%.2f”表示显示浮点数时保留两位小数。

运行程序，输入 3.2、2.8、3.3 和 2.9（以换行间隔）后的结果如下：

```
3.2
2.8
3.3
2.9
平均值是 3.05
```

2.5 C 语言程序规范

为了保证兼容性，本书的所有程序都尽可能遵循 ANSI C 的规范。但由于常用的编程环境不仅集成了 C 和 C++，也会对新的 C 标准有一定支持，同时有一些默认的参数配置，因此读者在实际编程时会发现，有时即使违反了本书强调的一些语法规范，程序也能顺利通过编译、正常运行并得到正确的结果。比如，ANSI C 要求变量定义语句应出现在其他语句前，但实际可以在任意语句前后定义变量。再如，在使用库函数前要求先包含头文件，但实际上不包含也能正常使用。

考虑到当前主要是在嵌入式环境或者系统级编程时才会实际使用 C 语言，编译器不一定支持新标准，因此建议读者应尽可能遵循最基本的规范。

小　结

计算机程序设计的学习与数学、物理等基础课程的学习截然不同。数理知识源于现实世界，是对客观规律的描述，数理课程的学习是对千百年来人类认知结果的消化与吸收，在学习阶段很难有发挥和创造的余地。而计算机语言是人造的工具，在语法规则允许的范围内，人们可以编写出千奇百怪的程序。程序设计是一个边学习边创造的过程，每个程序都是独一无二的作品，无论好坏。

初学者的首要任务是掌握基本的语法规则，编写出语法正确的程序。在这方面，程序设计语言的学习与自然语言的学习有很多相似之处，不能只靠记忆语法规则，而是要在编程实践中进行练习。幸运的是，与大多数人由于缺乏语言环境、花费十余年只学了个"哑巴英语"不同，只要有一个编程环境，每个人都能通过与计算机的"交流"理解和掌握程序设计的思想与方法，创造出属于自己的优秀作品。

思考与练习 2

1．了解更多流程图和伪代码的知识。

2．了解 N-S 图，并与流程图、伪代码比较优缺点。

3．用 2.3.3 节的语句修改例 2.3-1 的程序。

4．模仿例 2.4-2，编写循环多次输入身高体重值并判断身材的程序，并绘制流程图、书写伪代码。

5．改写例 2.4-3，在循环体中使用 if 语句找出其中的最大值并输出，并绘制流程图、书写伪代码。

6．先画流程图再编程，体会流程图的作用。定义一个变量用于从键盘接收数据，一个变量用于存储累加和，使用循环语句从键盘接收 5 个数据，每接收一个，就判断是否为正值，并只累加正的数据，而对非正的数据提示"非法输入"。循环结束后输出累加和。运行程序后，输入的数据中包含若干非正的数据。

7．画出例 2.4-4 的流程图。

8．先写伪代码再编程，体会伪代码的作用。改写例 2.4-4，在循环体中，scanf 语句后判断输入值是否为正值，并只累加正的数据。循环结束后，计算并输出正数据的平均值。运行程序后，输入的数据中包含若干非正的数据。注意对程序进行额外的修改，否则运行结果不对。

9．先写伪代码再编程。定义一个整型数组并初始化后，在循环语句中，使用两条 if 语句，分别找出最大值和最小值并输出。

10．改写第 9 题的程序，当判断输入的整数是负数时，就重新输入一次数据。尝试输入浮点数或其他非数字的字符，观察运行结果并思考原因。

第 3 章

CT

结构化程序设计

本章内容是后续章节的基础，学习完本章的内容，针对功能较为单一、逻辑较为简单的问题，读者应能：

- 根据问题的需求，定义合适的变量、数组或结构体。
- 分析问题并设计处理问题的算法逻辑，绘制流程图或书写伪代码。
- 使用顺序、分支、循环结构编程实现算法逻辑。
- 测试并完善后得到能解决问题的程序。

读再多程序也学不会编程。读者务必亲手编写、调试本章所有的示例与练习程序，并自己动脑分析、动手解决遇到的问题。

本章的编程全部在 main()函数中进行，因为 C 语言程序约定俗成从 main()函数开始运行。但 main()函数只是一个地位稍微特殊一点的功能模块，能解决的问题规模有限。如果要解决更复杂的问题，需要学习更多、更深入的内容，包括：

- 开发功能复杂的程序：模块化程序设计（第 4 章）。
- 处理海量的数据：数据结构及其算法、数据库。
- 开发基础软件：系统级程序设计（第 5 章）。
- 开发大型软件：软件工程、面向对象技术。

结构化是一种被广泛使用并且与语言无关的程序设计思想与方法。在第 2 章引入常用的 C 语言语法概念时，每个示例都是通过结构化程序设计方法实现的。本章在详细介绍语法元素的规则的基础上，阐述如何利用结构化的思想与方法，在主函数中将这些元素组织成语法正确、结构合理、逻辑清楚、形式规范的小规模程序，解决简单的问题，实现基本的算法，为此后编写更大规模的程序打下基础。

在面向对象方法兴起后，人们在进行软件开发时很少再提起结构化程序设计方法。但事实上，无论使用哪种程序设计技术、哪种程序设计语言，无论软件规模大小，无论问题简单还是复杂，在实现具体的程序功能时，都需要用顺序、选择、循环等控制结构组织程序语句，这就是狭义的“结构化”思想。

广义上，解决问题的思路都被称为“算法”。在计算机领域，算法的设计和实现总是结构化的，也总是与数据相关的。从这个角度，结构化程序设计常常被视为“数据驱动”的。因此，本章首先介绍基本数据类型与表达式的规则，然后在介绍各类控制语句的基础上阐述如何构造算法，接着基于数组介绍如何设计批量处理数据的程序，基于结构体介绍如何设计处理复杂信息的程序，最后通过一个成绩录入程序的示例，展示如何将结构化思想与计算思维融入编程实践。

3.1 基本数据类型

MOOC 视频

无论简单还是复杂的问题，都要基于数据进行求解。而不同的数据在计算机中往往需要使用不同的格式进行存储，在程序设计语言中则对应着不同的数据类型。因此，学习程序设计语言，首先要了解这种语言包含哪些数据类型，以及这些类型有什么特性，以选择合适的数据类型来表示和存储数据。

C 语言细致划分了很多种数据类型，并要求在使用任何存储对象前都要声明数据类型，优点是能精确控制数据的存储方式与存储空间，缺点是需要了解每种类型的属性，以避免选择不合适的类型后可能带来的困扰甚至错误。比如，使用整型类型存储阶乘运算的结果，就可能很快产生溢出，而使用浮点型存储时，则可能存在有效位数不足的问题。

本节详细介绍整型（int）、浮点型（float 和 double）、字符型（char）及其派生数据类型，分析影响数据类型选择的主要因素，包括编码方式、取值范围与操作规则等。

3.1.1 整型数据

整型数据在 C 语言中对应的数据类型是整型，在程序中用关键字 int 表示。为满足不同取值范围的计算需求，C 语言设计了 short、long 两个前缀限定符，与 int 组合成：short int，短整型；long int，长整型；long long int（仅 C99 标准支持），双长整型。

根据是否表示负数，int 类型还可以分为 signed（有符号）、unsigned（无符号）两种，前者的取值范围包含负数，后者则仅包含正整数与 0。这两种类型可以与前面的 3 种类型任意组合，从而使 C 语言的整型数据类型达到 6 种。为减少书写代码的工作量，缺省时，int 类型默认都是 signed 类型，只要有前缀存在，int 都可以省略。

短整型 short int 默认是指有符号短整型 signed short int（均可简写为 short），占 2 字节空间，通常将最高位作为符号位，0 表示正数，1 表示负数，从而只剩下 15 位用来表示数据。能表示的最大二进制正数是 0111 1111 1111 1111B，对应的十进制数是 $2^{15}-1=32767$。最小的二进制负数本来应该是 1111 1111 1111 1111B，对应十进制数-32767（第一个 1 表示负数，后 15 个 1 是绝对值 32767），不过由于 1000 0000 0000 0000B 代表的-0 与+0 是同一个数，本着不浪费的原则，将其规定为-32768。所以，signed short int 的取值范围是-32768～32767。

无符号短整型 unsigned short int（简写为 unsigned short）的二进制表示比较简单，当 2 字节的所有位全为 0 即 0000 0000 0000 0000B 时，取到最小值十进制的 0；最大值是所有位全为 1，按位权展开 $1\times2^{15}+1\times2^{14}+\cdots+1\times2^{1}+1\times2^{0}$ 可得到对应的十进制数是 65535（另一种算法是 $2^{16}-1=65535$），即 unsigned short int 的取值范围是（0～65535）。

当最高位为 1 时，同一段二进制编码对应的无符号数与有符号数的差异巨大。如图 3-1 所示，1000 0000 1000 0001 表示无符号数时，容易按位权展开计算出值是 32897；表示有符号数时，最高位是符号位，其余位按位权展开则是 $-(1\times2^{7}+1\times2^{0})=-129$。这种编码格式被称为原码。但在实际应用中，计算机通常用补码方式存储二进制有符号整数。

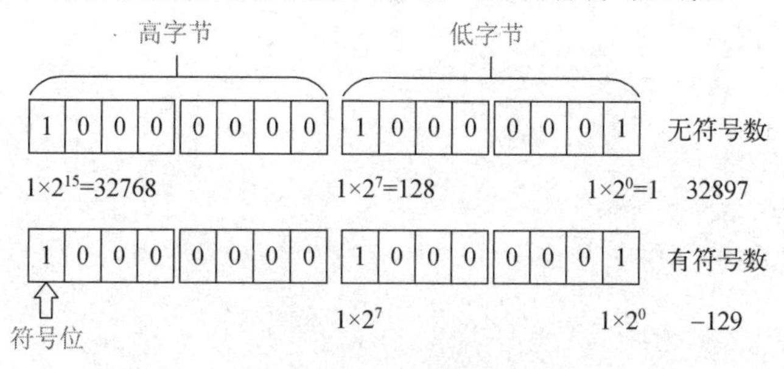

图 3-1　无符号数与有符号数的原码编码

“补”是基于模的一个概念，以时钟为例，从 6 点调到 2 点，可以向后拨 4 个小时或向前拨 8 个小时，即 6-4=6+8，也就是可以将减法运算转换为加法运算，此时称-4 是 8 以 12 为模的补数。图 3-2 给出了原码、反码、补码的转换过程示例（短整数-129）。当符号位为 1，即负数时，将原码除符号位以外的所有二进制位取反得到反码再加 1，即得到补码。如-129 的原码是 1000 0000 1000 0001，反码是 1111 1111 0111 1110，补码是 1111 1111 0111 1111。容易验证，对补码执行求补码的过程可以得回原码。

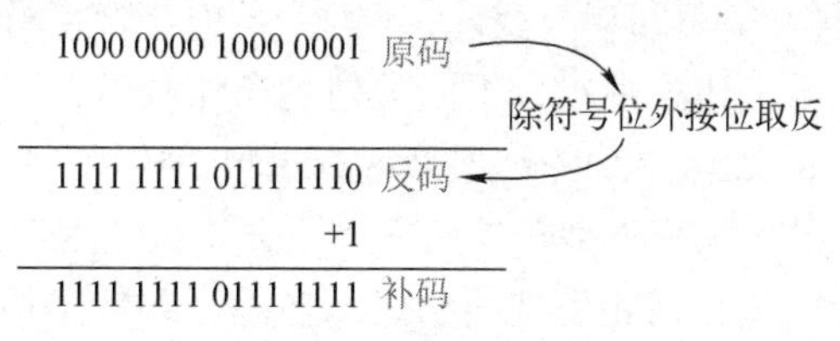

图 3-2　原码、反码与补码的转换示例

当二进制数的符号位为 0 即为非负整数时，原码、反码和补码相同，不需要转换。使用补码进行加法和减法运算时，把负号和减号都视为数据的符号，直接连符号位一起执行加法运算即可，得到的结果仍然是补码。补码的设计不仅可以将符号位和数值域统一处理，还可以统一处理加法和减法运算，可以降低硬件实现的复杂度。

在 C 语言程序设计中，所有整型数据类型都没有固定的字节数，而是允许编译器根据硬件特性选择合适的类型长度，但要遵循下列限制：short int 和 int 类型至少为 16 位，long 类型至少为 32 位；并且，short 类型不得长于 int 类型，int 类型不得长于 long 类型，long long int 类型最少 32 位。这种设计是为了兼顾系统的资源利用率和可移植性。例如，在嵌入式系统等存储资源有限的环境中，与 short int 一样，int 只占据 2 字节的空间，而在其他环境中通常占据 4 字节的空间。

以上整型数据类型对应的有符号数和无符号数的取值范围可参照前述过程计算。

使用整型类型时，取值范围的有限性可能带来一种严重的计算问题：溢出。1996 年，欧洲阿丽亚娜 5 火箭首次发射时，有一段控制程序直接移植自阿丽亚娜 4 火箭，其中声明了一个 2 字节的变量。设计阿丽亚娜 4 代码的程序员曾经仔细计算过，这个变量收到的数据无论如何不会超过 2 字节，故此采取了这个方案。然而，阿丽亚娜 5 上应接收的数据却是 8 字节，没有人检查出这个问题，于是飞行中变量溢出，导致处理器崩溃、控制系统紊乱，并进而在发射 37 秒后引发了自毁爆炸。

为确保处理绝对值较大的整数时不会出现溢出问题，可以在程序中使用 sizeof 运算符获取指定数据类型的字节数。

```
// 例 3.1-1  演示溢出的 C 程序
    #include<stdio.h>
    int main() {
        short  a = 32767;
        printf("short 类型的长度是%d\n", (int) sizeof(short));
        a = a + 3;
        printf("a 的值是%d", a);
        return 0;
    }
```

程序运行后的结果如下：

```
short 类型的长度是 2
a 的值是-32766
```

求对象长度运算符 sizeof 的操作对象可以是任何数据对象或数据类型，在编译时计算对象或类型占用的存储空间字节数。注意，如果数据对象是表达式，并不会计算表达式的值，而是判断表达式的类型，并根据类型返回字节数。在例 3.1-1 中，若将 sizeof(short)改成 sizeof(a)或 sizeof(a+3)，结果都一样。当表达式中包含不同类型的操作数时，则会通过隐式类型转换规则确定表达式的类型。比如，sizeof(a+3.0)的结果是 8（double 类型的大小，注意不是 float 类型）。

例 3.1-1 在 sizeof 前使用了强制类型转换运算“(int)”，这是因为 sizeof 运算符的运算结果是 unsigned int 类型，而%d 是输出 int 类型的结果。当然，即使不使用强制类型转换，也会在输出前进行隐式类型转换。强制类型转换运算符的一般形式为：

```
(TYPE) 操作数
```

经强制类型转换运算符运算后，返回一个具有 TYPE 类型的数值。其中，TYPE 和操作数都只能是基本数据类型，且该运算并不改变操作数本身，而是得到一个新的值。

注意，对于例 3.1-1 中 printf 语句的输出格式，“""”中不仅可以根据需要添加易于理解的普通字符，还可以用换行符“\n”（“\”连同其后的字符“n”表示这是一个转义字符，见 3.1.3 节）进行输出打印的换行，即从下一行的左端行首开始。否则，第二个 printf 语句的输出将在同一行中紧连着第一个 printf 语句的输出。

【说明】 换行、回车是来源于打字机的两个词，“\r”（回车）告诉打字机把打印头定位在左边界，“\n”（换行）告诉打字机把纸向下移一行。计算机屏幕显示时沿用了这两个字符，但在不同的操作系统表现不同。在 Windows 系统下，这两个字符就是表现的本义；在 UNIX 类系统下，“\n”（换行）表现为光标下移一行并回到行首；在 macOS 系统下，“\r”（回车）则表现为回到本行开头并往下一行。键盘上，Enter 键的输入通常相当于两个字符加起来。

当确定仅使用小整数时，可以不关注取值范围，直接使用整型 int 即可。

```
// 例 3.1-2  仅使用小整数的 C 程序
    #include <stdio.h>
    int main() {
        int  score, i;
        // 考试成绩是[0, 100]区间内的整数，用 int 类型声明变量 score 足够用了
        // 需要处理的数据个数远小于 32767，用 int 类型声明循环控制变量 i 也足够用了
        for(i = 0; i < 10; i++) {                              // 循环 10 次处理数据
            scanf("%d", &score);                               // 从键盘输入整数形式的考试成绩
            if(score >= 60)
                printf("恭喜你，通过考试！");
            else
                printf("别灰心，明年再来！");
        }
        return 0;
    }
```

程序运行后会从键盘接收 10 个输入的数据并逐个判断成绩是否合格，给出对应的评语。

注意，两个整数之间的运算通常只能得到整数类型的结果。在进行加法、减法和乘法运算时没什么问题，但进行除法运算往往会被忽视。比如，1/2 的计算结果会被截断取整成 0 而不是 0.5，而 0 和非 0 在逻辑上是相反的，可能导致一些严重的问题。当然，在有些情况下，整除又会是一种有用的运算规则，如用 score/20 可以将 0～100 分的成绩分成 0～5 共 6 个档次。

虽然取值范围有限，可能存在溢出问题，但考虑到没有精度损失，当需要存储的数据不是很大时，人们还是更愿意使用整型类型表示整数。

而当需要处理的整数很大，或需要进行整除以外的除法运算时，通常就只能牺牲精度，使用浮点类型进行存储与处理了。

3.1.2 浮点型数据

浮点型数据全都是有符号的，表示更为复杂，曾经产生过多个国际标准，大多包含阶符、阶码、数符、尾数四部分。1.2.3 节给出的只是浮点数的编码与存储示意图，实际的编码标准比较复杂。对程序员来说，通常不需要了解标准的细节，主要关注两点：精度（有效数字位数）与取值范围。其中有效数字的位数的含义是转换成十进制数时只能保证准确到这么多位（实际也许可能更多），如有效数字位数为 3 时，数据 3.14169 中只有 3.14 是保证准确的。

C 语言的浮点型数据类型有 3 种：

❖ 单精度浮点型 float，最少 4 字节，6 位有效数字，绝对值的取值范围约为1.2×10^{-38}～3.4×10^{38}。

❖ 双精度浮点型 double，最少 8 字节，15 位有效数字，绝对值的取值范围约为2.3×10^{-308}～1.7×10^{308}。

❖ 长双精度浮点型 long double，最少 10 字节，19 位有效数字，绝对值的取值范围约为3.4×10^{-4932}～1.1×10^{4932}。

需要注意的是，有效数字位数与小数点的位置无关，如果十进制数 123.456 只有 2 位有效数字，那么只有“12”这两个数字是有效的，后面的“3.456”不能保证被正确地存储。尽管实际应用中往往能看到更多准确的有效数字，但只能信任有效位数内的数字。

对初学者来说，如果没有特别的需求，直接使用单精度浮点型 float 即可。

使用浮点型表示数据最大的好处就是取值范围大，基本上不用担心溢出的问题，缺点也很明显，就是无法精确地表示数据。浮点数存在两种误差：其一是浮点数的小数部分在从十进制转换为二进制时产生的计算误差，其二是有限的有效数字位数导致的数据表示误差。

由此带来的一个问题是，无法直接判断两个浮点数是否相等。例 3.1-3 验证了哪怕初值同为 0.1，一个 float 型变量、一个 double 型变量实际存储的值可能都不会相等（视具体的编译器而定）。

```
// 例 3.1-3  浮点数的误差问题
    #include<stdio.h>
    int main() {
        float  x1 = 0.1;
        double  x2 = 0.1;
        if(x1 == x2)
            printf("x1 与 x2 相等");            // 这是理想
        else
            printf("x1 与 x2 不相等");          // 这是现实
        return 0;
    }
```

解析：

① “==”是关系运算符，只能用于比较两个整数是否相等，相等时运算结果为真（1），否则为假（0）。注意，不要写成“=”，这是初学者易犯的错误，会导致得到相反的结果。

② 十进制数 0.1 无法精确转换为二进制数，float 与 double 的有效数字位数不一样，因此对 0.1 的二进制表示不同。

那么，是否可以判断两个浮点数是否相等呢？可以，但需要像一个真正的科学家一样，接受不完美的现实。在科学计算时，误差是不可避免的，只要在合理的范围内，就可以认为满足了计算需求，达到了计算目标。

判断两个浮点数是否相等，最常用的方法是设定一个误差上限，只要两个浮点数的差值小于该误差上限，就认为是相等。比如，例 3.1-3 中的判断条件改成 if(fabs(x1-x2) < 1e-6)，符合条件就认为 x1 与 x2 相等。其中的 fabs()是求浮点数绝对值的库函数（在 math.h 中），1e-6 则是科学计数法1×10^{-6}在 C 语言程序中的写法，是浮点型常量的一种表示形式，比直接写小数 0.000001 更容易清晰书写和辨识。

小练习：修改例 3.1-3，验证结果的同时练习浮点型常量的用法。

【说明】 C 语言无法表示真正的无穷数，但为了计算系统的完备，人为规定了无穷大数。比如，浮点数中的无穷是阶码的每个二进制位全为 1 且尾数为 0，符号位为 0 是正无穷，为 1 是负无穷。此外，用 NaN（Not a Number，非数）表示未定义或不可表示的值，常在浮点数运算中遇到错误的操作数时使用，其阶码的每个二进制位全为 1，并且尾数不为 0。而除零等操作，如

```
float  a = 1, b = 0;
   printf("%f", a/b);
```

语句产生的无穷大数显示为“1.#INF00”。

3.1.3 字符型数据

字符型数据（关键字 char）只占用 1 字节的空间，既能作为字符显示，又能作为小整数参与运算，往往让初学者感到迷惑。作为字符使用时，字符型数据指的是 ASCII 编码表中的字符，对应 ASCII 值 0～127；作为小整数时，分有符号数与无符号数，取值范围分别是-128～127 和 0～255。

字符型常量（简称字符常量或字符）在 C 程序中用一对“'”表征，如小写字母 a 在程序中写为'a'，而这个字符也是一个小整数，即它的 ASCII 值为 97。那么，'a'什么时候是一个字符，什么时候是一个整数呢？这取决于应用场景，只有从键盘输入和在屏幕上输出时是一个字符，在其他情况下，其实都是作为一个整数使用。

同样，用字符型数据类型声明的变量既可以作为整数参与运算，也可以作为字符输入输出。下例演示了字符型数据类型的这个特性。

```
// 例 3.1-4  循环 5 次，将输入的小写字母转换为大写字母并显示
    #include<stdio.h>
    int main() {
       char  c, i;
       for(i = 0; i < 5; i++) {
          c = getchar();
          putchar(c-'a'+'A');
       }
       return 0;
    }
```

程序解析：

① 本程序循环 5 次，变量 i 虽然声明成字符型，但只作为小整数使用。

② getchar()是一个函数，从键盘接收一个字符并转换为该字符的 ASCII 值，然后赋值给字符型变量 c。

③ putchar()也是一个函数，“()”中的变量 c、常量'a'和'A'都作为整数参与运算，得到的整数作为其 ASCII 值，再将对应的字符输出到屏幕上。

④ c-'a'+'A'也是一种强烈建议应该掌握的用法，通过计算字符在 ASCII 表中的相对位置完成大小写转换。

运行该程序，从键盘连续输入“abcde”5 个字符后回车，可以得到运行结果：

```
ABCDE
```

读者可以尝试改写成从大写字母转换成小写字母的程序。

这个程序其实很不完善，只能正确处理小写字母的输入，当输入不是小写字母时，也会进行计算和输出，结果会很奇怪。不过只需要在调用 putchar()函数前增加一个条件判断就可以让这个程序只转换小写字母，而不处理其他字符：

```
if(c >= 'a' && c <= 'z')
    putchar(c-'a'+'A');
else
    putchar(c);
```

判断条件是 c>='a'&&c<='z'，此时变量 c 的内容作为小整数使用，其中存放的值分别与字符常量'a'和'z'的 ASCII 值进行关系运算，可翻译为“变量 c 中存放的字符是否在从 a 到 z 的字母表中”，这种用法强烈建议牢记于心。

运行修改后的程序，从键盘连续输入“a2c@e”5 个字符后回车，可以得到运行结果：

```
a2c@e
A2C@E
```

字符常量的一对“'”中通常只包含一个字符，如字母（'z'）、数字（'8'）、标点符号（':'）等，但为了书写一些不可打印的字符或者非十进制的数字，会在这些字符或数字前加上“\”，构成转义字符。转义字符有如下形式：

- “\”后跟 1 个字符。如'\n'表示换行，'\t'表示 tab，'\\'表示字符“\”，而为输出'和"，则应写成'\"和'\"'。
- “\”后跟 1～3 位八进制数。如'\12'或'\012'是其八进制数代表的字符，在 ASCII 表中对应换行符，即与'\n'等效。
- “\”后跟 1～2 位 x（不能用 X）引导的十六进制数。如'\xA'是其十六进制数所代表的字符，在 ASCII 表中对应换行符，仍与'\n'等效。

转义字符列表如表 3-1 所示，在使用时学习即可，不需专门记诵。

表 3-1　常用的转义字符

转义字符	ASCII 值	功　能
\a	7	响铃（beep）
\b	8	退格符，打印位置向左移一列
\f	12	走纸换页，打印位置移到下一页的开头
\t	9	横向制表符，打印位置移到下一个横向制表位
\n	10	换行符，打印位置移到下一行的开头
\r	13	回车符，打印位置移到当前行的开头
\v	11	纵向制表符，打印位置移到下一个纵向制表位
\\	92	反斜杠字符 \
\?	63	问号字符 ?
\'	39	单引号字符 '
\"	34	双引号字符 "
\o，\oo，\ooo		1～3 位八进制数，ASCII 值等于该值的字符
\xh、\xhh		1～2 位十六进制数，ASCII 值等于该值的字符

3.1.4 幻数与宏定义

C 语言的设计者把直接书写在程序中的常数，如 80、1.85，称为“幻数”，并认为这样写程序不是一个好习惯，因为它们几乎无法向今后阅读该程序的人（包括程序员本人）提供什么信息，而且使程序的修改变得更加困难。处理幻数的一种方法是赋予它们有意义的名字。“#define”指令（也称为宏定义，macro definition）可以用符号名（在宏定义中称为宏名）定义一个特定的字符串：

```
    #define    宏名  替换的文本字符串
```

定义宏名时遵循标识符的规则，即以字母或下画线开始的字母和数字序列，其中的字母通常使用大写字母，以示与变量的区别。其后的替换文本可以是任何字符序列，而不限于数字。

```
// 例 3.1-5  提供信息便于修改的宏定义
    #include<stdio.h>
    #define        Weight    80                    // 体重值，可根据需要任意修改
    #define        Height    1.85                  // 身高值，可任意修改
    int main() {
        printf("身高%.2f，体重%d，BMI 是%.2f\n", Height, Weight, Weight/Height/Height);
    }
```

宏名 Weight 和 Height 都只是一个符号，便于读程序的人理解其后所跟字符串的意义。由于它们代表的都是数字，也被称为符号常量。在其后的程序中，只要出现了这两个宏名，都将在编译前直接原地替换为字符串“80”和“1.85”。这个过程由预处理器（通常合并在编译器中）执行，称为“宏替换”。这是因为编译前的代码只是一个个的字符，编译时才会将“80”和“1.85”视为一个整体的数字，并翻译成相应的目标代码。

宏定义看起来与变量声明有相似之处，但两者有着本质的不同。下例可以加深读者对于宏替换的含义的理解。

```
// 例 3.1-6  宏定义与变量声明的区别
    #include <stdio.h>
    #define        N    a == 2)    printf("a = %d\n", a);
    #define        B    2;
    int main() {
        int  a = B
        if (N
    }
```

上述示例不仅能编译通过，还有正常的执行结果：a = 2。

用“#define”定义的符号名，无论出现在程序中哪个位置，都会在编译之前被预处理器用后面的字符串直接替换掉。也就是说，main()函数中的 B 和 N 分别被字符串“2;”和“a == 2) printf("a = %d\n", a);”替换后才会开始编译，因此上述程序虽然看上去残缺不全，但在预处理后并没有非法的语句，能够正确编译与执行。

宏定义的另一个重要作用是便于修改常量。比如，当数组与循环配合使用时，数组大小与循环次数相关联，修改数组大小后，很难保证所有相关数字都能被正确修改。而使用宏定义可以消除这个隐患，3.4 节将给出具体的示例。

宏定义还有很多复杂的用法，包括带参数的宏（见附录 E.1），但本质都只是文本替换。值得一提的是，经常用到的 getchar()和 putchar()函数其实也是 stdio.h 文件中的宏定义。

3.2 表达式与运算规则

表达式是 C 程序语句的重要组成部分，尤其是对数据的处理，都需要通过表达式实现。一个常量或一个变量可以被视为最简单的表达式，不过多数情况下表达式由运算符（operator，也称为操作符，以下简写为 op）与操作数（operand，也称为操作对象）组成。一个表达式中可以包含很多运算符与操作数，其中的每一组运算符和操作数仍然是表达式，常被称为子表达式，如 i=i+1 中的 i+1，或(a+b)*(a−b)中的 a+b 和 a−b。当函数调用有返回值时，也可以作为表达式使用。

关于表达式，需要始终牢记的是：无论什么形式的表达式，最终都会产生一个值。

初学者学习表达式，可以先从熟悉运算符开始。虽然 C 语言的运算符种类繁多，但基本规则并不复杂，初学者需要重点关注运算符有哪些与数学中的用法不同的地方，以及混合使用时的相互关系。

3.2.1 运算符简介

C 语言的运算符有如下几类。

- 算术运算符：+（加）、−（减）、*（乘）、/（除）、%（求余）、++（自增）、--（自减）。
- 关系运算符：>（大于）、<（小于）、>=（大于等于）、<=（小于等于）、==（相等）、!=（不相等）。
- 逻辑运算符：&&（与）、||（或）、!（非）。
- 位运算符：<<（左移）、>>（右移）、~（按位取反）、&（按位与）、^（按位异或）、|（按位或）。
- 赋值运算符：=、+=、-=、*=、/=、|=、<<=、>>=、%=、&=、^=。
- 条件运算符：? :。
- 逗号运算符：,。
- 指针运算符：*、&。
- 求类型字节数运算符：sizeof。
- 强制类型转换运算符：(类型)。
- 下标运算符：[]。
- 成员运算符：·、->。
- 括号运算符：( )。

位运算相关的运算符在附录中介绍，指针相关的运算符“*”和“->”在第 5 章介绍。

C 语言的运算符不但数量丰富，而且属性很多，2.1.2 节已经简单介绍了优先级、结合性、类型转换等概念。使用运算符构造表达式时需要关注的问题包括如下。

① 操作对象的类型：部分运算符对操作数的类型有特定要求，如求余操作不能作用于浮点型的对象，否则语法检查会报错。二元运算符和三元运算符则要求操作数类型相同，否则会进行隐式类型转换。

② 操作对象的存储特性：赋值表达式“E1=E2”中的 E1 被称为左值（lvalue）。左值是一种特殊的表达式，是对某些具有存储空间的对象的引用。变量是最简单的左值。左值的名称起

源于赋值运算符的左操作数，但并非都处于运算符的左边。取地址运算符的右操作数（如&a中的 a）、自增、自减运算符的操作数（如++i 和 i++中的 i）都要求是左值，否则会引起编译错误。左值被操作后通常不再是左值（唯一的例外是指针操作符*），如(i++)++之所以编译错误，是因为 i++是一个表达式，其结果不再是一个左值，不能再进行++运算。

③ 优先级：当表达式含有多个运算符时，需要注意是否能根据优先级得到正确的运算次序，必要时可以使用“( )”提升优先级。

④ 结合性：当表达式含有多个优先级相同的运算符时，需要注意是否能根据结合性得到正确的运算次序，必要时可以使用“( )”改变结合关系。

⑤ 副作用：自增、自减和赋值等运算符，在对表达式求值的同时会修改操作对象的值。在某些情况下，副作用发挥作用的时机与编译器有关，可能引起意料之外的问题。

以下结合表达式的构造，针对这些问题进行讨论。

3.2.2 常用表达式

1．算术表达式

加法、减法、乘法运算符的操作数既可以是整数（char 类型的数据在运算时转换为 int 类型），也可以是浮点数。表达式两边操作数类型相同时，运算结果的类型也为该类型。表达式两边的操作数类型不一致时，会进行隐式的类型转换，转换规则见 3.2.3 节。比如，表达式 2*3 的值是 int 类型；2*3.0 的值是 double 类型，注意不是 float 类型，二者在内存中的表示不同。

除法运算符两边都是整数时，执行整除运算，其结果是不含小数部分的整数商。比如，2/3 的结果是 0。为得到含小数的结果，有两种处理方式：

- 将表达式改写为 2.0/3 或 2/3.0，根据隐式类型转换规则，结果值为 double 类型。
- 使用强制类型转换运算，如(double)2/3 也可以得到 double 类型的结果值。

求余运算符要求操作数必须都是整数。表达式 x % y 的结果是 x 除以 y 的余数，当 x 能被 y 整除时，其值为 0。例如，某年份能被 4 整除但不能被 100 整除，那么这一年就是闰年，此外，能被 400 整除的年份也是闰年。因此，可以用下列语句判断闰年：

```
if ((year % 4 == 0 && year % 100 != 0) || year % 400 == 0)
    printf("%d 是闰年\n", year);
else
    printf("%d 不是闰年\n", year);
```

在有负操作数的情况下，整数除法截取的方向和取模运算结果的符号取决于具体机器的实现，因此不建议在这两种表达式中使用负数。

当确实需要对负数进行运算时，可以先用绝对值相同的正数运算以得到确定的结果，再使用“-”运算符让结果成为负数。事实上，类似-80、-1.85 这样的负数都是在常量上使用了“-”运算符的结果。

自增、自减运算符比较特殊，有前缀后缀两种形式，操作对象只能是整型的左值。自增的结果是操作对象的值递增 1，自减的结果是操作对象的值递减 1。当自增、自减表达式单独作为一条语句的时候，前缀与后缀的效果相同。比如，n++和++n 的结果都与 n=n+1 相同，但比后者更简洁，运算次数也更少（不考虑编译器优化后的情况）。当作为一个表达式出现在其他表达式中时，由于副作用的存在，前缀和后缀的行为有所不同。比如，表达式++n 是先将 n 的值增 1，再使用变量 n 的值，而表达式 n++是先使用变量 n 的值，再将 n 的值增 1。如果 n 的值为 5，那么

```
x = n++;
```

执行的过程是先将 x 的值置为 5，变量 n 自增为值 6；而

```
x = ++n;
```

先将 x 的值自增为 6，再将 n 的值置为 6。自增、自减运算符只能作用于左值，如表达式(i+j)++是非法的，因 i+j 是一个表达式的值而不是能存放数据的空间。

注意运算符的优先级问题。后缀自增、自减运算符的优先级虽然高于赋值运算符，但其运算方式是在整个表达式使用完操作数的值后（即相关其他运算符都运算完毕），再修改操作数的值，因而其运算次序往往在其他运算符后。

自增、自减运算符的副作用可能导致不确定的结果，在 3.2.5 节中介绍。

2．赋值表达式

赋值运算符“=”是二元运算符。在赋值表达式中，如果表达式左边的变量重复出现在表达式的右边，如

```
i = i+2
```

就可以缩写为如下形式：

```
i += 2
```

其中，“+=”也是赋值运算符，比缩写前更符合日常的计算思维方式，即将变量 i 的值增加 2，而不是把变量 i 的值取出来加上 2 再把结果放回 i 中。除此以外，这种缩写形式还适用于复杂的左值赋值。比如：

```
a[i*j+b] += c[j]
```

显然比 a[i*j+b] = a[i*j+b] + c[j]更简洁，不容易读错、写错。这里的 a 和 c 都是数组，在“[ ]”中使用表达式取下标。

算术运算符与赋值运算符结合时的缩写包括：+=，-=，*=，/=，%=。注意，类似

```
x *= y + 1
```

的含义是

```
x = x * (y + 1)
```

而不是

```
x = x * y + 1
```

赋值运算会在为左操作数赋值时，将左操作数的值作为整个赋值表达式的值，即有副作用。由于需要改变左操作数的值，显然左操作数也应该是左值。

所有二元运算符都要求左右操作数是相同类型，当赋值运算符的右操作数类型与左操作数不同时，会先将右操作数的值转换为左操作数的类型再进行赋值。需要注意的是，类型转换并不改变原操作数，而是得到一个中间值。例如：

```
float  x = 0.5;
int  y;
y = x;
```

x 的值 0.5 会转换成整型数 0，再赋给 y，从而 y 的值为 0，但 x 的值仍为 0.5。

3．关系与逻辑表达式

第 2 章已经介绍了关系运算符与逻辑运算符，在构造更复杂的关系表达式和逻辑表达式时，初学者需要注意的问题包括：

① 不要书写类似“a>b>c”或“a==b==c”这种表达式，因为与 c 比较的不是 b 的值，而是表达式“a>b”和“a==b”的值，而这两个表达式的值是 0 或 1。如果需要进行多个变量值的比较，建议分别使用单独的表达式。

② 不要把“if(a == b)”误写成“if(a = b)”，前者是判断两个变量的值是否相等，只有两个值相等时，才执行后面的语句；后者是把 b 的值赋给 a，只要 b 的值不为 0，条件就成立，就会执行后面的语句。

③ 类似“if(a == 0)”的条件判断建议写成“if(0 == a)”或“if(!a)”。

4．条件表达式

条件运算符“? :”是 C 语言中唯一的三元运算符，具有右结合性，优先级仅高于赋值运算符和逗号运算符。条件表达式的一般格式如下：

```
表达式expr1 ? 表达式expr2 : 表达式expr3
```

表达式首先计算 expr1，若其值不等于 0（为真），则计算 expr2 的值，并以该值作为条件表达式的值，否则计算 expr3 的值，并以该值作为条件表达式的值。expr2 和 expr3 中只能有一个表达式被计算。如果 expr2 与 expr3 的类型不同，就会进行隐式类型转换。

条件运算符最适合用于赋值语句中。例如，下面的语句用于求 a 和 b 中的最大值，并将结果保存到 z 中：

```
if (a > b)
    z = a;
else
    z = b;
```

用一个条件表达式就可以实现这一过程：

```
z = (a > b) ? a : b;
```

虽然按运算符的优先级，“a>b”外可以不加“( )”，但加上“( )”易读性更好。

采用条件表达式可以编写出很简洁的代码。例如：

```
ch = (ch >= 'A' && ch <= 'Z') ? (ch+32) : ch;              // 大写字母转小写
```

下面的循环语句打印一个数组的 n 个元素，每行打印 10 个元素，每列之间用一个空格隔开，每行用一个换行符结束（包括最后一行）：

```
for (i = 0; i < n; i++)
    printf("%6d%c", a[i], (i%10 == 9 || i == n-1) ? '\n' : ' ');
```

在每 10 个元素后以及第 n 个元素后都要打印一个换行符，所有其他元素后都要打印一个空格。编写这样的代码可能需要一些技巧，但比用等价的 if-else 结构编写的代码要紧凑。

5．逗号表达式

逗号运算符是双目运算符，具有左结合性，是优先级最低的运算符，其语法形式如下：

```
exp1, exp2
```

逗号表达式的求值方法是：先计算表达式 exp1 的值，再计算表达式 exp2 的值，并将 exp2

的值作为整个表达式的值。

逗号表达式可以把多个独立的表达式并列放置在一个表达式中，典型的用法示例包括：

```
temp = a, a = b, b = temp;                  // 交换变量a和b的值
for(sum = 1.0, i = 1; i <= n; ++i)          // 求n的阶乘并保存到一个浮点型变量中
    sum *= i;
```

虽然逗号表达式也会产生一个表达式的值，但通常的用法中很少使用这个值。

3.2.3 隐式类型转换规则

在 C 语言中，很多时候会进行隐式的算术类型转换。一般来说，如果二元运算符的两个操作数具有不同的类型，那么在进行运算之前先要把“较低”的类型提升为“较高”的类型，运算的结果为较高的类型。K&R C 中详细列出了这些转换规则。当不考虑 unsigned 类型的操作数时，依次执行如下规则。

- 如果其中一个操作数的类型为 long double，就将另一个操作数转换为 long double 类型。
- 如果其中一个操作数的类型为 double，就将另一个操作数转换为 double 类型。
- 如果其中一个操作数的类型为 float，就将另一个操作数转换为 float 类型。
- 将 char 与 short 类型的操作数转换为 int 类型。
- 如果其中一个操作数的类型为 long，就将另一个操作数也转换为 long 类型。

例如：

```
#include <stdio.h>
int main() {
    float  a = 0.1;
    printf("%f", (a-0.1)*10000);
    return 0;
}
```

输出结果是 0.000015，而不是 0.000000，因为浮点型常量是双精度浮点型，单精度浮点型变量 a 的值需要先转换为双精度浮点数再参与运算，而 0.1 不是能精确表示的数值，因而产生了误差。如果把 float 改成 double，就能得到正确的结果。

当涉及无符号数时，隐式类型转换可能会得到更意外的结果。

```
// 例 3.2-1  隐式类型转换带来的问题
#include<stdio.h>
int main() {
    unsigned  uint = 0;
    int i = -1;
    if(i < uint)
        printf("-1 当然小于 0");
    else
        printf("-1 并不小于 0");
    return 0;
}
```

运行结果是“-1 并不小于 0”。因为有符号整型与无符号整型运算时，前者会向后者转换，导致-1 转换成一个巨大的无符号数（具体数值与编译环境有关，可能的一个值是 4294967295），

从而不再小于 0。

3.2.4 表达式的运算次序

包含两个以上运算符的表达式需要通过优先级与结合性（也称结合律、结合方向）规则确定运算符的运算次序。表 3-2 给出了除位运算符以外所有运算符的优先级与结合性，同一行中的运算符具有相同的优先级，各行间从上往下优先级逐行降低。完整的运算符优先级与结合性列表见附录 C。

表 3-2　运算符的优先级与结合性

<table>
<tr><th>优先级</th><th>运算符</th><th>结合性</th></tr>
<tr><td>1</td><td>()　[]　->　.　后缀++　后缀--</td><td>从左向右</td></tr>
<tr><td>2</td><td>!　~　++　--　+　-　*　&　(type)　sizeof　前缀++　前缀--</td><td>从右向左</td></tr>
<tr><td>3</td><td>*　/　%</td><td rowspan="6">从左向右</td></tr>
<tr><td>4</td><td>+　-</td></tr>
<tr><td>6</td><td><　<=　>　>=</td></tr>
<tr><td>7</td><td>==　!=</td></tr>
<tr><td>11</td><td>&&</td></tr>
<tr><td>12</td><td>||</td></tr>
<tr><td>13</td><td>? :</td><td rowspan="2">从右向左</td></tr>
<tr><td>14</td><td>=　+=　-=　*=　/=　%=</td></tr>
<tr><td>15</td><td>,</td><td>从左向右</td></tr>
</table>

在大的类别上，一元运算符优先级 > 二元运算符；算术运算符优先级 > 关系运算符 > 逻辑运算符 > 赋值运算符。同类运算符中也有优先级的差异，如乘、除高于加、减，逻辑与高于逻辑或。

表达式中若有多个相同优先级的运算符，则按结合性确定计算次序。结合性分为从右向左和从左向右两种结合方向。除了后缀自增自减，一元运算符都只能从右向左结合；除了赋值运算符，二元运算符都是从左向右结合，即优先级相同时，按从左向右的顺序计算。这与数学中的规定类似。唯一的三元运算符则从右向左结合。

运算符、操作数、优先级与结合性的组合关系错综复杂，牢记基本规则，通常就不会在书写或阅读表达式时出现错误。当然，最好的方法还是在应用中学习与体会。初学者可以编写如下程序，验证运算符和表达式。

```
// 例 3.2-2  验证优先级与结合性
    #include<stdio.h>
    int main() {
       int  a;
       printf("%d\n", 3>2);
       printf("%d\n", 3>2>1);
       printf("%d\n", a = 3>2>1);
       return 0;
    }
```

程序的输出结果是：

```
1
0
0
```

注意，格式字符串中“%”规定的类型要与拟输出结果的类型一致。

C 语言的语法灵活，可以把多个操作写在一个复杂的表达式中，以使程序更加简洁。此时需要注意表达式的书写方式，通过增加“( )”等方法明确运算符的优先级与结合性，尽可能减少误写和误读的可能性。

例如，从键盘连续读入字符到数组中，直至遇到回车，但不能超出数组界限：

```
char s[20], c;
for (i = 0; i < 20 && (c = getchar()) != '\n'; ++i)
    s[i] = c;
```

读入一个新字符前必须先检查数组 s 中是否还有空间存放这个字符，因此应先测试条件 i<20。如果测试失败，就没有必要继续读入下一字符。

由于运算符“!=”的优先级高于赋值运算符的优先级，因此在表达式“(c = getchar()) != '\n'”中，需要使用“( )”才能达到预期的目的：先把函数返回值赋值给 c，再将 c 与'\n'进行比较，而运算符“&&”的优先级比关系运算符和不相等运算符的优先级低，因此表达式“i<20”和表达式“(c = getchar()) != '\n'”的外面都不需要另加“( )”。但与其指望读者熟悉运算符的优先级，不如规范一点，写成这样：

```
char s[20], c;
for (i = 0; (i < 20) && ((c = getchar()) != '\n'); ++i)
    s[i] = c;
```

虽然书写麻烦，但表达式条理清晰，有助于减少出现运算顺序、数据类型错误等问题。

3.2.5 表达式的副作用

有些情况下表达式的副作用会带来不确定的运算结果。

① 由于 C 语言没有指定同一运算符中多个操作数的计算顺序，如“f = (a+b)*(a=d)”并不保证先计算“(a+b)”再计算“(a=d)”，因此计算结果并不是确定的。

② 类似 a[i] = i++，数组下标 i 到底是引用旧值还是引用新值，不同编译器的解释可能不同。

在任何一种编程语言中，如果代码的执行结果与求值顺序相关，都被认为是不好的程序设计风格。因而，首先要了解应该避免哪些问题，哪怕已然了解了具体的机器实现方式，但为了兼容性，也最好不要尝试使用这些特殊的实现方式。正如 C 语言设计者之一 Ritchie 在 K&R C 引言中所说的那样，C 语言保持了其初始的设计思想，即程序员了解他们在做什么，唯一要求是程序员要明确地表达他们的意图。

【说明】 国际 C 语言混乱代码大赛（International Obfuscated C Code Contest，IOCCC）是一项始于 1984 年的国际编程赛事，宗旨是写出最有创意同时最令人难以理解的代码（大小限制在 4 KB 以内），在展示 C 语言特色的同时提醒程序员应编写规范的程序。以下程序是获奖作品之一，读者能看出吗？更有趣的是，换成不同字体时还能展示出不同的效果。

```
#include<stdio.h>
                                        typedef unsigned int _;_ d,b,
                                   #define i(I1,Il,lI)if(Il){lI;}else{I1;}
                                  I[256],              n,y,a,r,u,k,o
                                 ,L,l[                     256],O,K[
                                /**/                         #define\
                                q(g)                          g char\
                                *C,                             *Q,c[\
                                ]=                               "KfW"\
                                ""                              "Ww|"\
                                 /*                               'UU!\
                                  %                                 NYA!\
                                  */                                 "Z}"\
                         ";fRo?JtJaV<x4@*?R?&JV1"                     ".s"\
                      "{Fyj2_;khB1xQ5oxm~mS@B|(pa>oRU"                  "Ro"\
                   "nB}h@o?)d.X)NSTIUCz7@%",*s[]={c,"#en"                  "di"\
                 "f/*}||1;\n__DATA__\40*/\n\n#ifndef\40q\n#d"               "ef"\
               "ine\x20q\n#include<stdio.h>\ntypedef\40unsign"                "e"\
              "d\x20int\x20_;_\x20K[]={\n#include\40__FILE__\n#u"              "n"\
             "def q","0},L,O,l[256],I[256],n,y,a,r,u,k,o;"#g"char"              "*"\
            "S,s[]=\"",c,c,"\";int main(){X();for(S=s+*K;*S>37;){for"            "(o"\
           "=0;o<5;o++)r=r*85+(83+*S++)%89;r","^=*x();for(o=0;o<4;o++"            ")"\
           "{s[O++]=r&255;r>>=8;}}return!fwrite(s,O-*S%5,1,stdout);}\n"            "#"\
          "endif",c},S[256]="#ifdef/*\n'true'\40or\40q{\nexec\40head\40"            "-"\
         "8\40$0\n};for(open$O,$0;<$O>;print\40if$f){$f|=/^$/;}q{*/q",/*            */z;
         256];q(_*x(){if(!L--){y+=++a;for(o=0;o<256;y=l[o++]=I[255&(k>>10           )]+u
        ){n^=(o&1)?n>>(( o& 2)?16:6):n<<((o&2)?2:13);u=I[o];k=I[o]=I[255&           (u>>
        2)]+(n+=I[(o+128)   &    255]) +y;}L=255;}return&l[L];}_*X(){for(O=0          ;256
       >O;I[O++]=0);for(O    =     0;    sizeof(K)/sizeof( _)> O;O++)I[O&255]          ^=K[
       O];for(n=y=a=L=O=0 ;O<1<<24;++    O)x( );r=O=0x0; return&O;})int/*^^*/          main
      (int p,char**P){FILE* Z=fopen(p>    (+  1)?P[01   ]   :"/dev/urandom",           "rb"
      );i(;,Z,O=fread(K,256   ,4,Z);/*P          */     fclose(Z))X();for(p=b=d           =O=
     0;O<256;K[O++]=0)*K=+  86;for(O                  =1;12> O;K[O++]=*x());X();           for
     (C=Q=S;r-8;){i(*C++=34,  (r-4&&r                -5)||C- S ,;)z=Q[p++];i(;,z           !=
    32||r-3,i(i(C+=sprintf((    C),            "%uU"    ",",K[b++]);i(d=1;C               =S
    ;i(d=02,b-12,;),b%6,;),r-1                ,i(b=   fread(c,1,4,stdin);i               (p
   =O=0,b,for(d=O=0;O<04;O++)d                        +=(c[O]&255)<<(8*O);d               ^=
   *x();for(p=5;p;c[--p]=O<32?O+                    95:O+6){O=d%85;d/=85;}               O=
  5)i(d=0,b<4,c[O++]=b?b-1?b-2?36:    37:33:35          ;d=2)c[O]=0,r-4,i(i (d=            2
  |d,C!=S+6,*C++=(*x()%34)+93;p--),r     -5,*s=          C;d|=2)  )),z ,i(*C++ =92          ,
 z-63||C [-1]-63||C>S+76,;)*C++=z))i(              ;,d>1,d=  d-2  ;Q=s[r]  ;i(              ;
 ,r<3||  r>5,d=1;i(;,r-1, *C=0)C=S)  i(;,          r-4, p=0)++   r)   i(*(C++ )=
34,r   <4||r>5||   C<S+    78,;)i      (*C++=0;d=1; C=S   ,r<3      ||       r>
5        ||C<S+    79,;      )i(;,d,                 puts              (
       S);        d=0       )}  return
                         0;}
```

3.3 控制语句与基本算法

先写的语句先执行，后写的语句后执行，每条语句都会被执行到，这种程序结构被称为顺序结构。通常来说，结构化程序在总体上都是顺序结构的，主要分为数据输入、数据处理和数据输出三个处理过程。但大多数程序语句并不会完全按顺序执行，因为其中包含可以控制执行顺序的语句，如选择（分支）和重复（循环）语句。C 语言包含 9 种控制语句。顺序只是一种结构，没有对应的控制语句。

选择结构又称为分支，是一种先对给定条件进行判断，再根据判断的结果执行相应语句结构。从前面的示例可以看出，无论判断条件是什么，选择结构每执行一次最多只能选择其中的一个分支。

C 语言的选择结构语句包括 if（if-else）语句和 switch 语句，循环结构语句包括 for、while 和 do-while 语句，中断和跳转语句包括 break、continue、goto 和 return 语句。其中，return 语句用于结束函数的运行，返回到调用它的地方（见第 4 章）。其他控制语句则都是在函数内设计与实现算法时的常用结构。

3.3.1 C 语言程序语句

C 语言程序由函数组成，而函数包括数据说明部分与可执行语句部分。虽然前者有时也被称为变量定义语句，但通常提到语句的时候指的是可执行语句。

最短的 C 语言程序语句是空语句，只包含一个“;”。空语句常出现在循环结构中，循环头中已经完成所需的功能后，就可以使用空语句作为循环体。对初学者来说，空语句的存在有时会造成难以察觉的错误。下面的程序与例 3.1-4 仅有一个“;”的差别，但运行结果截然不同。

```
#include <stdio.h>
int main() {
   char  c, i;
   for(i = 0; i < 5; i++);              // 这个分号是一条空语句，是 for 的循环体
   {                                    // 这对花括号构成了一条复合语句，不再是循环体
      c = getchar();
      putchar(c-'a'+'A');
   }
   return 0;
}
```

这个程序只会从键盘接收一个字符并处理，然后退出。因为 for 循环头后多写了一个“;”，形成了空语句循环体，使得循环空转 5 次。其后“{ }”中的语句不再是循环体，只会执行一次。

在语法上，“{ }”连同其中的语句被称为复合语句，也被称为程序块说明。在 C 语言程序中，复合语句由包含在“{ }”中的一组说明和语句组成，在语法上等价于单条语句。用在 if-else、for 等控制语句中的复合语句，一般不含说明。而函数体是常见的包含说明的复合语句。也就是说，整个 main()函数中所有的语句其实都可以视为一条复合语句——虽然并没有什么特别的意义。注意，“}”用于结束复合语句，其后不再需要“;”。

3.3.2 分支语句

1．if-else 语句

if-else 形式可以表达一个或两个分支，与 else-if 组合，则可以表达非常复杂的分支关系。

（1）if-else 形式

通过简单的算法设计，可以使用 if-else 语句处理多个或多次分支的选择。

例如，针对输入任意三个整数 num1、num2、num3，求三个数中的最大值。这个问题可以设计为如下算法：先比较前面两个数，求出两数中较大的一个存于临时变量 max 中；再把第三个数与 max 相比较，就能求出最大的数。

```
// 例 3.3-1  求三个整数中的最大值
    #include <stdio.h>
    int main() {
        int  num1, num2, num3, max;
        printf("请输入三个整数（以空格分隔）:");
        scanf("%d%d%d", &num1, &num2, &num3);
        if (num1 > num2)
            max = num1;
        else
            max = num2;
        if (num3>max)
            max = num3;
        printf("这三个整数中最大值为: %d\n", max);
        return 0;
    }
```

本例有两个 if 语句，第一个 if 语句含有 else 子句，也就是有两条支路。第二个 if 语句只有一条支路，省略了 else 子句，因为其他支路已经在前面做了处理。

另一种算法是：

```
max = num1;
if(num2 > max)
    max = num2;
if(num3 > max)
    max = num3;
```

虽然执行结果相同，但语句的顺序有了变化。深入学习后，读者将发现，其执行效率也有不同。

每次的判断与赋值还可以用形式更为简洁的条件表达式来现：

```
max = (num1 > num2) ? num1 : num2;
```

进一步，要求把任意输入的三个数按从小到大的顺序排序后输出。

算法思想如下：首先，取前面两个数进行比较，要求是升序，如果不符合升序，就交换它们；其次，把第二个数和第三个数进行同样的操作；最后，把第一个数和第二个数再做一次这样的操作，因为上面的操作可能破坏了已经排好的升序。

```
// 例 3.3-2  按升序排列输入的三个整数
    #include <stdio.h>
    int main() {
```

```
    int  num1, num2, num3, temp;
    printf("请输入三个整数（以空格分隔）:");
    scanf("%d%d%d", &num1, &num2, &num3);
    if (num1 > num2) {
        temp = num1;
        num1 = num2;
        num2 = temp;
    }
    if (num2 > num3) {
        temp = num2;    num2 = num3;    num3 = temp;
    }
    // C语言对换行等格式的要求非常宽松，只要不会引发语法上的混淆就行
    if (num1>num2) {temp = num1;    num1 = num2;    num2 = temp;}
    printf("这三个整数按升序排列为: %d,%d,%d\n", num1, num2, num3);
}
```

上述 if 语句后的复合语句用来实现两数的交换。在交换两个变量中的数据时，不能直接互相赋值，通常需要引入一个中间变量临时存放数据。读者可以思考，如何不使用中间变量，而是通过某种简单的算法实现两个变量中数据的交换。

（2）else-if 形式

当存在多个分支时，可以采用 else-if 形式构造多重的 if 语句，其格式如下：

```
if (表达式1)
    语句1
else if (表达式2)
    语句2
else if (表达式3)
    语句3
…
else if (表达式n-1)
    语句n-1
else
    语句n
```

这种 if 语句序列是编写多路判定最常用的方法。其中的各表达式将被依次求值，一旦某个表达式结果为真，就执行与之相关的语句，并终止整个语句序列的执行。最后一个 else 部分是可选的，用于处理所有剩余的情况。同样，各语句既可以是单条语句，也可以是复合语句。

```
// 例3.3-3  用多重if语句判断身材
    #include <stdio.h>
    int main() {
        float  height;
        int  weight;
        float  bmi;

        printf("输入身高（米）: ");
        scanf("%f", &height);
        printf("输入体重（千克）: ");
        scanf("%d", &weight);
        bmi = weight / (height * height);
        printf("BMI指数为: %.2f\n", bmi);
```

```
    if(bmi<18.5)
        printf("体重过轻");
    else if(bmi>=18.5 &&bmi<24.9)
        printf("正常范围，注意保持");
    else if(bmi>=24.9 &&bmi<29.9)
        printf("体重偏重");
    else
        printf("太重了！");
    return 0;
}
```

（3）嵌套形式

if 语句允许嵌套，即在 if 语句中包含 if 语句。比如：

```
if ()
    if ()
        语句 1
    else
        语句 2
else
    if ()
        语句 3
    else
        语句 4
```

是一种两层嵌套的 if 语句。

由于 if-else 语句的 else 部分是可选的，因此在嵌套的 if 语句中省略它的 else 部分将导致歧义。解决的方法是将每个 else 与最近的前一个没有与 else 配对的 if 进行匹配。读者可以体会如下两条嵌套语句的匹配的不同。

```
if (n > 0)
    if (a > b)
        z = a;
    else
        z = b;
```

如将 else 与第一行的 if 匹配，则必须使用“{ }”强制实现正确的匹配关系：

```
if (n > 0) {
    if (a > b)
        z = a;
}
else
    z = b;
```

事实上，通过程序的缩进结构可以清楚地看出 else 部分与第二行的 if 匹配。常用的编程环境提供了自动缩进的功能，读者应善加利用。当感觉编辑器的缩进有问题时，可能是前面的语句有语法错误，导致编辑器无法给出正确的缩进格式。这也是发现语法错误的小技巧。

错误的 if-else 配对是很常见、很致命却很难发现的问题，因此建议在有 if 语句嵌套的情况下仔细检查缩进并尽可能使用花括号。

下例展示了 if-else 语句在求解问题时的强大能力。

```
// 例 3.3-4  求一元二次方程 ax²+bx+c=0 的解（a≠0。
    #include <stdio.h>
    #include <math.h>                                    // 求绝对值库函数 fabs()在这里声明
    int main() {
        float  a, b, c, disc, x1, x2, p, q;
        scanf("%f%f%f", &a, &b, &c);
        disc = b*b-4*a*c;
        if (fabs(disc) <= 1e-6)                          // 若 disc 的值为 0
            printf("x1 = x2 = %7.2f\n", -b/(2*a));       // 输出两个相等的实根
        else{
            if (disc > 1e-6) {                           // 若 disc > 0
                x1 = (-b+sqrt(disc)) / (2*a);            // 求出两个不相等的实根
                x2 = (-b-sqrt(disc)) / (2*a);
                printf("x1 = %7.2f, x2 = %7.2f\n", x1, x2);
            }
            else {                                       // 若 disc < 0
                p = -b/(2*a);                            // 求出两个共轭复根的实部
                q = sqrt(fabs(disc)) / (2*a);            // 求出两个共轭复根的虚部
                printf("x1 = %7.2f + %7.2f i\n", p, q);  // 输出两个共轭复根
                printf("x2 = %7.2f - %7.2f i\n", p, q);
            }
        }
    }
```

如此复杂的计算过程仅仅只是一条 if-else 语句而已。

当输入

```
4 6 3
```

时，程序的运行结果是：

```
x1 = -0.75 + 0.43 i
x2 = -0.75 - 0.43 i
```

注意，由于实数在计算机中存储时总会有误差，因此判断 disc 是否为 0 的方法是判断其绝对值是否小于一个很小的数（使用 1e-6 是因为 float 只有 6 位有效数字）。

2 . switch 语句

当每个分支都能由一个或多个整数值常量或常量表达式标记时，也可以使用 switch 语句，能让代码显得更有条理。switch 语句是一种多路判定语句，测试表达式是否与一些常量整数值中的某一个值匹配，并执行相应的分支动作。

switch 语句的一般形式：

```
switch(表达式) {
    case  常量表达式 1:   语句组; [break;]
    case  常量表达式 2:   语句组; [break;]
    ……
    case  常量表达式 n :  语句组; [break;]
    default:              语句组; [break;]
}
```

其中，break 是中断语句（在 3.3.4 节详细介绍），虽然不是必须的，但很重要。

以考试成绩分级程序为例。

```
// 例 3.3-5  用 switch 语句实现成绩分级
    #include <stdio.h>
    int main() {
        int  score;
        scanf("%d", &score);
        if(score >= 0 && score <= 100) {
            switch(score/10) {
                case 10:
                case 9:
                    printf("优秀");  break;
                case 8:
                    printf("良好");  break;
                case 7:
                    printf("中等");  break;
                case 6:
                    printf("及格");  break;
                default:
                    printf("不及格");  break;
            }
        }
        else
            printf("输入错误");
    }
```

解析：

① switch 语句由关键字 switch 和 case 组成，default 是可选的关键字，作用类似 else。

② switch 后的表达式计算分支值，必须是整数值（含字符类型、枚举类型）。

③ 每个 case 后跟一个常量（表达式）和一组语句，每个常量值必须各不相同。多个 case 子句可共用同一语句（组）。

④ case 和 default 都是标号，用于指示分支从其后的语句开始。

⑤ 分支值与某个 case 常量匹配时，从其后的语句开始执行。因此，各 case 和 default 子句的先后次序不影响程序执行结果。

⑥ break 关键字并非必需的，但通常会有，用于结束当前分支的执行。缺少 break 语句时，会从当前分支一直执行到 switch 语句末尾。

⑦ 如果与所有 case 常量都不匹配，就执行 default 后的语句。

运行程序，从键盘输入“92”，则输出“优秀”；输入“55”，则输出“不及格”；输入“-100”，则输出“输入错误”。

这个程序巧妙利用了整除的特性：当输入 90～99 之间的整数时，score/10 的值都是 9，与输入 100 时 score/10 的值 10 并列，都输出“优秀”，然后遇到 break，整条语句乃至整个程序执行完毕；当输入 80～89 之间的整数时，输出“良好”；当输入 70～79 之间的整数时，输出“中等”；当输入 60～69 之间的整数时，输出“及格”；当 0～59 之间的整数时，输出“不及格”；当输入其他数值时，都输出“输入错误”。

读者可以思考，当分级范围改成91～100、81～90…时，应该怎么修改程序？

除了正确实现正常的处理流程，读者还需要注意异常的处理。本例在处理数据前对输入的数据进行合法性检查，是不可或缺的一个环节，否则错误的输入将产生奇怪的输出，甚至引发程序运行崩溃。

使用if-else语句实现以上switch语句的功能时，可能的一种写法如下：

```
score /= 10;
if(score == 9)
    printf("优秀");
else if(score == 8)
    printf("良好");
else if(score == 7)
    printf("中等");
else if(score == 6)
    printf("及格");
else
    printf("不及格");
```

不仅看上去也不杂乱，还可以换成其他更灵活的判断条件。比如：

```
if(score >= 85 && score <= 100)
    printf("优秀");
else if(score >= 75)
    printf("良好");
else if(score >= 60)
    printf("及格");
else
    printf("不及格");
```

switch语句的优点是只需计算一次表达式的值，就可以引导程序进入不同的分支。但由于switch语句只能处理可列的整数标号，而if-else语句可以处理任意类型与取值范围的数据，因此switch适用场景不如if-else语句广泛。事实上，所有用switch语句实现的多分支，都可以用if语句实现，而用if语句实现的多分支未必能用switch语句实现。

不过，作为一种条理非常清晰的多分支结构，switch语句更适用的场景是配合字符界面的C程序菜单，根据输入的选择项转向执行对应的语句块。

```
// 例3.3-6  用switch语句实现菜单选择
    for(;;) {                                    // 有用的死循环--反复显示菜单
        printf("成绩管理系统\n");
        printf("1. 录入成绩\n");
        printf("2. 修改成绩\n");
        printf("3. 查询成绩\n");
        printf("0. 退出系统\n");
        printf("请选择0-3: \n");
        scanf("%d", &num);                       // 输入菜单选项编号
        switch(num) {                            // 也可用字符'0'或'1'
            case 1:                              // 录入成绩的语句组
                break;
            case 2:                              // 修改成绩的语句组
                break;
```

```
        case 3:                                    // 查询成绩的语句组
            break;
        case 0: return 0;                          // 退出程序
    }
}
```

本例使用了无限循环的 for 语句，其原理是由于循环头中没有条件判断用的表达式，无法进行条件判断，因而始终保持循环，只能在循环体中通过中断或跳转语句结束循环。本例在输入选项 0 时，通过 return 语句直接退出 main()函数的运行，意味着结束整个程序的运行，自然不会再循环。

完整的成绩录入程序见 3.6 节。

3.3.3 循环语句

1．for 循环

for 循环的一般形式为：

```
for (表达式1; 表达式2; 表达式3)
    (循环体) 语句
```

由于 for 循环的 3 个表达式分别可以初始化循环控制变量值、判断变量值、修改变量值，这种设计很适合用在循环次数已知的场合。当然，for 循环语法非常灵活，其循环头中可以放置任意表达式，也可以省略某个或全部表达式，因而可以用在任何需要循环执行语句的场合。比如，例 3.3-6 的循环头中省略了全部表达式，似乎什么也没做，却可以使程序保持循环状态。

即便是 3 个表达式都有，也可以移至其他适当的位置。更有甚者，循环体中如果有表达式语句，还可以将其中的表达式移到循环头中。例如，1～100 累加求和的 for 循环可以写成如下几个版本。

（1）常规版本：

```
for(i = 1; i <= 100; i++)
    sum += i;
```

（2）空语句循环体版本：

```
for(i = 1; i <= 100; sum += i, i++)  ;          // 原循环体中的表达式移到循环头中
```

虽然语法正确，但采用了有副作用的逗号表达式形式，通常不建议这么写。

（3）循环控制变量初始化外置版本：

```
i = 1;
for( ; i <= 100; i++)
    sum += i;
```

这种初始化的方式显然不如常规版本紧凑清楚。

（4）类 while 版本：

```
i = 1;
for( ; i <= 100; ) {
    sum += i;
    i++;
}
```

其中的循环头仅保留了表达式 2，可以直接替换为另一种循环语句 while。

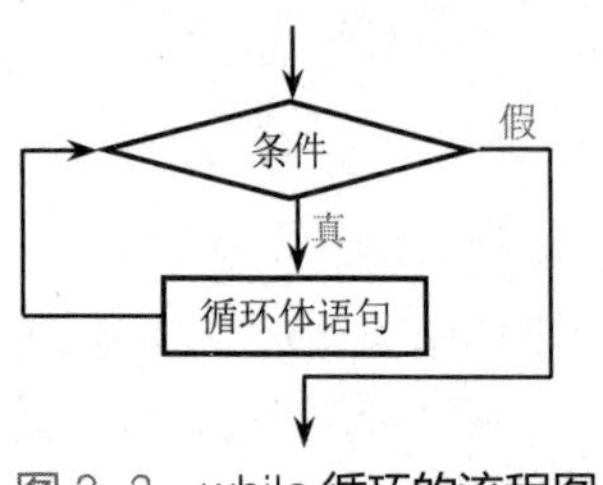

图 3-3　while 循环的流程图

2．while 循环

while 循环语句的格式非常简洁：

```
while (表达式)
    语句
```

其流程图也非常简洁（如图 3-3 所示）：首先求表达式的值（条件判断），非 0（条件成立）则执行语句，然后继续求该表达式的值，一直反复，直到该表达式的值为 0 为止。

稍加修改，就可以得到与 for 语句一般形式等价的 while 语句形式：

```
表达式1;
while (表达式2) {
    语句
    表达式3;
}
```

用 while 循环实现的累加求和程序如下：

```
i = 1;
while(i <= 100) {
    sum += i;
    i++;
}
```

与 for 循环相比，仅仅是头部少了两个“;”，其他地方完全相同。事实上，在大部分情况下，for 循环与 while 循环是可以互相替换的。不过由于 while 循环仅强调条件判断，使用循环控制变量时语句比较杂乱，因而多用在仅判断循环条件、不考虑循环次数的场合。典型的例子如辗转相除法（欧几里得算法）求最大公约数。

```
// 例 3.3-7  用辗转相除法求两个数的最大公约数
#include <stdio.h>
int main() {
    int  m, n, temp;
    printf("请输入两个整数:\n");
    scanf("%d, %d", &m, &n);                          // 要求输入的两个数之间以逗号分隔
    while(temp = m%n) {
        m = n;
        n = temp;
    }
    printf("最大公约数为%d\n",n);
}
```

显然，当输入不同的整数时，循环次数是不同的，而循环截止的条件却是确定的，即表达式 temp = m%n 的值为 0（注意这是一个赋值表达式，而不是判断是否相等的关系表达式）。无论输入的整数是多少，最终都会辗转相除到余数为 0，因此这个循环总是会停止，最大公约数则刚好存储在变量 n 中。

本例设了一个小陷阱，由于 scanf()函数中两个格式字符串中间用“,”进行间隔，在输入数据的时候也要用“,”进行间隔，否则变量 n 无法接收正确的数据。另外，默认两个输入数

都不能是 0，否则得不到正确的输出。

3．do-while 循环

C 语言程序的第三种循环语句是 do-while，先执行循环体语句组，再判断循环继续条件，其一般形式为：

```
do {
    循环体语句组;
} while(循环继续条件);                          // 末尾的分号必不可少
```

显然，该语句适用于循环体至少会被执行一次的情况。仍以对 1～100 自然数求和为例。

```
#include <stdio.h>
int main() {
    int  i = 1, sum = 0;
    do {
        sum += i;
        i++;
    } while(i <= 100);
    printf("sum = %d\n", sum);
}
```

与 while 语句类似，do-while 语句更常用于不限定循环次数的场合。例 3.3-8 用于将输入整数按位倒序输出，如输入 56342 时输出 24365。其算法思想是利用十进制整数的特点，先将该整数对 10 取余数得到末位数，再将该整数整除 10 后继续求余得倒数第二个数，重复整除与求余过程，直至整除结果为 0。

```
// 例 3.3-8  整数按位倒序输出
    #include <stdio.h>
    int main() {
        int  n;
        scanf("%d", &n);
        do {
            printf("%d", n%10);
            n = n/10;
        } while(n != 0);                       // 末尾的分号必不可少
    }
```

使用 do-while 时务必注意，不能缺少整体结构末尾的“;”。

4．多层循环

多层循环指循环语句的循环体内包含另一个完整的循环结构，也称为多重循环或者循环嵌套、嵌套循环。C 语言的 for、while、do-while 语句可以在多层循环中混合使用，最多允许达到 127 层循环。当然，实际的程序不太可能用到这么多层。

下面的例子比较两个数组 a 与 b 中是否具有相同元素，必须使用两层循环才能完成比较的过程。

```
// 例 3.3-9  比较数组中的相同元素
    #include <stdio.h>
    int main() {
        int  a[5] = {3,5,7,9,11}, i, j;
```

```
    int  b[6] = {1,2,3,4,5,6}, found = 0;
    for(i = 0; i < 5; i++)
        for(j = 0; j < 6; j++)
            if(a[i] == b[j])
                found = 1;
    if(found)
        printf("a与b有相同的元素");
    else
        printf("a与b没有相同的元素");
    return 0;
}
```

本程序的处理过程（即算法）虽然简单，但显然效率太低。本来只要发现有一对元素相同就可以结束比较，但由于循环次数固定，必须把两层 for 循环全部执行完毕（5×6=30 次）才能结束循环。而使用 break 语句可以在一定程度上提高算法效率。

3.3.4　中断与跳转语句

1．break 语句

在 switch 语句中已经使用了 break 语句，用于从 switch 语句中提前退出。初学者有时会犯的一个错误，就是忘记在分支结束时添加 break 语句，从而导致继续执行后面分支的语句。例如，当删除例 3.3-5 中 case 分支后的所有 break 语句时，程序依然可以正常编译运行，但输入“92”后，会在屏幕上连续输出“优秀　良好　中等　及格　不及格”。这也验证了 case 及其后的常量只是作为引导跳转的标号，并没有其他作用。

同样，在循环体中出现的 break 语句能提前结束循环。

比如，当对 1～100 自然数进行累加求和时，求加到哪个数时累加和才会大于等于 1000，可以写出如下程序。

```
// 例 3.3-10  break 打断循环的执行
#include <stdio.h>
int main() {
    int  i, sum = 0;
    for(i = 1; i <= 100; i++) {
        sum += i;
        if(sum >= 1000)
            break;
    }
    printf("i = %d, sum = %d\n", i, sum);
}
```

当执行到 i=45 时，sum 的结果是 1035，首次超过 1000，循环立刻结束，并打印结果。

不过当存在多层循环时，break 只能结束当前层的循环。仍以比较数组中的相同元素为例，使用 break 语句只能结束内层循环，外层循环仍在继续。可通过增加 printf 语句验证循环的执行过程，这也是一种很好的跟踪调试循环过程的办法。

```
// 例 3.3-11  用 break 减少循环次数
#include <stdio.h>
```

```
    #include <stdio.h>
    int main() {
        int  a[5] = {3,5,7,9,11}, i, j;
        int  b[6] = {1,2,3,4,5,6}, found = 0;
        for(i = 0; i < 5; i++) {
            printf("i = %d\t", i);
            for(j = 0; j < 6; j++) {
                printf("j = %d\t", j);
                if(a[i] == b[j]) {
                    found = 1;
                    break;
                }
            }
            printf("\n");
        }
        if(found)
            printf("a与b有相同的元素");
        else
            printf("a与b没有相同的元素");
        return 0;
    }
```

在外层循环中增加 break 语句，可以进一步减少循环次数。

```
    for(i = 0; i < 5; i++) {
        for(j = 0; j < 6;j++) {
            if(a[i] == b[j]) {
                found = 1;
                break;
            }
        }
        if(found)
            break;
    }
```

读者可以比较一下有无 break 语句时的循环过程的差别。

如果希望在第一次发现有相同元素时就能直接结束所有层的循环，就可以使用 3.3.4 节介绍的 goto 语句。

2．continue 语句

continue 是一条不太常用的语句，只能用于循环语句中，也只能作用于当前层的循环，其作用是放弃执行本次循环剩余未执行的循环体语句，直接进入下一次循环。

比如，在对 1～100 自然数进行累加求和时，希望跳过所有 3 的倍数。

```
// 例3.3-12  continue结束本次循环体的执行
    #include <stdio.h>
    int main() {
        int  i, sum = 0;
        for(i = 1; i <= 100; i++) {
            if(i%3 == 0)
                continue;
```

```
        sum += i;
    }
    printf("sum = %d\n", sum);
}
```

其运算结果是 3367 而不再是 5050。读者可以把 continue 改成 break，对比运算结果，再尝试修改 if 语句中的判断条件。

3．goto 语句

在某条语句前添加标号后，可以在同一个函数内使用 goto 语句跳转到该语句处执行。下面的例子演示了如何使用 goto 语句实现循环结构。

```
// 例 3.3-13  用 if 语句、goto 语句和标号实现循环
    #include <stdio.h>
    int main() {
        int  n = 1, sum = 0;
loop:   sum += n;                       // loop 为语句标号
        n++;
        if (n <= 100)
            goto loop;                  // 条件成立时转向 loop 标号所在语句执行
        printf("sum = %d\n", sum);
    }
```

标号的特征是后紧跟一个“:”，如本例的 loop。switch 语句中的 case 连同其后的常量一起也构成标号。标号的命名同样遵循标识符的命名原则。虽然 goto 语句简单易用，但通常比不使用 goto 语句的程序段更加难以理解和维护。尤其当行数较多的程序中存在多个 goto 语句时，稍有不慎可能引发逻辑错误。因此在结构化程序设计原则中，主张限制使用 goto 语句。

不过在某些场合 goto 语句是有用的，最常见的情况是直接跳出两层或多层循环。比如，判定两个数组 a 与 b 中是否具有相同元素，如果有，就立刻结束比较，并打印两个数组中对应的元素位置。

```
// 例 3.3-14  用 goto 跳出两层循环
    #include <stdio.h>
    int main() {
        int  a[5] = {3,5,7,9,11}, i, j;
        int  b[6] = {1,2,3,4,5,6};
        for(i = 0; i < 5; i++)
            for(j = 0;j < 6; j++)
                if(a[i] == b[j])
                    goto found;
        printf("没找到…");
        return 1;                                // 避免多执行下一条 printf 语句
found:  printf("找到了, 在 a[%d]、b[%d]中", i, j);
        return 0;
    }
```

本例数组 a 下标为 0 的元素和数组 b 下标为 2 的元素值都是 3，因此程序会输出“找到了，在 a[0]、b[2]中”。如果把数组 a 或 b 中的值 3 和 5 删掉，就会输出“没找到…”。

所有使用了 goto 语句的程序代码都能改写成不带 goto 语句的程序。上例可以改写为：

```
// 例 3.3-15  不使用 goto 的程序
    #include <stdio.h>
    int main() {
        int  a[5] = {3,5,7,9,11},i,j;
        int  b[6] = {1,2,3,4,5,6}, m = 0, n = 0, found = 0;
        for(i = 0; i < 5; i++)
            for(j = 0; j < 6; j++)
                if(a[i] == b[j])
                    found = 1, m = i, n = j; // 为减少使用括号，用逗号运算符把多个表达式放在一条语句中
        if(found)
            printf("找到了，在 a[%d], b[%d]", m, n);
        else
            printf("没找到…");
        return 0;
    }
```

本程序虽然多了一些额外的重复测试与变量，但程序逻辑更为清晰，将来进行修改时也不易引起错误。

3.3.5 基本算法

掌握上述控制语句以后，几乎可以实现任何算法，但前提是要设计一个可用的算法。现实世界的问题纷繁复杂，往往需要根据问题的特征设计专门的算法，非常依赖设计者的专业知识和经验。在长期的实践中，人们总结出了一些基本的算法，常用的包括递推法、穷举法、贪心法、分治法、递归法等，也称为基本算法。算法设计是一门学问，本书难以涉及，仅通过简单的示例让读者初步了解一些算法的作用。

1．穷举法

穷举法，又称为枚举法，就是穷尽解空间以寻找问题的解。这种简单粗暴的方法原本并没有资格被称为算法。然而由于现代计算机强大的运算能力，很多难以设计有效算法的问题却可以轻易地使用穷举法进行求解。

穷举法的基本思想如下：根据问题的条件确定解空间的范围；在该范围内，验证每个可能的解，直至找到正确的解；若全部验证完毕都没有找到正确的解，则问题无解。

例如，百钱百鸡问题。我国古代数学家张丘建在《算经》一书中提出的数学问题："鸡翁一值钱五，鸡母一值钱三，鸡雏三值钱一。百钱买百鸡，问鸡翁、鸡母、鸡雏各几何？"

设公鸡、母鸡、小鸡的个数分别为 x、y、z，按题意有：

$$x+y+z=100$$

$$5x+3y+z/3=100$$

并且，x 的取值范围为 0～20，y 的取值范围为 0～33，z 必须是 3 的倍数。

这个问题看上去简单，但由于未知数多于方程数，并不能直接计算出所有的解。用穷举法只需寥寥几行程序。最简单的思路是分别穷尽 x、y、z 的取值范围，算出每一组可行的解。

```
// 例 3.3-16  百钱百鸡问题
    #include <stdio.h>
    int main() {
```

```
    int x, y, z;
    for(x = 0; x <= 20; x++)
        for(y = 0;y < 33; y++)
            for(z = 0; z <= 100; z++)
                if((x+y+z == 100) && (5*x+3*y+z/3 == 100) && (z%3 == 0))
                    printf("公鸡数%4d, 母鸡数%4d, 小鸡数%4d\n", x, y, z);
    return 0;
}
```

这个程序有很多可以提高效率的办法，如可以根据约束条件精简掉一层循环。

```
#include <stdio.h>
int main() {
    int  x, y, z;
    for(x = 0; x <= 20; x++) {
        for(y = 0;y < 33; y++) {
            z = 100-x-y;
            if((5*x+3*y+z/3 == 100) && (z%3 == 0))
                printf("公鸡数: %4d, 母鸡数: %4d, 小鸡数: %4d\n", x, y, z);
        }
    }
    return 0;
}
```

穷举法不仅能求解数学问题，还可以通过关系运算与逻辑运算解决推理问题。

例如，简单推理问题。有四位同学中的一位做了好事，未留名，表扬信来了之后，校长问这四位是谁做的好事。

A 说：不是我。

B 说：是 C。

C 说：是 D。

D 说：他胡说。

已知三个人说的是真话，一个人说的是假话。现在根据这些信息，找出做了好事的人。

程序算法：

① 用关系表达式描述四人所说的话。

② 从第一个人开始假设该人是做好事者，然后代到每句话中去测试看有几句是真话。若有三句是真话、一句是假话，就确定是该人，否则换下一人再试。

先假定是 A 同学，将其表示为 theone='A'，并代入四句话：

A 说“不是我”：	表达式为 theone!='A';	得到 'A'!='A'	假，值为 0。
B 说“是 C”：	表达式为 theone=='C';	得到 'A'=='C'	假，值为 0。
C 说“是 D”：	表达式为 theone=='D';	得到 'A'=='D'	假，值为 0。
D 说“他胡说”：	表达式为 theone!='D';	得到 'A'!='D'	真，值为 1。

显然，不是 A 做的好事（四个关系表达式值的和为 1）

再试 C 同学，让 theone= ‘C'，代入四句话：

A 说：	theone!='A';	'C'!='A'	真，值为 1。
B 说：	theone=='C';	'C'=='C'	真，值为 1。

C 说：　theone=='D';　'C'=='D'　假，值为 0。

D 说：　theone!='D';　'C'!='D'　真，值为 1。

显然，就是 C 做了好事（四个关系表达式值之和为 3）。这时我们可以理出头绪，采用枚举法，一个人一个人地去试，四句话中有三句为真，该人即所求。

完整的程序如下。

```
// 例 3.3-17  简单推理问题
    #include <stdio.h>
    int main() {
        int  k, flag = 0, sum = 0;
        char  theone;
        for(k = 0; k < 4; k = k+1) {
            theone = 'A'+k;                                  // 依次产生测试者的代号
            sum = (theone != 'A') + (theone == 'C') + (theone == 'D') + (theone != 'D');
            if(sum == 3)  {                                  // 找到做好事的人了
                flag=1;
                printf("This man is %c\n", theone);
                break;                                       // 不再测试其他人
            }
        }
        if(flag == 0)
            printf("No found!\n");                           // 全部测试完没有找到
        return 0;
    }
```

由于此类问题可能无解，因此声明了一个开关变量 flag 表示是否有解。这是查找过程中常用的手段。

2．递推法

递推法是指从已知的初始条件入手，根据某种递推关系一步步推出中间结果，进而得到最终结果。对于一般的问题，推导递推关系是算法的难点，需要研究问题本身。

例如，斐波那契数列。假设有一对兔子，从出生后的第三个月起每个月都生一对兔子，小兔子长到第三个月时又能每个月都生一对兔子。周而复始，这些兔子都长命不死，问从第一个月开始的 40 个月里，每月共有多少对兔子？

第一个月兔子对数为：$f(1)=1$

第二个月兔子对数为：$f(2)=1$

第三个月兔子对数为：$f(3)=2$

第四个月兔子对数为：$f(4)=3$

第五个月兔子对数为：$f(5)=5$

……

斐波那契数列就来源于这个问题，可以归纳出递推公式为：

$$f(n)=f(n-1)+f(n-2) \qquad (n \geqslant 3) \tag{3.1}$$

从而得到如下程序。

```
// 例 3.3-18  兔子繁殖问题--斐波那契数列
    #include <stdio.h>
```

```
    int main() {
        int  f1 = 1, f2 = 1;                  // 定义数列的前 2 个数
        int  i;                               // 定义并初始化循环控制变量 i
        for(i = 1; i <= 20; i++) {            // 1 组 2 个，20 组 40 个数
            printf("%15d %15d", f1, f2);      // 输出当前的 2 个数
            if(i%2 == 0)
                printf("\n");                 // 每输出 2 次（4 个数）换行
            f1+=f2;      f2+=f1;              // 计算下 2 个数，f1 为奇数项，f2 为偶数项
        }
    }
```

这个程序用了几个小技巧：

① 不是循环 40 次，而是循环 20 次，每次计算两个值。

② “%15d” 用于输出对齐，每个值占 15 个字符空间输出。

③ 全屏时每行最多可以输出 80 个字符，因此设计成每行输出 4 个值，i%2 == 0 用来判断是否输出了两次 2 个值，是，则换行。

计算机最擅长的就是根据公式迭代运算。当已知递推关系时，算法的实现非常简单。数值计算方法是在计算机上使用的求解数学问题的近似解的方法，通过大量执行迭代运算完成计算过程。比如求自然常数 e 的近似值，常用的公式如下所示。

$$\frac{1}{0!}+\frac{1}{1!}+\frac{1}{2!}+\frac{1}{3!}+\cdots \tag{3.2}$$

其中需要进行阶乘、求倒数和累加三种计算。一种编程思路是通过键盘输入需要计算的项数，再使用两层循环进行求解：内层循环计算每一项的值，外层循环进行累加。

```
// 例 3.3-19  求自然常数 e 的近似值
    #include<stdio.h>
    int main(){
        int  i, j, n, fact = 1;
        double  sum = 1.0;
        printf("n = ");
        scanf("%d", &n);
        for(i = 1; i <= n; i++) {
            for(j = 1; j <= i; j++)
                fact *= j;                        // 内层循环求每一项
            sum += 1.0/fact;                      // 分子用 1.0，以避免整除
            fact = 1;
        }
        printf("e = %.16f\n", sum);               // 小数点后保留 16 位有效数字
    }
```

运行程序，需要注意输入的整数不能太大，导致阶乘计算的结果超出整数类型的取值范围。

注意到每项求阶乘都可以利用上一项的计算结果，因此可以将内层循环简化为一次乘法计算，从而大幅减少计算量。具体的语句如下所示。

```
    for(i = 1; i <= n; i++) {
        fact *= i;
        sum += 1.0/fact;
    }
```

3．贪心法

贪心法，也称为贪婪法，指的是针对能分成多个阶段求解的问题，每个阶段总是做出在当前看来是最好的选择。贪心法不保证对所有问题都能取得整体最优解，但对适用的问题能产生整体最优解或近似最优解。

一个常用的贪心法的例子是支付（或找零）问题，为使用最少数量的纸币进行支付，每一步都选择面值最大的纸币，在币值设置合适的时候得到的必定是最优解。

例如，最少纸币支付问题。假设有 7 种面值的纸币：1 元、2 元、5 元、10 元、20 元、50 元、100 元。某人手里对应上述面值的纸币分别有 5、5、0、0、2、1、3 张。现在要用这些钱来支付特定的金额，问最少用多少张纸币。

按照贪心法的思想，每一步尽可能用面值大的纸币，需要记录每种面值的纸币的应付张数。由于币值种类较多，不宜逐个定义变量，而是采用一维数组 value[ ]进行存储。手里对应各面值的纸币张数也用一个一维数组 a[ ]存储。为了便于修改程序，使用宏定义指定数组的大小。完整的程序如下。

```
// 例 3.3-20  最少纸币支付问题
    #define       N    7
    #include <stdio.h>
    int main() {
       int  value[N] = {1,2,5,10,20,50,100};          // 存储面值
       int  a[N] = {5,5,0,0,2,1,3};                   // 存储张数
       int  money, i, num = 0, c = 0;
       printf("请输入需要支付的总额:");
       scanf("%d", &money);
       for(i = N-1; i >= 0; i--) {
          if(money/value[i] <= a[i])
             c = money / value[i];
          else
             c = a[i];
          money = money - c*value[i];
          num += c;
       }
       if(money > 0)
          num = -1;
       if(num != -1)
          printf("%d\n", num);
       else
          printf("无解!");
       return 0;
    }
```

程序还对组合不成功的情况进行了判断处理。若输入“391”，则结果为 7，而输入“698”，则提示无解。

4．分治法

分治法，即分而治之，与贪心法有相似之处，但对问题的结构有要求，即能将原问题划分成多个规模较小而结构与原问题相似的子问题，逐层划分直至能直接求解的程度，然后将子问

题的结果合并成原问题的解。简言之，分治法三步骤就是“分、治、合”。

分治法往往是递归的，这两个概念都不太容易理解，示例也会比较冗长，第 4 章会阐述基本的原理。

5．算法小结

考虑到读者大多是初次接触编程，需要逐步积累经验才能较好地理解与使用算法，本书关于算法的内容只是浅尝辄止。但越早接触算法，越能体会程序设计的精髓，因此读者应树立明确的学习目标、掌握正确的学习方法，多思考多实践，真正学好这门课。

可用的算法应该具有如下特征。

❖ 确定性：算法每一步都必须是确切的，不允许有二义性。

❖ 有限性：要能在执行有限步后终止，谨防出现死循环。

❖ 有效性：算法每一步必须有意义并且能有效地执行。

❖ 具有 0 或多个输入：原始数据可以直接在程序中初始化，或者通过输入语句由键盘输入。

❖ 至少产生一个输出：算法的输出是数据处理后用户关注的结果。

通常，算法是与问题的特征密切相关的，从而导致算法设计时很难找到某种通用的方法，但针对同类问题显然可以考虑使用相似的算法。所以，如何判断哪些问题是同类的——数学上称为同构——就显得非常重要了。比如，背包问题与教务系统排课问题同构、旅行商问题与焊接机器人移动路径问题同构。这就要求算法设计者对问题有深入的理解，也是很多算法的发明者精通计算机领域以外的专业知识的驱动力。

上文仅讨论了一些简单的算法优化问题，这些示例无论是否优化都不会花费多少执行时间，但仍建议读者尽可能运用自己所掌握的知识和技能设计效率更高的算法，以形成良好的习惯并积累更多的经验。

3.4 数组与批量数据处理

数组（array）是从基本数据类型构造出来的一种存储结构，即所谓的构造数据类型。

定义数组时既构造了一种数据类型，也声明了一个数据对象。例如对于 int a[5]，int [5]可以看成一种数据类型，该类型的数据占据 5 个 int 类型大小的连续空间，a 则是用这种数据类型定义的一个数组对象。

以上说法并不是语法规范，但有助于理解为什么 ANSI C 规定定义数组时，其大小必须是一个常量，因为只有这样才能确定数组占据的空间大小，在程序运行时为其分配确定的空间。

3.4.1 一维数组

1．数组与地址

第 2 章讲述了如何定义（声明）数组，以及如何在定义时初始化数组。注意，对数组的整体初始化必须在定义时进行，其后就只能逐个元素赋值了。正确与错误的写法分别如下所示。

```
int  a[5] = {1,2,3,4,5};                                         // 正确
```

```
int  a[5];    a[0] = 1, a[1] = 2, a[2] = 3, a[3] = 4, a[4] = 5;      // 正确
int  a[5];    a[5] = {1,2,3,4,5};                                       // 错误
int  a[5];    a = {1,2,3,4,5};                                          // 错误
int  a[5];    a = 1;                                                    // 错误
```

因为数组名 a 并不是一个可以读写内容的存储空间，而是代表了数组的存储空间的起始地址，是一个不能被改写的常量，不能作为左值。而 a[0]、a[1]这些数组元素是与基本类型变量一样的命名空间，可以直接读写。

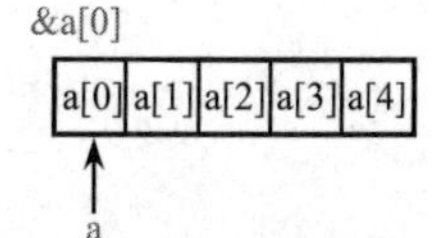

图 3-4　数组名、数组元素与地址的示意

为了便于操作数组，将数组的首个元素的地址作为整个数组的地址，并用数组名代表这个地址。图 3-4 是数组 int a[5]的存储示意，其中包含 a[0]～a[4]共 5 个数组元素，数组名 a 代表数组的起始地址，也就是第一个数组元素 a[0]的地址，即&a[0]。注意图 3-4 与图 3-1 的区别。图 3-1 的每个小方格代表一个二进制位，8 个小方格仅有 1 字节，图 3-4 的一个小方格代表一个整型类型的数组元素，通常是 4 字节，5 个元素共 20 字节。

数组最常用的场景就是用下标引用数组元素，配合循环语句进行同类型数据的批量处理。下例展示了数组元素的各种用法。

```
// 例 3.4-1  简单的数组示例
    #include <stdio.h>
    int main() {
        int  a[5] = {1,2,3}, b[5] = {0}, i;          // 同类型的变量、数组可以在一起定义
        // b = a;                     // 数组不能作为整体赋值，编译就会出错，因而把这条语句注释掉
        b[1] = a[1];                                  // 把单个数组元素当成变量使用
        printf("b = %d a = %d\n", b[1], a[1]);       // 在一条语句中输出两个数组元素的值
        for(i = 0; i < 5; i++) {
            b[i] = a[i]+1;                            // 循环与数组才是绝配
            printf("%d %d\n", a[i], b[i]);            // 简化的输出结果加换行，看着更清楚
        }
        return 0;
    }
```

当直接对数组赋值时，会提示编译错误“[Error]assignment to expression with array type”。

C 语言的语法非常灵活，在为数组赋初值时，可以只为前几个元素赋初值，常见的编译器会给其余元素赋 0 值。如例 3.4-1 的数组 a，其元素 a[0]、a[1]、a[2]的值分别为 1、2、3，而 a[3]和 a[4]的值都为 0。

当然，也可以像例 3.4-1 的数组 b 一样，只用一个值 0 给所有元素清零。

【说明】数组名代表的是数组的首地址，虽然不能直接赋值，但仍然是一块内容可修改的存储空间，因此也可以被称为数组变量。

现在改写第 2 章的实验数据处理程序，增加求样本方差与均方差的语句。将数据 data 的均值、样本方差、均方差分别命名为 ave、var、SD，则

$$\text{ave} = \frac{1}{n}\sum_{i=1}^{n}\text{data}_i$$

$$\text{var} = \frac{1}{n-1}\sum_{i=1}^{n}(\text{data}_i - \text{ave})^2$$

$$\text{SD} = \sqrt{\text{var}}$$

```c
// 例 3.4-2  新的实验数据处理程序
    #include<stdio.h>
    #include<math.h>                                  // 求平方根函数（sqrt）包含在其中
    int main() {
        float  data[8] = {3.2,2.3,2.2,2.4,2.1,3.0,2.9,2.8};
        float  sum = 0;                               // sum 用于求和，初值赋为 0
        float  ave, var, MSD;                         // 平均值、方差、均方差变量
        int  i;                                       // 循环控制变量
        for(i = 0; i < 8; i++) {                      // 对需要计数的循环，用 for 语句更清晰
            sum = sum + data[i];
        }
        ave = sum/8;                                  // 计算平均值
        sum = 0;                                      // sum 清零，继续用
        for(i = 0; i < 8; i++) {
            sum += (data[i]-ave) * (data[i]-ave);
        }
        var = sum/7;                                  // 方差是除以 n-1
        MSD = sqrt(var);                              // 调用求平方根函数
        printf("平均值为%.3f，方差为%.3f，均方差为%.3f", ave, var, MSD);
        return 0;
    }
```

运行结果为：

```
平均值为 2.612，方差为 0.170，均方差为 0.412
```

2．应用：插入排序

排序是一类应用广泛的算法，对数据进行排序后，通常能大幅提高后续处理过程的效率。排序分为升序和降序两个方向，在实现算法时会有一定的差别，初学者尤其需要注意。由于数组元素是在内存中连续存放的，基于数组进行排序时，如果遇到顺序不符的数据，就需要与其他数据交换位置。不同的交换方法产生了不同的排序算法。选择排序、冒泡排序等经典的排序算法针对的是确定不变的数据集合，第 4 章会阐述。而一些场合需要边输入数据边进行排序，也就是把每个新输入的数据插入已排好序的原数据集合，会用到插入排序算法。

一种升序插入排序的算法流程如下：

① 从第一个数据开始，该数据可以直接作为已经排序的数组元素。

② 读入新数据，在已经排序的元素序列中从后向前扫描。

③ 如果该元素大于新数据，就将该元素后移一个位置。

④ 重复步骤③，直到找到已排序的元素小于或者等于新数据的位置。

⑤ 将新数据放入该位置。

⑥ 重复步骤②～⑤。

以上流程可视为使用（中文）自然语言的伪代码。基于上述算法编写的升序排列的插入排序程序如下。

```c
// 例 3.4-3  插入排序法（升序）
    #include <stdio.h>
    #define       N    5
```

```
    int main() {
        int  a[N] = {-1}, n, i, j;
        for(i = 0; i < N; i++) {
            printf("Input data:\n");
            scanf("%d", &n);
            for(j = i; j > 0; j--) {
                if(a[j-1] > n)
                    a[j] = a[j-1];
                else
                    break;
            }
            a[j] = n;
            for(j = 0; j <= i; j++)
                printf("%d\t", a[j]);                    // 展示当前数列
            putchar('\n');
        }
        return 0;
    }
```

本程序尽管语句不多，算法思想也不复杂，但有很多需要注意的细节。编程经验的积累往往就来自对这些细节的考虑。

解析：

① 宏定义的应用。当有可能在后期修改某个数据时，使用宏定义可以大幅减少修改程序的工作量并避免漏改的情况。本程序用符号常量 N 作为数组大小的宏。读者可以尝试使用宏定义修改例 3.4-2。

② 数组的初始化。由于本程序设计的算法只处理输入的数据，用不到数组的初值，因而数组是否初始化，以及如何初始化都不会影响运行结果。通常情况下，建议用 0 初始化数组，但需要考虑是否会与待存入的数据冲突。

③ 外层循环条件。按数组的大小 5 设置了外层循环的次数，i 从 0 开始，循环条件是 i<N，而不是 i<=N。

④ 内层循环条件。内层循环是本算法的核心，每次新输入数据后，都从数组中已排序的最后一个元素开始比较。j 的初值可以有多种选择，会影响其后循环条件与数组下标的写法。初值选为 i 时，为防止多余的排序行为，循环条件应写成 j>0，这样第 1 个数据就不会执行循环体，否则循环体 if 语句中用于条件判断的 a[j-1]会导致数组越界。而之所以用 a[j-1]进行条件判断，则是让第 i 个数据最多只进行 i-1 次比较，同样能防止数组越界。

⑤ 内层循环的中断。当新数据与 a[j-1]比较后发现顺序正确时，用 break 中断循环。

⑥ 此时后面的元素都已移动完毕，直接将新数据放在 a[j]中即可。

⑦ 为完整演示排序过程，本程序在每输入一个数据并排序后，都打印了当前的数列。

图 3-5 展示了当外层循环到第三轮时内层循环的算法执行过程。在第三轮前，已经输入了 7、9、3，经过排序的数据依次存储在 a[0]～a[2]中，此时输入 n=6，从 j=i=3 开始，执行内层循环，历经 4 步完成插入排序过程。

这个程序只需要将 if 语句中的 a[j-1]>n 改成 a[j-1]<n，就能得到降序排序的结果。读者可以尝试在内层循环中从第一个数组元素开始比较，仍然可以设计出正确的算法，但比起从后面

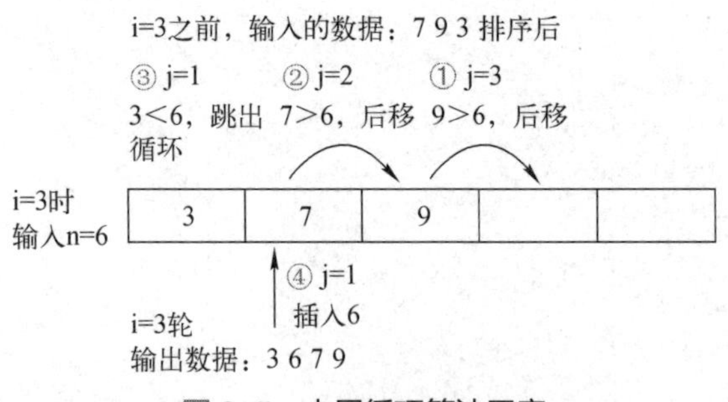

图 3-5　内层循环算法示意

元素的比较要麻烦一些。如此简单的数据仅仅是做一个排序，当换个角度处理时，算法就有很大的不同，更不用说复杂的数据或者复杂的处理过程了。这也就是要根据数据（问题）的特征设计算法的原因，也是算法学习的难点和魅力所在。

【说明】 虽然 ANSI C 不支持变长数组，但读者在实际编程时会发现可以定义变长的数组，因为使用的编译器支持 C99 标准，而该标准支持变长数组。比如，GCC 编译器实现了变长数组，但与标准不完全一致。从兼容性和可移植性的角度出发，不建议使用变长数组。毕竟，在大多数情况下，用数组存储的数据量本来就是人为设定的，使用定长数组的优点多于缺点。

3．从文件读数据

当数据量增大后，无论是把数据直接写在程序中，还是从键盘输入数据，都不是好办法，从文件中读取数据才是实际应用中最常见的情况。

从操作系统的角度，键盘也是一种文件，因而从文件中读数据的语句与从键盘接收数据的语句很相似（到第五章时读者会明白其实根本就是同一条语句）。比如：

```
        fscanf(file, "%d", &a[i]);
```

就是从文件所在的地址 file 中读取一个整型数，并放入数组元素 a[i]所在的空间。与从键盘读入一个整数型的语句

```
        scanf("%d", &a[i]);
```

相比，除了函数名多了“f”，只增加了一个指明文件在内存中的地址的参数。不过，由于文件通常存储在外部存储设备（如硬盘）中，而硬盘和内存是两个不同的设备，内存中运行的程序不能直接读取文件的内容，因此需要通过操作系统先把文件从硬盘加载到内存中，程序才能读到内存中的文件内容，如图 3-6 所示。

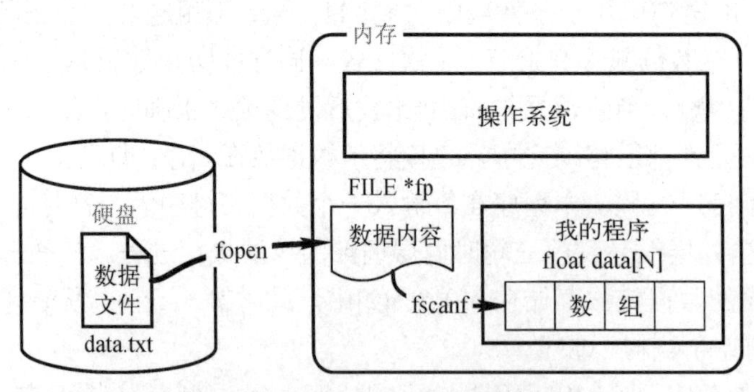

图 3-6　从文件中读取数据的过程

data.txt 是存放在硬盘上的数据文件。读者可以直接用记事本创建一个新文件，写入一些

数据，用文件名“data.txt”保存在自己指定的目录即可。本例为了操作简单，选择在 D 盘根目录下存储该文件，其中的数据用空格隔开。

将硬盘上的文件读入内存，需要使用图 3-6 中所示的 fopen（函数）语句：

```
fp = fopen("D:\\data.txt", "r");
```

其中，fp 是文件指针的名字。指针曾经是很多 C 语言初学者的噩梦，但指针的概念其实非常简单，就是一个专门用来存储地址的变量。内存中所有的对象都有地址，内存中的文件也有自己的起始地址，可以认为文件指针存储了这个起始地址。

C 语言程序中所有的变量都需要在使用之前定义。文件指针变量的定义如下：

```
FILE *fp;
```

变量名符合标识符规则即可，常见的 fp 代表 file pointer，“*”是指针专用的定义符，FILE 用以说明这个指针指向的是一个文件。

调用 fopen()函数把文件从硬盘读到内存的过程也称为“打开文件”，打开成功时，文件的内容会放置在一片内存区域中。fopen()函数中，第一对“"”中包含文件在硬盘上的文件夹（注意，文件夹之间用“\\”而不是“\”隔开）和文件名，第二对“"”告诉程序应该从硬盘读文件还是向硬盘写文件，r 是 read 的缩写，也就是读文件。接下来就可以编写完整的从文件读数据的程序了，见图 3-6。

```
// 例 3.4-4  把文件中的数据读到数组中
    #include<stdio.h>
    #define       N    8
    int main() {
        float  data[N];                          // 实际情况中数组一般是没有初值的
        float  sum = 0, ave;                     // 同类型的变量可以放在一起定义
        int  i;
        FILE  *fp;                               // 指针变量 fp，存放文件所在的内存空间的起始地址
        fp = fopen("D:\\data.txt", "r");         // 把文件从硬盘读到内存中，起始地址赋给 fp
        for(i = 0; i < N; i++) {                 // 通常需要事先知道文件中有多少个数据
            fscanf(fp, "%f", &data[i]);          // 只比 scanf 多了个 f 和 fp
            sum = sum+data[i];                   // 累加求和，data[i]是数组元素，从 0 开始
        }
        ave = sum/N;                             // 这里改了，别忘记
        printf("平均值是%.2f", ave);              // %.2f 表示输出时只保留小数点后 2 位
        fclose(fp);
        return 0;
    }
```

解析：

① 用这种方式读数据，需要事先知道文件中数据的个数。

② 把数据文件直接放在根目录下，只是为了示例方便，建议读者创建专门的文件夹放置与本课程相关的程序和文件。

③ 使用完文件，通常应该再调用 fclose()函数关闭文件，其中使用了指向该文件的指针变量 fp。不过即使没有这条语句，程序也能正常运行。

用程序打开文件前，务必确保该文件已经存放在指定的位置，否则文件打开会失败，导致程序运行异常。第 5 章会介绍当文件打开失败时应如何处理。当文件能正常打开时，程序运行

结果如下：

```
平均值是 2.61
```

【说明】早期的程序开发者通常不使用文本格式存储自己的文件内容，有些是为了节省存储空间，有些是为了阻止别的程序员使用这些文件。进入网络时代后，各种不同类型的程序经常需要通过文件进行信息交互，最简单、最通用的文本格式成为首选，如 HTML、XML 文件都是文本格式的。

3.4.2 多维数组

1．定义与初始化

在 C 语言中，本质上只有一维数组，但数组的元素可以是任何类型的对象，包括另一个数组，从而构成所谓的多维数组。比如：

```
int  matrix[3][5];
```

定义了一个二维整型数组 matrix。可以把 matrix 理解为有 3 个元素的数组，每个元素都是一个包含 5 个元素的一维数组，逻辑上可以看成 3 行 5 列的存储结构（如图 3-7 所示）。不过在物理存储时，matrix 仍然只是由 15 个元素按线性方式顺序存储的结构。

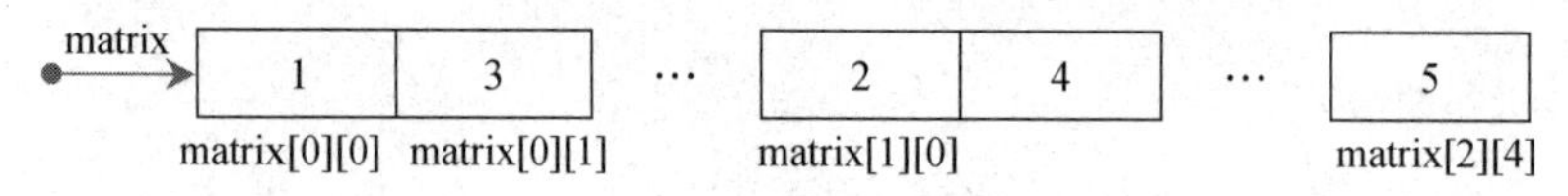

图 3-7　二维数组 matrix 的存储示意

每增加一个维度，只需要增加一对[ ]，每个维度都要用常量（表达式）指定大小。多维数组的初始化则可以分成多个维度和一个维度两种方式。

```
int  matrix[3][5] = {{1,3,5,7,9}, {2,4,6,8,10}, {1,2,3,4,5}};
int  matrix[3][5] = {1,3,5,7,9,2,4,6,8,10,1,2,3,4,5};
```

当给所有元素都显式地指定了初值时，这两种方式的初始化效果完全相同，但很显然第一种方式更加易读。对于图 3-7 所示的数组 matrix，引用二维数组元素的方式是先行后列，按存储顺序，分别是 matrix[0][0]、matrix[0][1]、matrix[0][2]、…、matrix[2][4]。注意，数组下标总是从 0 开始，因此最后一个数组元素的下标是[2][4]。

而当只为部分元素显式地指定初值时，多维的方式则更加灵活，可以按不同的维度空缺初值，一维的方式则不能随意空缺中间的初值。

```
int  matrix[3][5] = {{1,3,5}, {}, {1,2}};                 // 中间行的初值默认为 0
int  matrix[3][5] = {1,3,5,0,0,0,0,0,0,0,1,2};
```

与一维数组的初始化一样，只要有元素被赋了初值，其余所有未显式指定初值的元素会被赋初值 0。因而虽然两种初始化方式中，matrix[1][0]～matrix[1][4]的初值都会被初始化成 0，但第一种方式不需要填写所有的 0。

之所以有多维数组的概念，是因为现实世界的数据通常有一定的逻辑结构。比如，一个学校有 1200 个学生，由 5 个年级、每个年级 6 个班、每个班 40 个同学组成，当需要存储这些同学的 BMI 数据时，就可以定义如下一个三维浮点型数组：

```
float  BMI[5][6][40];
```

与一维数组 float BMI[1200]相比，三维数组能清楚地区分年级、班、序号三个维度，可以很方便地按年级或者班处理学生的 BMI 数据。

2．应用：矩阵运算

二维数组的应用十分广泛，如用于表达二维矩阵的运算。矩阵 ***A*** 的列数与矩阵 ***B*** 的行数相同时，两个矩阵可以相乘，其结果矩阵 ***C*** 的行数与 ***A*** 相同，列数与 ***B*** 相同。矩阵 ***C*** 第 i 行第 j 列值的计算规则是：***A*** 的第 i 行的每个元素乘 ***B*** 的第 j 列对应的元素，然后所有乘积相加。

$$\boldsymbol{C}(i,j)=\sum_{k=0}^{n-1}\boldsymbol{a}_{ik}\times\boldsymbol{b}_{kj} \tag{3.3}$$

矩阵相乘的一个例子如下

$$\begin{bmatrix}5 & 8 & 3\\ 11 & 0 & 5\end{bmatrix}\times\begin{bmatrix}1 & 18\\ 2 & 11\\ 10 & 3\end{bmatrix}=\begin{bmatrix}51 & 187\\ 61 & 213\end{bmatrix}$$

程序如下：

```
// 例 3.4-5  二维数组用于矩阵乘法示例
    #include <stdio.h>
    int main() {
        int  a[2][3] = {{5,8,3}, {11,0,5}};
        int  b[3][2] = {{1,18}, {2,11}, {10,3}};
        int  c[2][2], i, j, k, s;
        for(i = 0; i < 2; i++) {
            for(j = 0; j < 2; j++) {
                for(k = s = 0; k < 3; k++) {
                    s = s + a[i][k] * b[k][j];
                }
                c[i][j] = s;
            }
        }
        for(i = 0; i < 2; i++) {
            for(j = 0; j < 2; j++) {
                printf("%6d\t", c[i][j]);
            }
            printf("\n");
        }
        return 0;
    }
```

二维数组的操作通常需要使用多层循环。比如，打印二维数组元素时使用两层循环，一层用于行的递增，一层用于列的递增。而进行矩阵相乘运算时，因为需要将第一个数组的列与第二个数组的行相对应，两个数组剩余的行和列也需要分别操作，所以用到了三层循环。

用到三维以上数组的机会其实很少，不仅因为现实世界的数组维度通常没那么多，也因为维数多了以后处理的语句结构会很复杂，更容易出错。

3.4.3 字符数组

之所以把字符数组单列，不仅因为字符数组的元素是神奇的字符，更重要的是它与“字符串”这个无所不在的语法概念密切相关。

1．定义与初始化

与其他基本类型的数组相比，字符数组的定义没有什么特别的地方，但初始化方式更为灵活多样。除了可以与其他类型数组一样逐个列写用以初始化的值，如

```
char str[8] = {'l','o','v','e'};
```

还可以用字符串进行初始化，如

```
char str[8] = {"love"};
```

实际上，外面的“{ }”也可以省略，如

```
char str[8] = "love";
```

K&R C 中明确指出，C 程序中字符串的类型为“字符数组”。只不过字符串没有名字，只有 string literal（字符串字面值），即用“""”引起来的一个字符序列，如上面的“love”，或者“Hello world!”“你好人类”等。实际存储字符串时，会在其尾部添加一个不可显示的字符'\0'。这个字符在 ASCII 中排第 0 位，即 ASCII 值是 0。

注意，字符数组 str 有 8 个元素，而用来赋初值的字符串只有 4 个可显示的字符。按语法规则，这 4 个字符会赋给前面的 4 个数组元素，剩下的字符数组元素会被赋 0 值。而 0 值刚好对应这个不可显示字符'\0'，也就是字符串的实际结尾字符，实现了字符与数值的完美兼容。

字符'\0'（不要与字符'0'混淆）给字符串带来了一个有别于其他类型数组的优良特性——不需要任何辅助的方法就能知道字符串的结尾在哪里，也产生了最短的字符串——空字符串，写法是" "。从显示的角度，这个字符串确实是空的，什么都没有，但从存储的角度看，其中含有一个字符'\0'。图 3-8 为字符数组与字符串的存储示意图。显然，至少需要大小为 5 的字符数组，才能完整存储有 4 个（可显示）字符的字符串。

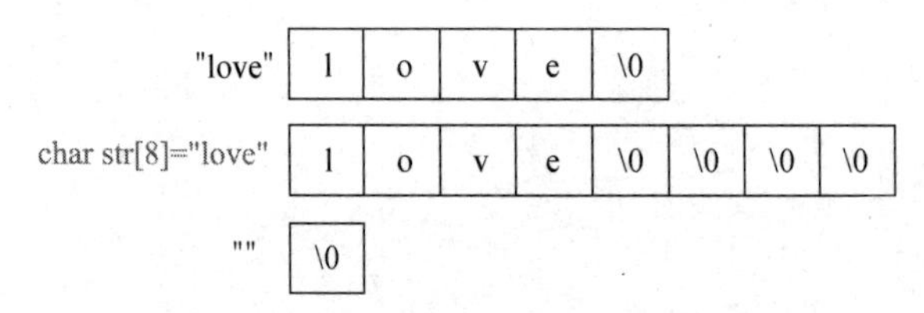

图 3-8　字符数组与字符串的存储示意图

初学者有时会混淆字符串和字符，如"0"和'0'，前者包含'0'和'\0'两个字符，后者只是一个字符'0'，也是 ASCII 值 48。

可以用长度运算符 sizeof 来演示字符、字符数组、字符串的区别，在 printf()函数中用“%s”输出字符串，用“%c”输出字符。

```
// 例 3.4-6  字符、字符数组与字符串的关系
    #include <stdio.h>
    int main() {
        char  str1[8] = "";
        char  str2[8] = "a";
        char  str3[8] = {'a'};
        printf("str1 的内容是%s, 长度是%d\n", str1, sizeof(str1));
        printf("str2 的内容是%s, 长度是%d\n", str2, sizeof(str2));
        printf("str3 的内容是%s, 长度是%d\n", str3, sizeof(str3));
```

```
        printf("\"a\"的内容是%s, 长度是%d\n", "a", sizeof("a"));
        printf("\'a\'的内容是%c, 长度是%d\n", 'a', sizeof('a'));
        return 0;
    }
```

程序的运行结果如下：

```
str1 的内容是，长度是 8
str2 的内容是 a，长度是 8
str3 的内容是 a，长度是 8
"a"的内容是 a，长度是 2
'a'的内容是 a，长度是 4
```

可见，用 sizeof 测量的字符串（常量）的长度其实就是字符（串）数组类型的长度，包含了字符串结尾的'\0'字符。而用 char[8]类型定义的数组变量 str1、str2 和 str3 的长度都是 8，与其初值字符串长度无关。唯一令人感到意外的是，字符常量'a'的长度不是预想中的 1 字节，而是 4 字节，这是因为 C 语言编译器实际使用 int 类型存储字符常量。

当把 3 个数组的大小都改成 1 时：

```
    char  str1[1] = "";
    char  str2[1] = "a";
    char  str3[1] = {'a'};
```

数组 str1 和 str2 的输出看似正常，但 str3 的输出发生了异常：

```
str1 的内容是，长度是 1
str2 的内容是 a，长度是 1
str3 的内容是 aa，长度是 1
"a"的内容是 a，长度是 2
'a'的内容是 a，长度是 4
```

事实上，出问题的是 str2，而 str3 的异常只是因为输出格式不对。3 个数组都只有 1 字节的存储空间，str1 是用空字符串初始化，其中只有 1 个空字符，存储和输出都没问题。数组 str2 是用字符串"a"进行初始化，其中含有'a'和'\0'两个字符。实际操作时，会把这两个字符存入从 str2 开始的地址中，并不受限于 str2 定义的空间。而在 printf()函数中用%s 输出时，并不关心输出的对象有多大，会从该对象的起始地址开始持续输出其后每个字节的内容，直到遇到空字符才结束。由于'a'后紧跟的是'\0'，因此 str2 只输出一个 a 就结束了。到了 str3，因为是用单个字符进行初始化，不会自动在后面加上空字符，虽然只存储了'a'，但在用%s 输出时仍然不管输出的对象有多大，从'a'开始持续输出，所以会越过 str3 的存储区域。而由于分配内存时，str2 紧邻在 str3 后，所以会输出 str2 中的'a'，接着遇到'\0'，才结束了输出。

【说明】 事实上，printf 语句的“""”中的内容也只是一个字符串，只不过在 printf()函数中逐个处理其中的字符，在遇到字符“%”时会根据处理规则，将连同其后的若干字符视为格式字符，并用这种格式输出其后的变量内容。

字符串的优良特性使得字符数组的输入也可以与其他数组不同。

```
    char  str1[8];
    char  str2[8];
    for(i = …; ;)
        scanf("%c", &str1[i]);                  // 类似普通数组的逐个元素输入
```

```
    scanf("%s", str2);                          // 潇洒的整个字符串输入
```

使用格式字符“%s”就可以输入一个字符串，不过这个字符串中不能包含空格、制表符和回车，因为它们是数据输入的间隔字符，遇到这3种字符就会结束字符串数据的输入。由于数组名就是地址，因此不需要使用取地址运算符“&”。还需要注意，无论哪种输入方式，都不要超出数组的界限——不仅是字符数组，而是所有类型的数组。无论是初学者还是经验丰富的程序员，都有可能直接或间接犯下数组越界的错误。数组越界不一定引起错误，但潜在的风险很大，应小心避免。

小练习：将上例补充成为一个完整的程序，并自行尝试输入超出数组界限的数据，观察数组越界的行为。更深入的数组原理与指针有关，将在第5章学习。

2．应用：字符串比较

在处理文本信息时，经常需要比较两个字符串是否完全一样，如输入密码。

```
// 例3.4-7  字符串比较
    #include <stdio.h>
    #include <string.h>
    #define       N    15
    int main() {
        char  pwd[N] = "zhimakaimen";
        char  str[N] = {0};
        int  i, j;
        for(j = 0; j < 5; j++) {
            printf("input password:\n");
            scanf("%s", str);
            for(i = 0; i < N && str[i] == pwd[i]; i++)  ;
            if(i == N) {
                printf("welcome to our world.");
                return 111;
            }
            else
                printf("warning!incorrect!\n");
        }
        printf("fail to enter.\n");
        return 0;
    }
```

只有完全正确地输入“zhimakaimen”才能比对成功，其中有一些值得关注的细节。

① 内存空间是所有程序和数据公用的，定义数组str只分配空间，并不会清除该空间原有的存储内容，如果不用0或'\0'初始化，就会导致字符串比较总是不一致。

② 外层for循环模拟最多允许输入5次密码的情况。

③ 内层for循环的条件判断部分逐个比较两个字符数组的元素，当遇到字符不一致的情况，会立刻退出循环，从而i不会递增到N；而如果字符一直相同，i就会递增到N，因此可以将i是否等于N作为判断两个数组中的字符串是否相等的依据。循环体不需要执行什么操作，因此只有一条空语句，但不能省略。

④ 当两个字符串相等时，表明输入的密码正确，直接用return语句退出程序，避免继续执行外层循环。

C 语言库函数中其实有一个字符串比较函数 strcmp()（在头文件 string.h 中声明），能比较两个字符数组（字符串）中的字符是否完全相同，第 4 章会专门介绍其用法。不过，初学者还是应该自己尝试实现这些基础的功能，以加深对程序设计的理解。

3.5 结构体与复杂信息处理

C 语言中另一种常用的构造数据类型是 struct，考虑到结构这个词用途广泛，为尽量避免混淆，本书选择结构体作为 struct 的中文译名。

3.5.1 结构体的基本用法

1．定义结构体类型

先看一个定义结构体类型的例子：

```
struct student {
    int  NO;                                  // 学号
    char  name[20];                           // 姓名
    float  GPA;                               // 绩点
};                                            // 此处的分号必不可少
```

这是一个包含学号、姓名和绩点等不同类型学生信息的结构体类型。起始的 struct 用以表明这是一个结构体类型，struct student 连在一起是结构体类型名，“{ }”中的 NO、name 和 GPA 则是结构体的成员，“}”后必须用“;”结束结构体类型的定义。

很多人在介绍结构体时总喜欢与数组进行比较，然而两者除了都是从基本数据类型构造出来的，并没有其他相似之处。每个结构体类型都可以单独定义，有唯一的类型名，可以像 int 等基本数据类型一样用来声明变量、数组等存储对象，而数组类型不能单独定义，没有类型名，必须与声明数组对象一起进行。

更重要的是，定义数组的目的通常是更高效地进行数据处理，并不考虑数据本身的意义，而定义结构体的目的主要是把有意义且相关联的数据组织在一起。

2．定义结构体变量

定义结构体变量的写法与定义基本类型的变量一样，不过必须把完整的结构体类型名 struct student 一起写上，而不能只写 student。示例如下：

```
struct student  st1, st2;
```

也可以在定义结构体数据类型的同时定义结构体变量，如

```
struct student {
    int  NO;
    char  name[20];
    float  GPA;
} st1, st2;                                   // 此处的分号仍不可少
```

3．初始化结构体变量

可以在定义结构体类型、结构体变量的同时进行初始化：

```
struct student {
    int  NO;
    char  name[20];
    float  GPA;
} st1 = {220099, "zhang san", 4.3};
struct student  st2 = {221101, "li si", 3.2};
```

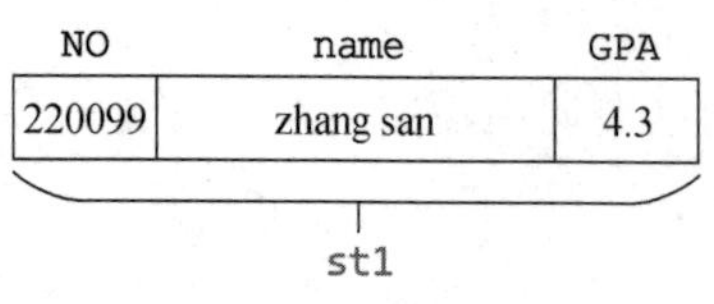

图 3-9　结构体变量的存储示意图

"{ }"中的值会依次赋给结构体变量中的成员。结构体变量st1实际存储的是其中的成员变量的内容，如图3-9所示，与数组元素一样连续存放，只不过每个成员占据空间的大小可能不一样。

与初始化数组一样，如果只给出部分初值，就会用0初始化其后的成员；如果成员是字符型变量，那么0对应字符'\0'；如果成员是字符串，就用空字符串进行初始化。比如：

```
struct student  st3 = {220055};
```

结构体变量st3的整型变量成员NO的值为220055，字符数组成员name的内容为空字符串，浮点型变量成员GPA的值为0.0。

4．结构体的操作

结构体的合法操作包括：作为一个整体复制和赋值，通过&运算符取地址，通过"."运算符访问其成员。例如：

```
st3 = st2;
st3.NO = st2.NO;
scanf("%f", &st3.GPA);
scanf("%s", st3.name);
```

第一条语句把结构体变量st2所有成员变量的值赋给st3所有的成员变量。

第二条语句从结构体变量st2的成员变量NO中取值，并赋给结构体变量st3的成员变量NO。"."是引用结构体变量的成员的运算符。

第三条语句从键盘接收一个浮点数，送入st3的成员变量GPA所在的地址。由于"."的优先级比&高，因此st3.GPA外面即使不加"( )"也是先取成员再取地址。

第四条语句从键盘接收一个字符串，并送入st3的成员数组name。之所以可以不用取地址操作符，是因为数组名就代表了地址。

5．简单的结构体应用

这里先通过一个简单的应用展示结构体的基本用法及优点。学生信息结构体的应用将在3.6节介绍。

即使是同类型数据，只要具有不同的含义，就可以考虑定义成结构体类型进行存储和处理。例如，坐标系是数学常用的辅助方法，在坐标系中可以通过点组成的图形描述事物的关系或运动。直角坐标系中的每个点可以用两个有顺序的数来表示，分别代表X轴与Y轴的坐标。在C语言程序中，可以定义一个名为point的结构体类型，其中包含成员变量x和y，分别记录X轴与Y轴的坐标，如下所示。

```
struct point {                    // 用struct关键字表明后跟的标识符是结构体类型名
```

```
        float  x;                         // 记录X轴坐标的成员变量
        float  y;                         // 记录Y轴坐标的成员变量
    };                                    // 用分号结束定义
```

虽然其中包含了看似变量的成员，但 struct point 只是一个结构体类型，如同整型类型 int 一样，程序运行时不会为它分配内存空间。需要用它定义结构体变量，才能分配空间并真正存储数据。例 3.5-1 演示了如何定义与使用结构体变量，该程序记录了两个点的坐标并求出它们所在直线的斜率。

```
// 例 3.5-1  求两点所在直线的斜率的程序
    #include <stdio.h>
    #include <math.h>
    int main() {
        struct point {        // 有时把花括号放在这个位置，在不影响阅读程序的情况下，可以适当减少行数
            float x;
            float y;
        };
        struct point  p1 = {1.1, 2.5};            // 定义结构体变量并初始化
        struct point  p2 = {2.2};
        // 结构体变量的成员可以作为单独的变量参与运算
        printf("p1-p2 直线的斜率是%f\n", (p2.y-p1.y)/(p2.x-p1.x));
        printf("请输入点 p2 的 y 坐标: ");
        scanf("%f", &p2.y);                       // 取结构体成员的地址
        printf("p1-p2 直线的斜率变为%f\n", (p2.y-p1.y)/(p2.x-p1.x));
        p2 = p1;                                  // 同类型结构体变量可以互相赋值
        if((fabs(p2.x- p1.x)) < 1e-6)
            printf("两点 x 轴坐标相同\n");
        return 0;
    }
```

解析：

① 定义结构体变量时，前面需要用 struct 加上结构体类型名，这种写法看起来很啰唆，但确有必要。毕竟结构体类型名可以是任意合法的标识符，只有加上关键字 struct 才能让编译器看懂后跟的 point 是什么。

② struct point 只是结构体类型，p1 和 p2 才是结构体变量，务必分清。

③ 与数组类似，可以使用“{ }”为结构体变量赋初值，按顺序将初值赋给结构体变量中的成员变量；当只有部分初值时，会将初值依次赋给前面的成员，后面的成员赋 0 值。

④ 由于“.”的优先级高于“&”，因此“&p2.y”取的是成员 y 而不是变量 p2 的地址。事实上，结构体变量的地址&p2 与其第一个成员的地址&p2.x 相同。

3.5.2 结构体数组

单个结构体变量并没有多少实用价值，结构体与数组之间的唯一关系大概就是能用结构体类型定义数组了。当需要批量存储多类型信息时，可以声明和使用结构体数组。结构体数组的应用非常广泛，需要熟练掌握。下面仍以坐标系中的点为例。

```
// 例 3.5-2  判断 3 个点是否在一条直线上
    #include <stdio.h>
```

```
int main() {
    struct point {
        float  x;
        float  y;
    };
    struct point  pnt[3] = {{1.1,2.2}, {3.3,4.4}, {5.5,6.6}};
    // 定义能存放3个点的坐标的结构体数组，并初始化
    float  slp[2];                              // 存放两条直线的斜率
    // 计算点1、2所在直线的斜率
    slp[0] = (pnt[1].y-pnt[0].y) / (pnt[1].x-pnt[0].x);
    // 计算点1、3所在直线的斜率
    slp[1] = (pnt[2].y-pnt[0].y) / (pnt[2].x-pnt[0].x);
    // 若两个斜率相等（注意浮点数只能在误差范围内相等），则表明在一条直线上
    if(fabs(slp[0]-slp[1]) < 1e-6)
        printf("三个点在一条直线上");
    return 0;
}
```

解析：

① 对结构体数组进行初始化时，逐个元素、逐个成员依次进行。

② 访问结构体数组中的数据时，先用“[ ]”取数组元素，再用“.”取结构体成员。

③ 取数组元素运算符“[ ]”和取结构体成员运算符“.”都是最高优先级，而取地址运算符“&”的优先级低于它们，因此&pnt[1].x 与&(pnt[1].x)的运算结果相同，都是取结构体数组元素的成员的地址。

结构体数组涉及的运算符较多，语法较为烦琐，但能更清晰地表达数据的含义和数据之间的逻辑关系。

小练习：用两个数组 float x[3]和 float y[3]替代结构体数组，改写上述程序，体会差别。

3.5.3 结构体嵌套

结构体类型中可以包含用其他结构体类型定义的成员，形成结构体嵌套。比如，用于记录生日的结构体类型

```
struct birth {
    short  year, month, day;                    // 出生年、月、日
};
```

可以定义变量作为学生信息结构体中的成员。

```
struct student {
    int  NO;                                    // 学号
    char  name[20];                             // 姓名
    struct birth  birthday;
    // 在当前结构体类型中，声明其他结构体类型的成员变量
    float GPA;                                  // 绩点
};
```

这种逻辑上的嵌套并不影响实际的存储，数据总是按成员定义的顺序连续存储。因此在初始化的时候，可以无视是否为嵌套成员，如图 3-10 所示。

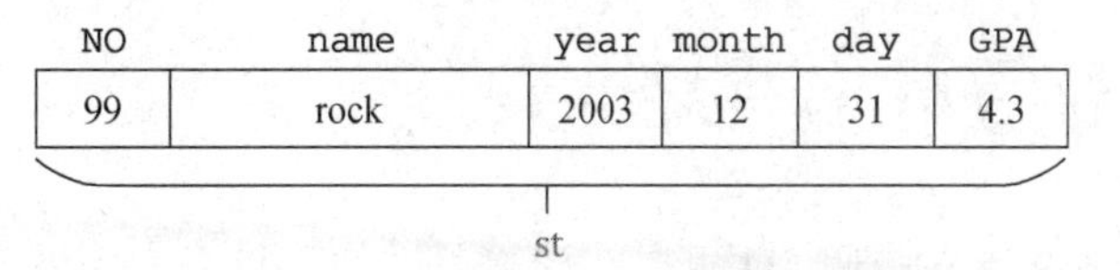

图 3-10　嵌套的结构体变量的存储示意

```
    struct student  st = {99, "rock", 2003, 12, 31, 4.3};
```

而在程序中访问年、月、日等嵌套成员时，则需要多使用一次“.”运算符。

```
    printf("%d", st.birthday.day);
```

3.5.4　向文件写数据

文件与结构体有密切的关系。用于定义文件指针的 FILE 就是一个结构体类型，而文件中的内容往往可以用结构体类型描述。下例演示如何将结构体变量和数组中的数据写入文件。

```
// 例 3.5-3  从键盘读数据后向文件写数据
    #include<stdio.h>
    struct birth {
        short  year, month, day;                          // 出生年、月、日
    };
    struct student {
        int  NO;                                          // 学号
        char  name[20];                                   // 姓名
        struct birth  birthday;
        float  GPA;                                       // 绩点
    };
    int main() {
        struct student  st[3];
        int  i;
        FILE  *fp;
        for(i = 0; i < 3; i++)
            scanf("%d %s %d %d %d %f", &st[i].NO, st[i].name, &st[i].birthday.year, \
                  &st[i].birthday.month, &st[i].birthday.day, &st[i].GPA);
        fp = fopen("D:\\student.txt", "w");
        for(i = 0; i < 3; i++)
            fprintf(fp, "%d %s %d %d %d %f\n", st[i].NO,st[i].name, st[i].birthday.year, \
                    st[i].birthday.month, st[i].birthday.day,st[i].GPA);
        fclose(fp);
        return 0;
    }
```

3.4.1 节介绍了如何使用 fscanf()函数从文件中读数据。向文件中写数据之前需要先调用 fopen()函数，用写模式“w”在指定的目录新建一个存放数据的文件，并用文件指针 fp 指向该文件在内存中的起始地址。之后调用 fprintf()，将 fp 作为第一个参数，其后的格式和用法与 printf()一样。写文件的程序执行后不会在屏幕上有反馈，需要自己到指定的目录查看数据是否成功写入文件。

3.6 结构化与计算思维实践

掌握了结构化程序设计方法后，就可以在计算思维的引导下实现逻辑简单的功能，解决一些实际的问题。结构化程序设计通常遵循先将程序划分为若干功能模块，再自顶向下设计数据和流程，最后编写程序并测试完善的过程。这与计算思维中先分解和抽象问题、再编程解决问题的过程一致。本节以教务系统中的成绩录入功能为例，探讨计算思维与结构化编程相结合的实践应用。

3.6.1 问题分解与抽象

1．问题描述与功能分解

总体的需求是录入一批学生的成绩并保存。因此，程序应具有的基本功能是从键盘连续输入成绩并持久存储（如以文件形式存储到硬盘上）。此外，从实际应用的角度，用户可以随时修改已输入的成绩。虽然输入成绩与修改成绩有先后顺序，但后者只有在用户选择时才会执行，因此应该作为一个独立的功能实现。

图 3-11　**成绩录入程序的模块分解**

综上，简单的成绩录入程序包含输入原始成绩和修改成绩两个功能模块，如图 3-11 所示。

在完成本例后，读者还可以尝试增加更多功能，比如查询成绩（按学号/姓名）、删除成绩（按学号）、显示成绩排序（升序/降序）等。

2．数据与流程设计

虽然只明确要求录入成绩，但成绩必须与具体的学生关联才有意义，因此完整的信息至少应该包含学号、姓名、成绩 3 种数据。显然，结构体是最合适的数据类型。定义如下：

```
struct student {
    int  NO;                                  // 学号
    char  name[20];                           // 姓名
    float  score;                             // 成绩
};
```

由于要输入的是一批学生的成绩，可以定义如下结构体数组进行存储：

```
struct student  st[N];                        // N的大小待定
```

在流程设计时，为使逻辑更加清晰，先描述总体的处理逻辑，再分别细化每个功能。如图 3-12 所示，总流程的外层是循环结构，其作用是使程序保持运行状态，不会在执行完某功能后就立刻结束程序；内层则主要是一个多路选择结构，将输入成绩、修改成绩与结束程序一起，作为并列的选项，由用户根据菜单进行选择；最后，在选择结束程序时，先将数据存入文件，再结束程序的运行。

在设计输入成绩的流程时，需要考虑如何获取学号和姓名信息的问题。为简单起见，本例设计成从键盘输入。由于连续输入数据，显然应该采用循环结构，因此需要设置循环结束的条件。最简单的条件当然是判断循环次数是否达到数组上限 N。C 语言程序的循环控制变量通常从字母 i 开始，因此输入成绩的流程图如图 3-13 所示。

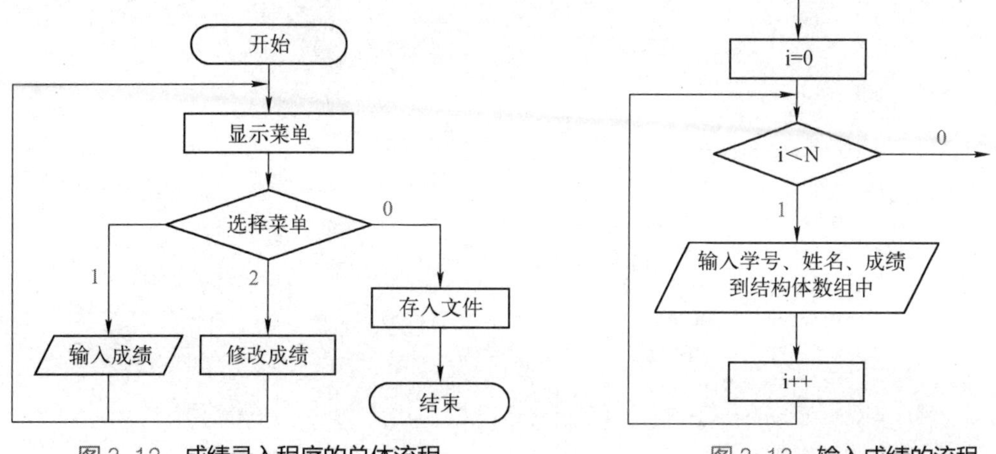

图 3-12　**成绩录入程序的总体流程**　　　　图 3-13　**输入成绩的流程**

设计修改成绩的流程时，需要先用学号或姓名查询定位到某学生，再输入新的成绩替换原来的数据。姓名有可能相同，学号是唯一的，因此通常选择用学号进行查询。设计程序时需考虑异常情况的处理，如查询失败应提示失败信息，且不执行修改成绩的语句，如图 3-14 所示。

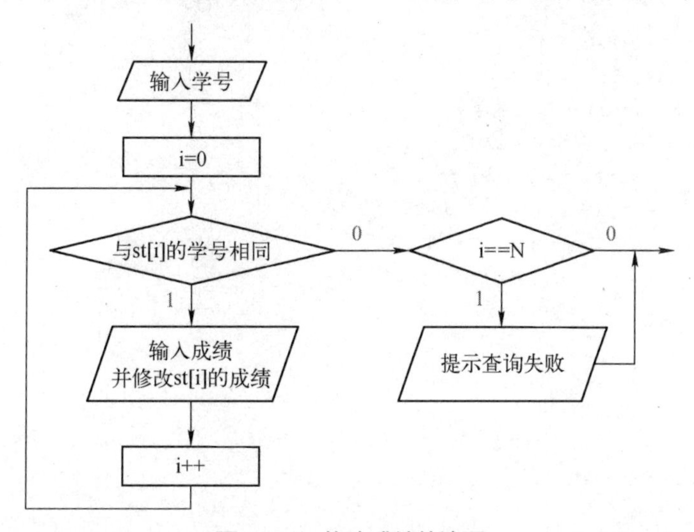

图 3-14　**修改成绩的流程**

至此，数据与流程设计完毕，可以开始编写程序。

3.6.2　编码实现

由于数据和流程都比较简单，根据上述设计可以直接得到完整的程序。为提供较为友好的用户交互体验，除了始终显示菜单，还应该在每次输入前给出文字提示。

```
// 例 3.6-1  成绩录入程序
    #include<stdio.h>
    #define       N    3
    struct student {
       int  NO;                                 // 学号
       char  name[20];                          // 姓名
```

```
    float  score;                             // 成绩
};
int main() {
    int i, m, NO;
    struct student  st[N];
    FILE  *fp;
    printf("成绩录入程序\n");
    for( ; ; ) {
        printf("1. 输入成绩\n");
        printf("2. 修改成绩\n");
        printf("0. 退出程序\n");
        printf("请选择: ");
        scanf("%d", &m);
        switch(m) {
            case 1:
                for(i = 0; i < N; i++) {
                    printf("请输入学号、姓名、成绩: \n");
                    scanf("%d %s %f", &st[i].NO, st[i].name, &st[i].score);
                }
                break;
            case 2:
                printf("请输入学号: ");
                scanf("%d", &NO);
                for(i = 0; i<N; i++) {
                    if(NO == st[i].NO) {
                        printf("请输入成绩: ");
                        scanf("%f", &st[i].score);
                        break;
                    }
                }
                if(i >= N)
                    printf("该学号不存在! \n");
                break;
            case 0:
                fp = fopen("D:\\student.txt", "w");
                for(i = 0; i < N; i++)
                    fprintf(fp, "%d %s %f\n", st[i].NO, st[i].name, st[i].score);
                fclose(fp);
                return 0;
            default:
                printf("输入错误! \n");
                break;
        }
    }
}
```

读者在实现该程序时，需要注意 fopen 语句中文件的存储位置是否合法，有些计算机可能没有 D 盘。

3.6.3 测试与完善

1．运行测试

编码正确时，程序能通过编译链接，运行后首先显示菜单：

```
成绩录入程序
1. 输入成绩
2. 修改成绩
0. 退出程序
请选择:
```

输入“1”后，提示“请输入学号、姓名、成绩:”；输入 3 遍学号、姓名、成绩（用空格、Tab 或换行间隔）后，再次显示菜单。

输入“2”后，提示“请输入学号:”；输入一个正确的学号，可以继续输入成绩并完成修改，若输入的学号不存在，则提示错误。此后继续显示菜单。

输入“0”后，退出程序运行。

在正常情况下，在 D:\文件夹下可以找到文件 student.txt，打开后，看到其中的内容与输入的内容相同。

读者可以尝试多次运行程序，给出不同于上述流程的输入，查看运行是否有异常。以菜单选项输入为例，当输入负整数时，程序会提示“输入错误!”后再次显示菜单，等待重新输入；当首次输入就是 2 时，可以继续输入学号，但输入任意整数都会提示“该学号不存在!”，因为此时确实还没有任何学生信息；当输入非整数时，会导致死循环，这就是所谓的非法输入导致的程序异常，应尽可能避免。

2．异常处理

为了进行语法练习而编写的程序，通常存在一些问题，需要经过尽可能周密的测试与完善后才能投入应用。常见的问题包括未进行数据合法性检查、数组越界检查、文件打开失败、避免溢出、避免除零、避免逻辑错误等处理，通常都可以归入异常处理的范畴。

上述成绩录入程序做了一些异常处理的工作。比如，在修改成绩前，先检查输入的学号是否已存在，只有存在才允许输入并修改成绩，一方面避免了无意义的修改操作，另一方面即使当用户未输入成绩就选择修改成绩时，也不会产生错误的运行结果。

对于非法输入导致的程序运行异常，一种解决思路是以字符方式接收与处理输入。比如，将例 3.6-1 的 m 改成字符类型，使用 getchar()函数接收字符，并修改 switch 的标号后，就可以在接收到非法输入时避免程序进入死循环，但仍然无法完全避免运行异常（如输入“1.5”）。更彻底的解决方案则需要用到字符串操作——将所有输入都作为字符串接收，然后逐个处理其中的字符——这也是为什么在学习 C 语言时会把字符串作为一块非常重要的内容的一个原因。第 4 章和第 5 章都有字符串操作的内容。

除此以外，这个程序在操作文件时存在两个问题。其一是没有在打开文件时进行失败处理，虽然只要 D 盘存在且允许写文件时 w 模式总能成功创建新文件，但异常处理就是为了防止意外情况的出现，因此检查并提示总是有必要的。常规的写法如：

```
    if((fp = fopen("D:\\student.txt", "w")) == NULL) {
        printf("Can't open file.");
        break;
    }
```

其二是没有考虑只输入部分成绩甚至完全没有输入成绩的情况，会导致文件中存入无意义的内容。为解决这个问题，需要监督记录输入的情况，进行相应的处理。读者可以尝试针对这种情况的异常处理。

3.6.4 拓展与总结

基于这个程序框架，可以拓展更多的功能，如查询成绩（按学号/姓名）、删除成绩（按学号）、显示成绩排序（升序/降序）等。

例如，降序显示成绩排名。增加一个选项“3. 显示成绩排序”，再定义一个新的结构体数组，如 dsort[N]，使用插入排序法将数组 st 的元素逐个插入 dsort，就可以在不影响原数组数据的情况下得到排序后的数据。新增的语句如下，请读者将其放入例 3.6-1 合适的位置，并酌情修改菜单与 switch 语句。

```
    struct student  dsort[N];

    for(i = 0; i < N; i++) {
        for(j = i; j > 0; j--) {
            if(dsort[j-1].score<st[i].score)
                dsort[j] = dsort[j-1];
            else
                break;
        }
        dsort[j] = st[i];
    }

    for(i = 0; i < N; i++)
        printf("%d %s %f\n", dsort[i].NO, dsort[i].name, dsort[i].score);
```

显然，必须先执行输入成绩功能，并正确输入 N 个学生的信息后才能执行排序功能，否则会得到不可预知的结果。读者可以思考如何实现只对已输入的数据进行排序，以及当没有输入数据却选择了排序时，进行提示且不执行排序语句。

本例总结如下：

① 结构化程序设计过程遵循计算思维理念，先进行问题分解与抽象，得到功能模块与数据结构，再设计算法或解决问题的流程，然后编码实现求解问题的程序，最后进行优化和完善。

② 在数据库获得普遍应用前，使用结构体数组存储与处理复杂数据是理所当然的事情。即使到了现在，结构体仍然是重要的数据类型，在很多领域的应用中起到重要作用。

③ 使用流程图描述流程与算法，不但能帮助程序员梳理算法逻辑，减少设计错误，而且与语言无关，适用于设计与交流。

④ 测试程序时不要只考虑正常的输入与运行情况，应尽量覆盖所有可能的输入数据与运行逻辑，以尽可能完善程序。

小　结

在搜索引擎中查找"结构化程序设计"，会发现很多说法，也有很多相关联的概念——结构化程序设计、模块化程序设计、面向对象编程、面向过程编程。实际上，这些概念并不是各自独立的，而是相互交织的，具有一定的继承关系，并相互促进发展。实际应用中具体采用哪种编程方法，取决于环境与需求。在面向对象技术普及前，结构化程序设计一直是最主流的程序设计方法。即使现在，针对逻辑清楚、流程明确的应用开发，结构化程序设计仍是首选，最典型的例子就是算法。

希望读者能通过本章的学习，理解与掌握如何"以规范的方式设计与实现结构合理、逻辑清晰的程序"。

与真正的应用开发相比，本章的内容非常基础，但仍然涉及众多的概念与规则，相互结合后更是衍生出近乎无穷的变化，读者只有理解本质、通过勤加练习获得对原理的深刻认识才不会陷入困惑。

思考与练习 3

1．阅读其他语言编写的程序，寻找与 C 语言相似的语句，比较存在哪些重大差别。

2．初步了解面向对象技术的基本概念。

3．了解声明与定义在哪些应用场景有区别。

4．初步了解数据结构的概念，体会数据与算法的联系。

5．了解 long long int 的表示范围，思考当整数运算结果超出 long long int 的表示范围时应该如何精确而完整地进行存储。

6．先画流程图再编程：将例 3.1-4 改写成只把大写字母转换成小写字母的程序，其他字符均原样输出。尝试输入回车、制表符（tab）等特殊字符，观察输出结果。

7．编写与例 3.1-6 类似的宏定义程序，尝试找出一些编译无法通过的写法，并思考其中的原因。

8．在你使用的 IDE 中找到 stdio.h 文件，复制到其他地方（防止误修改其中的内容）后查看其中的内容，查找 scanf、printf、getchar 与 putchar。

9．根据 3.2.4 节最后的读字符代码编写完整的程序，在接收完字符后输出数组中的字符串。尝试输入尽可能长的字符串以及修改程序中的表达式，观察运行结果。

10．搜索国际 C 语言混乱代码大赛（IOCCC），尝试复制、编译运行获奖程序。

11．画出例 3.3-1 的流程图，以及其下另一种算法的流程图。

12．将例 3.3-2 中的三个整型变量改成一个整型数组，再思考能否利用循环实现排序。

13．删除例 3.3-5 中的部分或全部 break 语句，尝试不同的输入，观察运行结果。

14．查阅我国最新的个人所得税分段累进计算方案，用多重 if 语句编程实现个税计算器，要求程序保持循环，直到输入的个人收入值为非正时结束程序。思考用 switch 语句实现的方案。

15．将例 3.3-7 修改为保持循环运行，允许持续输入数据，直至其中一个输入数据为 0 结束程序的运行。尝试不同的输入格式与输入数据，观察运行结果。

16．在题 15 中增加输入数据处理语句，当两个输入数据中有一个不是正数时，重新输入该数据直至为正数。

17．尝试继续优化例 3.3-17 求解百钱百鸡问题的程序。

18．□□×□□□=□□□□填入 0～9 之间不同的数，0 不能作为第一个数字，有多少种情况？用什么方法求解？有哪些提高求解效率的办法？

19．了解更多关于基本算法的知识，并分别举一个穷举法、递推法、贪心法、分治法的实际计算案例。

20．将例 3.4-2 的数组大小改成宏定义形式，并修改程序中对应的部分。

21．画出例 3.4-3 的流程图，尝试不看源程序写出其伪代码。

22．将例 3.4-5 中的数组大小改成宏定义形式，将 a 数组修改为 3 行 4 列、b 数组修改为 4 行 2 列并赋初值，运行程序观察结果。

23．将例 3.5-1 改成从键盘输入所有坐标，先判断点的关系（是否重合、*X* 轴坐标是否相等）再计算斜率。

24．根据 3.6.3 节中对非法输入处理的建议，改写例 3.6-1，以使其能在输入非法字符时不陷入死循环。

25．参考 3.6.4 节的语句，为例 3.6-1 增加成绩排名降序显示的功能。

第 4 章

CT

模块化程序设计

模块化的设计过程也符合计算思维，核心思想是自顶向下、层层分解、逐步求精，大致分为以下步骤：

- 分析问题，明确程序的总体任务。
- 对任务进行逐层分解，直至大小合适的模块。
- 设计模块间的接口与模块的算法流程。
- 编码实现模块并通过调用组成程序。
- 测试模块与程序。

模块功能分解与接口设计是其中的关键，功能应尽可能独立，接口应尽可能简单，以便于复用和维护。通过本章的学习，读者应：

- 较为全面地掌握模块化程序设计的思想与方法，初步了解软件工程过程。
- 养成先设计再实现的良好编程习惯，注重程序规范性、完善性。
- 熟练定义与调用函数，有一定的算法优化能力。
- 熟练编写基本的排序算法与字符串处理函数。
- 理解递归的逻辑，能编写简单的递归程序。
- 能编写包含多个函数的单文件程序，解决常见的数据处理与计算问题。

模块化也是一种被广泛使用并且与语言无关的程序设计思想与方法，但与结构化分属不同的层面。第 3 章始终在主函数中编程，而在实际的应用中，主函数通常只是作为主控模块，具体功能都在其他模块中实现。本章在详细介绍函数的概念的基础上，阐述如何利用模块化的思想和方法，分析和分解系统，设计和实现功能独立、接口清晰的模块，并组织成逻辑完整的中等规模程序，解决较为复杂的问题。

模块化程序设计，或称为模块化编程（Modular Programming），指的是将软件系统按照功能层层分解为若干独立的、可替换的、具有预定功能的模块，各模块之间通过接口（对输入与输出的描述）实现调用，互相协作解决问题。模块化并不必然带来好处，由于需要考虑如何划分模块、如何设计模块间的接口，程序设计的过程通常会变得更加复杂。但设计良好的模块能重复使用或任意替换，使得复杂程序的设计变得更加灵活和高效，因此模块化方法得到了广泛的应用。

4.1 模块化思想

MOOC 视频

本节通过一个简单的示例，让读者初步了解应该从哪些角度进行模块化，以及直观认识模块化前后的程序各有什么优点与缺点。

最初的程序如例 4.1-1 所示，用很多条格式化输出语句逐行打印字符，实现了用字符“*”作为树叶、用“#”作为树干画出一棵树的功能。

```
// 例 4.1-1  用字符画一棵树
    #include <stdio.h>
    int main() {
       printf("   *\n");
       printf("  ***\n");
       printf(" *****\n");
       printf("*******\n");
       printf("   *\n");
       printf("  ***\n");
       printf(" *****\n");
       printf("*******\n");
       printf("   #\n");
       printf("   #\n");
       printf("   #\n");
       return 0;
    }
```

```
   *
  ***
 *****
*******
   *
  ***
 *****
*******
   #
   #
   #
```

图 4-1　**程序运行结果**

运行结果如图 4-1 所示。

这个程序的结构非常简单，且效果直观，直接看代码就能想象出运行结果。但从程序设计方法的角度看，存在很多问题，比如有很多重复的语句，以及当需要更换树叶类型（比如从*换成@）时要进行大量的修改。

引入模块化设计思想，可以在精简程序代码、改善程序结构、增强程序通用性三个方面对这个程序进行优化。

【说明】 模块（module）与函数（function）是两个相关但并不完全相同的概念，需要结合上下文进行区分。如在 Python 语言中，模块通常指的是文件，函数包含在模块中，而在 C 语言中，模块和函数基本上可以认为是同义词。本书使用 C 语言编程，因此混用这两个概念。

4.1.1 精简程序代码

当程序中多处或大量出现相同的代码时，不仅使程序变得冗长，也更加难以维护——需要确保所有重复的代码在每次修改时都是一致的。

把重复的代码定义成一个单独的模块，可以解决这一问题。在 C 语言程序中，模块通常以函数形式出现。2.2 节简单介绍了函数的概念。函数的基本思想是将一个语句序列看成一个整体（见 3.3.1 节的复合语句），并为该语句序列命名。这个过程称为函数定义。此后，在程序中的任何地方，只要引用该函数名，就能执行该函数的语句序列。这个过程称为函数调用。发起调用的函数称为主调函数（可以是 main()函数，也可以是其他函数，甚至可以调用自己），被调用的函数称为被调函数。

针对例 4.1-1 中上下两层重复的画树冠语句，可以定义一个专门的画树冠功能的函数，将画树冠的语句全部包含在内，并命名为 treetop。

```
void treetop() {                // 函数定义，需要在函数名前指明返回值类型，没有返回值则用 void
    printf("   *\n");
    printf("  ***\n");
    printf(" *****\n");
    printf("*******\n");
}
```

函数头部的 void 表明这个函数没有返回值，也就是不会向调用方返回数据。主函数通过调用 treetop()函数，可以简化为如下形式：

```
int main() {
    treetop();                  // 函数调用，此时不需要在前面加 void
    treetop();
    printf("   #\n");
    printf("   #\n");
    printf("   #\n");
    return 0;
}
```

此时，程序不再只有一个 main()函数，需要把 treetop()函数的定义放在 main()函数前。现在再看 main()函数，就会发现它与 treetop()一样其实只是个函数定义。不同的是，C 语言程序总是从 main()函数开始运行，而 treetop()函数并不会自己运行，需要在 main()函数中调用后才能运行，并且调用几次就运行几次。

当需要调整树冠时，直接在 treetop()函数中修改代码即可，不会影响到 main()函数。main()函数名前的 int 表明它会返回一个整数给调用者（可以认为是操作系统），暂时不用关注。

4.1.2 改善程序结构

画树冠的语句组被定义成函数后，在主函数中只需要书写一条调用函数的语句，就可以完成画树冠的动作，不仅精简了主函数中的语句，也让主函数的结构变得更清楚。而画树干的语句同样有多条，通过定义画树干的函数，可以进一步改善程序结构。画树干的函数可以命名为treetrunk()，定义如下。

```
void treetrunk() {
    printf("   #\n");
    printf("   #\n");
    printf("   #\n");
}
```

于是，新的main()函数变成了：

```
int main() {
    treetop();
    treetop();
    treetrunk();
    return 0;
}
```

此时 main()函数中只包括调用画树冠与画树干函数的语句，也就是只调用功能，而具体画图过程都在函数中实现，将功能与实现分离。功能的使用者只要知道如何调用函数，完全可以不关心函数是如何实现的。

为了便于编译器检查函数是否已被定义，两个函数都要写在 main()函数前，谁先谁后都可以，完整的程序如下。

```
// 例4.1-2  模块化的画树程序
#include <stdio.h>
void treetop(){
    printf("   *\n");
    printf("  ***\n");
    printf(" *****\n");
    printf("*******\n");
}
void treetrunk() {
    printf("   #\n");
    printf("   #\n");
    printf("   #\n");
}
int main() {
    treetop();
    treetop();
    treetrunk();
    return 0;
}
```

虽然代码的行数并没有减少多少，但程序结构更加清楚。

4.1.3 增强程序的通用性

前面提到的更换树叶，可以通过修改 treetop()函数的代码实现，而 main()函数可以始终保持不变。例如，用字符“@”代替“*”时，treetop()函数的内容可以改为：

```
void treetop(){
```

```
    printf("   @\n");
    printf("  @@@\n");
    printf(" @@@@@\n");
    printf("@@@@@@@\n");
}
```

这种直接修改的做法虽然能满足应用的需求，但通用性还是不够好。实际上，函数之所以好用，功能独立可重用只是原因之一，还有一个很重要的原因是能通过设置参数增强语句组的通用性。这两个 treetop()函数的形式完全相同，唯一需要修改的是打印的字符。

用 printf()函数输出字符有不止一种方式，除了直接在格式字符串中输出字符以外，还可以先用一个变量存储字符，再用%c 格式输出这个变量中的字符：

```
char ch;
printf("%c", ch);
```

把 char ch 作为函数的参数，由调用者根据需要向函数中传入 ch 的值，就可以设计出一个可以用任意可显示字符画树冠的通用的函数：

```
void treetop(char ch)   {                    // 函数定义中包含一个参数，可以接收任意字符
    printf("   %c\n", ch);
    printf("  %c%c%c\n", ch, ch, ch);
    printf(" %c%c%c%c%c\n", ch, ch, ch, ch, ch);
    printf("%c%c%c%c%c%c%c\n", ch, ch, ch, ch, ch, ch, ch);
}
```

虽然函数变得更加复杂了，但调用函数时，只需将拟使用的字符写在函数名后的“()”中就可以，非常灵活。比如：

```
treetop('*');                                // 画出以"*"为叶的树冠
treetop('@');                                // 画出以"@"为叶的树冠
```

在主函数中甚至可以画出一棵嫁接的树：

```
int main() {
    treetop('*');
    treetop('@');
    treetrunk();
    return 0;
}
```

这个例子只是为了帮助读者先了解模块化的思路，读者可以自行补全程序。函数是 C 语言程序模块化的核心，也是 C 语言程序的核心概念，下面详细介绍函数。

4.2 函数

从编写第一个 C 语言程序起，我们就一直在定义和使用函数。C 语言程序完全建立在函数的基础上，如如下著名的程序：

```
#include <stdio.h>
int main() {
    printf("Hello, world!\n");
}
```

其功能只是输出一行文字，却需要定义一个 main()函数，调用一个 printf()函数。细心的读者会发现 printf()函数的参数的数量是可以任意变化的，在 stdio.h 中只能找到 printf()函数的声明（可以看成函数的使用说明书）：

```
_CRTIMP int __cdecl printf(const char *, …);
```

这其实是写给编译器看的，初学者很难看懂，可想而知其功能实现会有多复杂。事实上，即使学完本书，也不能写出这样的函数。但稍加训练，初学者可以轻松学会如何使用 printf()函数。这就是函数的强大和魅力所在——使用者只需知道怎么调用函数就能充分利用函数的功能，而不需知道函数是怎么实现的。

当然，学习者需要尽可能了解实现函数的原理，日积月累，也能写出这样功能强大的函数。

4.2.1 函数定义

先从一个简单的问题开始——哥德巴赫猜想。这是一个著名的数学问题，大家熟悉的其实是欧拉的“1+1=2”版本，表述为“任意一个大于 2 的偶数都可写成两个素数（prime）之和”，也称为“强哥德巴赫猜想”或“关于偶数的哥德巴赫猜想”。

虽然这个命题至今尚未从数学理论上证明或证伪，但是敢说这个问题“简单”，并不是我们能给出这个问题的答案，而是用计算机的求解思路非常简单：将每个大于 2 的偶数都分拆成两个数，再判断两个数是否都为素数，只要找到一个无法分拆成两个素数的偶数，猜想就可以被证伪。遗憾的是，在算力已经非常强大的今天，仍未发现这样的偶数。

编写一个能验证哥德巴赫猜想的程序其实很难，不要说计算，连第一步的数据存储都很难——现有的数据类型无法精确存储一个极大的偶数。验证思路的核心是素数的判定，本节只介绍如何定义一个判定素数的函数。

从之前的示例可以发现，定义函数时需要确定如下内容。

① 指定函数的名字。函数通过名字进行调用，名字应符合标识符命名规则，并尽量准确反映函数功能，同一程序中不能重名。

② 指定函数的类型，即函数返回值的类型，缺省时，为 int 类型；无返回值时，为 void。

③ 指定函数参数的名字和类型，以便在调用函数时向它们传递数据。不需要传递数据的函数可以缺省（其实 ANSI C 要求在“()”中写明 void，但很少有人这么做）。

④ 实现函数的功能。前 3 项都在定义函数的第一行中给出，称为函数头。实现函数功能的语句则放在一对“{}”中，称为函数体。

1．定义函数头

判断素数的函数需要接收一个整数，反馈是否是素数的结果，如“是”为 1、“否”为 0，那么返回值也是一个整数。因此，函数头可以定义如下：

```
int  IsPrime(int n)
```

其中，IsPrime 是函数名，“()”中的是函数的参数，用来说明函数拟从外界接收的数据的个数与类型。由于只是对数据的说明，函数定义中的参数被称为形式参数，简称形参。该函数只从外界接收一个整数，因此只有一个形参，以 n 命名，其类型为 int。无论从形式还是实质上，形参都可以视为变量，但仅在当前函数中有效。函数名前的 int 描述的是 IsPrime()函数返回值的数据类型，也称为函数的类型。从后面的示例可以看到，函数调用可以作为表达式，表达式的类型就是这个函数的类型。

归纳一下，定义函数头的一般形式为

```
函数返回值的类型  函数名(形参的类型 形参名, …)
```

解析：

① 函数返回值的类型，也称为函数的类型或函数类型，可以是基本数据类型中的整型、浮点型、字符型和指针型（第 5 章介绍）或者结构体类型。函数也可以没有返回值，其类型写为 void。一个函数只能有一种类型，即在同一个 C 语言程序中，不允许定义两个名称相同但类型不同的函数。

② 虽然 C 语言标准只要求函数名遵循标识符命名规定，但为培养良好的编程习惯，应在定义函数名时尽可能体现函数的功能，如 IsPrime。当然，也可以考虑用汉语拼音为函数命名。

③ 当函数需要从外界接收多个数据时，可以在函数头的“()”中列写多个形参，并用“,”隔开，称为形参列表。上面的“…”表示后面可以有更多形参，每个都要给出类型和参数名。

2．实现函数体

素数的定义：整数 *n* 不能被 2～*n*-1 中的任何一个整数整除，则称为素数。看上去适合用第 3 章介绍的穷举法进行求解，也就是通过循环逐个用 2～*n*-1 中的数去除 *n*，当遇到能整除的情况时，判断不是素数，跳出循环；若能完成循环，则表明是素数。这些就是函数体的内容。

由此得到 IsPrime()函数定义的完整代码如下：

```
int IsPrime(int n) {                    // 函数头中有一个形参变量
    int  i = 2;                         // 在函数体中可以定义变量
    while(i <= n-1) {                   // 在函数体中可以把参数 n 当成变量使用
        if(n%i == 0)
            return 0;                   // n 不是素数，结束函数的运行并返回 0
        else                            // 这个 else 可有可无
            i++;
    }
    return 1;                           // 能执行到这里表明 n 是素数，结束函数运行并返回 1
}
```

形式上，以上代码与第 3 章 main()函数的定义没有太多区别，解析如下：

① 可以在函数体中定义变量，如 i。这些变量只能在这个函数内部使用，称为内部变量或局部变量。注意，main()函数中定义的变量也是内部变量，只能在 main()函数中使用。因此，不同的函数中可以定义相同名字的变量，并不会互相影响，但常常会引起初学者的误会，以为它们是同一个变量。

② 函数的形参也相当于变量，如 n。与 i 的区别在于，n 的初值在调用函数时获得，i 的初值只能在函数内获得；而在函数体内，两者是地位相等的变量，用法没什么不同。

③ 函数体中可以有多条 return 返回语句，每条可以带有不同的返回值，但每次运行函数都只会执行其中一条，因为执行返回语句会立刻结束整个函数的运行。没有返回值的函数也可以有 return 语句，后面不带返回值。即使没有 return 语句，函数也会在执行完最后一条语句之后结束运行。

函数定义虽然包含若干可执行的语句，却不能自己执行。函数只有在被调用时才被执行。

4.2.2 函数调用

本质上，C 语言程序的运行过程由从 main()函数开始的一系列的函数调用组成。

1．形参与实参

包含函数定义与函数调用的完整的判断素数的程序如下：

```
// 例 4.2-1  判断素数的程序
    #include <stdio.h>
    #include <math.h>                          // sqrt 函数包含在其中
    int is_prime(int n) {                      // 这里是函数定义，没被调用时不会自己执行
       int  i, m;
       if (n <= 1)                             // 处理非法输入
          return 0;
       m = sqrt(n);                            // 只需要循环到 √n
       for (i = 2; i <= m; i++)                // 可以大幅减少循环次数，提高运算效率
          if (n % i == 0)
             return 0;
       return 1;                               // 只有素数能走到这里
    }
    int main() {                               // C 程序总是从 main()函数开始执行
       int  n;
       printf("Enter an integer: ");
       scanf("%d", &n);
       if (is_prime(n))                        // 这里是函数调用，此时被调函数才会执行
          printf("%d is a prime number.\n", n);
       else
          printf("%d isn\'t a prime number.\n", n);
       return 0;
    }
```

解析：

① 这里定义了一个新的函数 is_prime()，函数的形参和返回值与 IsPrime()一样，但算法更完善：处理了非法输入，减少了循环次数。

② sqrt()函数是在 math.h 中声明的数学库函数，其功能是求（浮点数的）平方根。sqrt(n)是库函数调用，返回值类型是浮点型，在给 m 赋值时会通过隐式类型转换成整型数。循环的上界取到 sqrt(n)足够了。

③ is_prime()是用户自定义的函数。is_prime(n)是用户自定义函数调用。

④ 无论是库函数 sqrt()还是用户自定义函数 is_prime()，在调用时都只需写出函数名，并在其后的“()”中填写需要传入的（表达式）值。巧合的是，这两个函数调用都被作为表达式使用，只是一个用于赋值，一个用于条件判断。

⑤ 注意 main()函数中的 n 和 is_prime()函数中的 n 虽然名字相同，但是只存在值传递的关系，是两个完全不同的变量。

函数调用的一般形式为

```
    函数名(实参列表)
```

其中，实参的全称是实际参数，可以是任意表达式，是实际要传入函数中的值，与函数的形参

对应。函数名和函数实参前都不需要再写类型（如同使用变量时不需在前面写类型一样）。当函数定义有多个形参时，对应的函数调用也应该有多个实参，称为实参列表。实参列表应与形参列表在个数和类型上一一对应。

比如，printf("%6d%6d", i, j)就是有 3 个实参的函数调用。printf()函数其实也有返回值，返回的是成功输出的数据个数，也能作为表达式使用。但由于能直接看到运行结果，调用者通常并不需要这个返回值，而是直接将 printf()函数调用作为一条语句使用。

注意，即使函数没有参数，在调用函数时，函数名后的“()”也不能省略。如果函数的返回值为 void 类型，即没有返回值，该函数就无法作为表达式来使用，而只能以函数调用语句的形式出现。这些情况都可以在 4.2 节的程序示例中看到。

更多函数调用的用法将在后续章节中结合示例进行介绍。

2．值传递机制

函数调用实际上是控制流程从主调函数转向被调函数、之后再返回主调函数的过程，当被调函数有参数时，会伴随着数据的传输，也就是从实参到形参的值传递。

例 4.2-1 中的 is_prime()函数在定义和调用时使用了相同的变量名 n，这是一种编程的习惯，但可能会让读者误以为它们是同一个变量，然而并不是。为了更清楚地解释值传递机制，下面的例子定义与调用了一个包含多个参数的函数，并使用了不同的变量名。

```
// 例 4.2-2  值传递机制的示例
    #include <stdio.h>
    int max(int x, int y, int z) {                    // 注意形参名
        if(x < y)
            x = y;
        if(x<z)
            x = z;
        return x;
    }
    int main() {
        int  a;
        float  b;
        scanf("%d%f", &a, &b);
        printf("最大数%d\n", max(a, b+2, 9*9));       // 实参其实是表达式
    }
```

函数名 max 代表了它的功能，max()函数有 3 个 int 型的形参，用“,”隔开。在调用 max()函数时，也应该有 3 个实参（读者可以尝试删掉一个实参，如 9*9，观察编译提示）。但实参不仅不需要是与形参同名的变量，还可以是任意表达式。当实参（表达式）值的类型与形参类型不一致时，会进行隐式类型转换，转换成形参的类型。比如，本例的 b+2 是 float 类型，会在调用 max()函数时先计算 b+2 的值，再将值传给 y，max()函数中使用这个 y 值进行计算。

调用 max()函数时，第一个实参是变量 a，其值是 int 型，直接传给形参变量 x；第二个实参是表达式 b+2，其值是 float 类型，转换成 int 型（一般是截断取整）后传给形参变量 y；第三个实参是表达式 9*9，在编译时就会计算出结果 81，运行时将 81 传给形参 z。为使语句更加简洁，本例直接将 max()函数的调用作为表达式在 printf()函数中使用。

从主调函数的角度，函数调用语句的实参可以是任意表达式，在调用函数时会计算出表达

式的值，转换成与被调函数形参一致的类型后传给形参。从被调函数的角度来看，控制流程转移到被调函数时，利用形参接收实参传来的值，继续之后的计算。因此，实参与形参除了在调用函数时传递了一个值，并没有其他关系，更不是同一个变量。

因此，在进行函数调用时，需要注意以下问题：

- 实参与形参是按先后顺序逐一匹配的，与两者的类型与名字无关。
- 实参与形参的类型应相同或赋值兼容。赋值兼容是指当实参与形参类型不同时能按合法的规则进行转换并赋值。例如，整型与浮点型是赋值兼容的，而结构体与整型显然不兼容。

3．传递地址值

从上面的例子可以看出，值传递总是单向的，那么有没有可能实现双向值传递呢？先看一个尝试双向传递值失败的例子。

```
// 例 4.2-3  函数调用只能单向传值
    #include <stdio.h>
    void swap(int a, int b) {              // 尝试在 swap()函数中交换 main 函数中变量 a 和 b 的值
       int  t;
       t = a;    a = b;    b = t;
       printf("in swap(): a=%d b=%d\n", a, b);
    }
    int main() {
       int  a=3, b=5;
       printf("Before call swap(): a=%d b=%d\n", a, b);
       swap(a, b);
       printf("After call swap(): a=%d b=%d\n", a, b);
    }
```

运行结果如下：

```
Before call swap(): a=3 b=5
in swap(): x=5 y=3
After call swap(): a=3 b=5
```

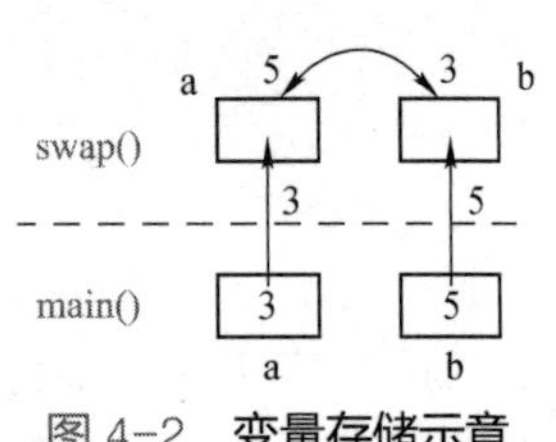

图 4-2 **变量存储示意**

定义 swap()函数的目的是用来交换主调函数中两个变量的值，然而由于只能单向值传递，运行结果没有达到预期。这是因为虽然 swap 中的形参 a、b 与 main()函数中的变量 a、b 名字完全一样，但它们都只是所在函数的局部变量，有各自存储空间（如图 4-2 所示），在调用时传递的是从存储空间中取出的值，而不是存储空间本身。

那么，能传递存储空间吗？C 语言中可以通过传递地址值（对存储空间的引用），间接实现传递存储空间。由于数组名就是地址，传递数组相当于“传递”存储空间，在形参数组中的修改其实也是对实参数组的修改，从而模拟“双向值传递”的效果。

```
// 例 4.2-4  通过传递数组地址在函数中修改实参数组的内容
    #include<stdio.h>
    void swap(int b[]) {              // 收到一个地址后，将其命名为数组 b（作为数组 b 的首地址）
       int  t;
       t = b[0];    b[0] = b[1];    b[1] = t;
```

```
        printf("b 的内容是: %d, %d\n", b[0], b[1]);
    }
    int main() {
        int a[2] = {3,5};
        printf("a 的内容是: %d, %d\n", a[0], a[1]);
        swap(a);                                    // 将 a 的地址值传入函数
        printf("a 的内容是: %d, %d\n", a[0], a[1]);
    }
```

运行结果如下：

```
a 的内容是: 3, 5
b 的内容是: 5, 3
a 的内容是: 5, 3
```

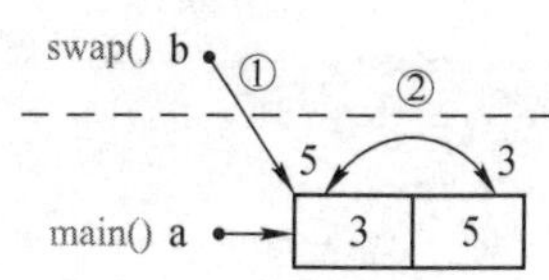

图 4-3　通过传递地址值修改实参内容

如图 4-3 所示，swap()函数的形参 b 是一个数组，而数组名其实是对一个地址值的命名。将数组 a 作为 swap()函数的实参时，传入的是 a 代表的地址值，并不是 a 这个名字。当控制流程转移到 swap()函数时，该函数只是接收到一个地址值，并用自己的形参 b 为这个地址命名，然后将其作为一个数组使用。

这个说法的潜台词是，即使传入的不是一个数组的地址，也会被当成数组使用。

```
// 例 4.2-5  传递地址值的副作用
    #include<stdio.h>
    void swap(int b[]) {                 // 接收到一个地址后，将其命名为数组 b（作为数组 b 的首地址）
        int  t;
        t = b[0];    b[0] = b[1];    b[1] = t;
        printf("b 的内容是: %d, %d\n", b[0], b[1]);
    }
    int main() {
        int a = 3, b = 5;
        printf("a = %d, b = %d\n", a, b);
        swap(&a);                        // 将 a 的地址值传入函数
        printf("a = %d, b = %d\n", a, b);
    }
```

可能（视编译器而定）的运行结果如下：

```
a = 3, b = 5
b 的内容是: 5, 3
a = 5, b = 3
```

意料之外、情理之中的是，虽然只传了一个变量 a 的地址，但 swap()函数仍然将其作为一个数组的地址进行操作，编译和运行看起来都没有任何问题。但这事并不靠谱。增加两条打印地址值的语句，就可以让运行结果发生变化。

```
// 例 4.2-6  薛定谔的传址
    #include<stdio.h>
    void swap(int b[]) {                 // 收到一个地址后，将其命名为数组 b（作为数组 b 的首地址）
        int  t;
        t = b[0];    b[0] = b[1];    b[1] = t;
```

```
        printf("b的内容是: %d, %d\n", b[0], b[1]);
        printf("b的地址是%d\n", b);
    }
    int main() {
        int  a = 3, b = 5;
        printf("a = %d, b = %d\n", a, b);
        swap(&a);                              // 将a的地址值传入函数
        printf("a = %d, b = %d\n", a, b);
        printf("a的地址是%d, b的地址是%d\n", &a, &b);
    }
```

可能（视编译器而定）的运行结果如下：

```
a = 3, b = 5
b的内容是: 37, 3
b的地址是6356732
a = 37, b = 5
a的地址是6356732, b的地址是6356728
```

只看地址值，就让这些变量和“数组”中的内容发生了变化，堪比“薛定谔的猫”。其中的原理比较复杂，读者学习到第5章时可以尝试着理解。但无论如何，这个问题显然来自形参与实参的不匹配，由此可见编写程序时遵守规范有多重要。C语言在提供最大可能灵活性的时候，也带来更多出错的可能，读者应时刻保持清醒的认识。

不过，从这个例子也能看出，swap()函数中的数组b确实与main()函数中的变量a使用的是同一个地址。顺便说一下，一般打印地址值是在printf()中使用“%p”格式，不过打印的是十六进制的地址值，使用“%d”则可以打印出十进制的地址值。

在第5章学习指针后，读者就可以理解在函数中接收任意类型的地址值，实现例4.2-3希望达到的目标。

作为最简单易用的存储批量数据的对象，将数组传入函数在C语言程序中很常见，4.2.4节将介绍更多应用。在此之前，我们阐述关于函数的最后一个概念：函数返回值。

4．函数返回值

函数调用时，通过参数只能单向传递值，即被调函数的形参只能接收主调函数的输入数据。当需要向主调函数输出数据时，可以使用return语句向主调函数返回值。

本书从第一个程序起就一直在使用return语句，main()函数的返回值由操作系统接收，其他函数的返回值由主调函数接收，而有时主调函数并不接收被调函数的返回值（如调用scanf()与printf()函数时）。本章一开始还定义了没有返回值的函数，其中并不包含return语句。

总结起来，关于函数与返回值，分为以下两种情况：

（1）没有返回值

此时函数的类型为void，即无类型，函数中可以没有return语句，如4.1.1节中的treetop()函数；也可以有return语句，其后不带返回值，如

```
    void test(float data) {
        if(data < 0)
            return;
        …
    }
```

这个函数在接收到浮点数后，先判断是否负数，是，则退出函数，否则继续处理。

不过为了便于了解函数的运行情况，即使不需要从被调函数接收数据，也建议执行完所有函数语句时返回一个 0 值，以表示函数是正常结束运行。现在明白为什么每个 main()函数都应该至少有一条“return 0;”语句了吧？

（2）有返回值

返回值可以是常量、变量或者任意类型的表达式。只要有返回值，就需要给函数指定类型。原则上，返回值的类型应该与函数的类型相同，如果不同，就会将返回值转换成函数的类型后再返回。例如：

```
float max(float a[]) {
    …                                   // 此处省略在数组 a 中查找到某个数据 a[k]的过程
    return a[k]*2.0;
}
```

元素 a[k]是 float 型，与 2.0 相乘时会转换成 double 型，计算结果也是 double 型，在返回前会再次转换成 float 型。

ANSI C 规定，定义函数时，如果函数名前没有类型，就默认是 int 型。

一个函数可以有多条 return 语句，但每次调用仅能执行一条，因为它会立刻结束函数的运行，不可能再有机会执行其他 return 语句。例如：

```
int max(int a, int b)     {
    if (a >= b)
        return a;                       // 若 a >= b，则结束函数的运行返回 a 的值
    else
        return b;                       // 若 a < b，则结束函数的运行返回 b 的值
}
```

这似乎意味着无论函数有多少条 return 语句，每次运行都只能有一个返回值。读者可以思考，有什么办法可以同时返回多个值。（请参考本章“思考与练习”。）

关于函数调用，最后一条需要了解的规则是：return 语句后跟的返回值或表达式可以加上括号，此时中间可以不留空格，如 return(0)、return(x+y)。

4.2.3 函数原型声明

在 4.1 节介绍模块化思想时，将精简主函数的程序代码、改善主函数的程序结构作为自定义函数的特点，因为能让主函数的功能更加一目了然。然而，由于编译器总是从上到下逐条语句进行编译，为了检查函数调用语句的语法是否正确，需要知道函数名、函数类型和形参表这些被调函数的信息。因此，到现在为止的程序中，总是把 main()函数放在其他函数后定义。虽然程序不长，但不能首先看到 main()函数的内容，对于了解程序功能来说总是不太方便。当程序中包含行数很多的函数或者很多个函数时，缺点尤其明显。

更重要的是，函数的另一个特点是“通用性”，希望能被多次调用，其中包括被多个其他函数调用，这就需要将被调用的函数放在其他函数前定义。当程序中有很多函数时，函数间的调用关系可能很复杂，会给程序员带来困扰。

【说明】常用的 C/C++编译器实际上会在程序中自行查找函数的定义，因此即便把被调函数定义在主调函数后，往往也能编译通过、正常调用，但不能指望每个编译器都这么“聪明”。

为此，C 语言设计了函数原型（function prototype）声明（declaration）这个规则，可简称为函数声明。函数声明中提供函数名、函数类型与形参表这些函数调用所需的信息。至于函数是如何实现的，语法检查和调用时并不关心。

例如，判断素数的函数可以有如下原型声明：

```
int is_prime(int n);
```

其形式是在函数头后直接加“;”。考虑到主调函数中的实参有自己的名字，编译器只检查实参的个数和类型是否与形参匹配，形参名对于函数声明的使用者没有任何意义，因此原型声明可以进一步简化为

```
int is_prime(int);
```

当然，这种简化不是必须的，视程序员的习惯而定。不过在编译环境提供的头文件中，函数的声明都不含有形参名。

把函数声明放在 main()函数前以后，自函数的定义就可以放在 main()函数后了。比如，例 4.2-1 可以改写成：

```
//例 4.2-7  判断素数的程序
    #include <stdio.h>
    #include <math.h>                              // sqrt 函数包含在其中
    int is_prime(int n);                           // 这里是函数声明，函数定义在后面
    int main() {                                   // C 程序总是从 main 函数开始执行
        int  n;
        printf("Enter an integer: ");
        scanf("%d", &n);
        if (is_prime(n))
            printf("%d is a prime number.\n", n);
        else
            printf("%d isn\'t a prime number.\n", n);
        return 0;
    }
    int is_prime(int n) {                          // 这里是函数定义，函数功能的具体实现
        int  i, m;
        if (n <= 1)
            return 0;
        m=sqrt(n);
        for (i=2; i<=m; i++)
            if (n % i == 0)
                return 0;
        return 1;
    }
```

这样读程序时，首先看到就是 main()函数。另一个好处是，即使函数间存在调用关系，也不用考虑函数声明的先后顺序，统统放在 main()函数前面就行。比如：

```
// 例 4.2-8  嵌套调用的程序
    #include <stdio.h>
    int max4(int a, int b, int c, int d);
    max2(int a, int b);
    int main() {
        int  a, b, c, d;
```

```
    printf("请输入 4 个整数:");
    scanf("%d %d %d %d", &a, &b, &c, &d);
    printf("最大数为: %d \n", max4(a, b, c, d));
}
int max4(int a, int b, int c, int d) {
    int  m;
    m = max2(a, b);
    m = max2(m, c);
    m = max2(m, d);
    return (m);
}
max2(int a, int b)  {
    return (a > b ? a : b);
}
```

这个程序中，main()函数调用了 max4()函数，max4()函数多次调用 max2()函数，姑且称之为嵌套调用。不过，无论调用关系如何，只要把所有的函数声明写在所有的函数定义（包括 main()函数）的前面，就可以满足编译的需求。

读者还会注意到，max2()函数无论声明还是定义都没有给出函数的类型，这是合法的。

总结一下，函数（原型）声明的基本形式如下：

```
        函数类型  函数名(数据类型 形参名, 数据类型 形参名, …);
或者    函数类型  函数名(数据类型, 数据类型, …);
```

习惯上，将用户自定义函数的原型声明放在预处理命令的后面、main()函数的前面，而库函数的原型声明都由编译环境在头文件中给出。4.3.3 节会介绍如何在用户自己编写的头文件中包含函数的原型声明。

4.2.4 深入理解函数

本节从更广（有多个函数、每个函数有多个参数的程序）和更深（数组作为函数参数）的角度讨论函数的应用，以加深读者对函数的理解。

1．多参数和多函数

例 4.2-8 已经是一个包含多个函数，每个函数包含多个参数的程序，不过其中只用到了 int 类型。在下面的程序中，函数 series()和 parallel()分别用来计算三个电阻的串联和并联值，主要展示函数声明与函数定义的形参名可以不同。

```
// 例 4.2-9  关注函数声明的形参列表
    #include <stdio.h>
    float series(float a, float b, float c);            // 声明中形参名可与定义不同
    float parallel(float , float , float );              // 也可以没有参数名
    int main() {
        float  r1, r2, r3, rs, rp;
        scanf("%f%f%f", &r1, &r2, &r3);
        rs = series(r1, r2, r3);
        rp = parallel(r1, r2, r3);
        printf("串联阻值: %.2f, 并联阻值: %.2f\n", rs, rp);
    }
```

```
float parallel(float b1, float b2, float b3) {
    float  rp, rr;
    rp = 1.0/b1 + 1.0/b2 + 1.0/b3;
    rr = 1.0/rp;
    return(rr);
}
float series(float a1, float a2, float a3) {
    return(a1+a2+a3);
}
```

下面的例子不是一个完整的程序，简单演示了函数的形参还可以是结构体类型，以及某些函数可能会被多个函数调用的情形。

```
#include <stdio.h>
int dingjiudian(int, float, double, struct guke);
int zuche(…);
int dingpiao(…);
int fukuan(…);
int main() {
    …
    dingjiudian(…);
    dingpiao(…);
    …
}
int dingjiudian(int a, float b, double c, struct guke d) {
    …
    zuche(…);
    …
    fukuan(…);
}
int zuche(…) {
    …
    fukuan(…);
}
int dingpiao(…) {
    …
    fukuan(…);
}
int fukuan(…) {
    …
}
```

更重要的是，这个例子体现出不管函数间有什么关系，也不管具体的函数功能实现有多复杂，通过划分这些模块，每个函数可以独立实现，而主函数只需要关注总体的流程。这就是模块化设计的价值所在，而如何进行模块划分是模块化程序设计的关键问题，也是利用计算思维解决问题的第一步。4.3 节将进行更系统的阐述。

在此之前，我们先带领读者更深入地学习函数的一个重难点知识：数组作为函数的参数。

2．数组作为函数参数

在应用中，常使用数组作为函数的参数来传递数据，如求和、求均值、方差、反序、排序、查找、最值、字符串处理等，具有重要的应用价值。

在 4.2.2 节中通过传递数组（的地址值）实现了交换主调函数中数据的功能，但这种用法并没有多少实际价值。

先来看一个计算 10 个学生的平均成绩的例子，将存储学生成绩的数组传入函数中，求出平均成绩后直接在主函数中打印。注意函数声明、函数定义及函数调用时数组的用法。

```
// 例 4.2-10  计算平均成绩
    #include <stdio.h>
    float average(float array[]);
    int main() {
        float  score[10] = {100,56,83,94,67,90,83,77,76,58};
        printf("平均成绩为: %5.1f\n", average(score));
    }
    float average(float array[]) {
        int  i;
        float  aver, sum = array[0];
        for(i = 1; i < 10; i++)
            sum = sum+array[i];
        aver = sum/10;
        return(aver);
    }
```

初学者很容易犯的一个错误，是在调用 average()函数时将实参写成 score[10]或 score[]形式。记住，当需要在函数中操作数组时，应该直接将单独的数组的名字（代表了数组的首个元素的地址）作为参数传入函数。当然，也可以用取地址的方式即 average(&score[0])的形式进行调用。

至于将数组元素作为函数的参数是另一个话题，读者不妨自行尝试练习。

有心的读者可能会提出这样一个问题，不是说函数声明中可以没有形参名吗，那么 average()函数中的数组形参能去掉 array 吗？This is a good question. 答案是不能。因为 float [] 并不是一种合法的数据类型，实际上应该写成 float *，也就是浮点型指针类型。第 3 章使用文件时已经简单介绍过指针的概念，这是一种专门存储地址值的数据类型，定义指针（形参）变量后就可以用来接收数组的地址。指针与数组真正的关系将在第 5 章介绍。虽然不能没有数组名，但函数声明的数组名仍然可以与函数定义时不同。例 4.2-4 和图 4-3 都解释了其原因。

这个例子真正的问题在于，向函数传递信息时没有考虑数组大小的问题。而是在函数中将数组的大小固定为 10，这显然不合理。为了解决这个问题，将数组作为函数参数时，除了把数组名作为地址传入函数，通常需要用另一个参数来传递数组的大小。

```
// 例 4.2-11  更通用的函数
    #include<stdio.h>
    float average(float array[ ], int n);
    int main() {
        float  score_1[10] = {67,87,90,93,74,65,78,88,99,78};
        float  score_2[5] = {98,76,87,83,95};
        printf("aver…%5.1f\n", average(score_1,10));          // 10 个平均
        printf("aver…%5.1f\n", average(score_2,5));         // 5 个平均
    }
    float average(float array[ ], int n) {
```

```
    int  i;
    float  aver, sum = array[0];
    for(i = 1; i < n; i++)
        sum = sum + array[i];
    aver = sum/n;
    return(aver);
}
```

读者可以思考，为什么不能把函数头写成 float average(float array[n])形式呢？

接下来考虑更复杂的情况，把二维数组作为函数的参数。在介绍数组概念时强调过，二维数组只是一种逻辑上的存储结构，实际存储时仍然是一维的，数组名代表整个数组的起始地址。但既然有二维数组的定义，就有对应的二维数组的语法规则。当二维数组作为形参时，需要使用两个“[ ]”，不过第一维的大小可不说明，第二维度的大小需要明确（原因还是与指针和地址有关）。

下面的程序求一个 3×4 矩阵中的最大元素。

```
// 例4.2-12  二维数组作函数参数
#include<stdio.h>
int max_value(int ary[][4], int, int);
int main() {
    int  a[3][4] = {{1,3,5,7}, {2,4,6,8}, {15,17,34,12}};
    printf("max is %d\n", max_value(a,3,4));
}
int max_value(int array[][4], int m, int n) {
    int  i, j, max;
    max = array[0][0];
    for(i = 0; i < m; i++)
        for(j = 0; j < n; j++)
            if(array[i][j] > max)
                max = array[i][j];
    return(max);
}
```

将数组以二维形式传入函数后，就可以分行列进行操作，比较符合数学运算的思维方式。读者可以尝试分别将 max_value()函数声明与函数定义头部的数组改成一维，观察编译的提示；然后将整个程序中的二维数组都改成一维数组，看是否能正确实现与运行。

至此，函数中的基本概念介绍完毕，接下来结合模块化的思想，向读者介绍如何编写能解决更复杂的问题、包含更多功能模块的程序。

4.3 模块化设计与实现

模块化程序设计是计算思维在软件开发领域的具体应用，具体方法包括自顶向下方法、原型方法、面向对象方法等，适用于不同的场景。

C 语言主要通过面向过程的方式解决问题，一般采用自顶向下的方法进行程序设计。其基本过程是：首先，按照软件的需求进行功能分解，得到多个模块；然后，设计模块之间的接口，也就是模块的输入与输出；接着，实现各模块的功能；最后，把模块组装在一起构成可运行的软件系统。

当程序变得更加复杂、模块更多后，需要使用更多新的语法特性。比如，变量不再只是定义在函数内部，也可以定义在函数外部；函数声明不再只与函数定义处于同一个文件中，也可以单独使用一个文件存放；实现功能与解决问题需要调用更多的库函数；函数调用自己时会发生什么。这都是本节将要介绍的内容。

4.3.1 自顶向下设计

自顶向下设计，也称为逐步求精（stepwise refinement），是将一个系统逐层分解为子系统的设计过程，如图 4-4 所示。

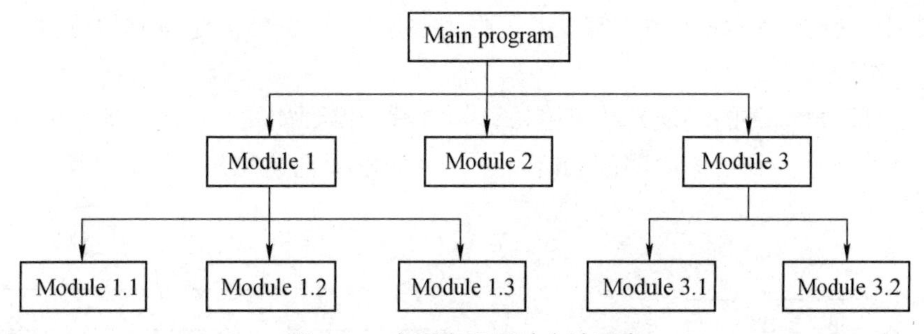

图 4-4 **自顶向下设计方法示意**

具体过程是：首先，对整个系统进行概要设计，指明构成系统的顶层子系统（模块）有哪些，但并不给出各子系统的细节；其次，对各子系统重复这个设计过程，即再将各子系统分解为下一层的子系统；不断分解各子系统，直至子系统的功能足够简明，可以直接编码实现为止。

【说明】“设计”这个词具有多种含义，也是上下文相关的。狭义的“设计”通常不涉及具体的编码与测试。但实际编程中，设计、实现与测试往往是相互融合、前后迭代的关系，并不能严格分离。后续内容常在示例中同时呈现设计思想与实现方法，以使读者能体会到程序是一个有机整体，程序设计是一项不断迭代的复杂工程。

下面通过一个“求中位数”的简单案例演示自顶向下的设计方法。

问题描述：求给定的一组整数的中位数。

中位数（Median），又称为中值，是按顺序排列的一组数据中居于中间位置的数，可将数值集合划分为相等的上下两部分。对于有限的数集，可以先将所有元素按值大小，进行高低排序，然后找出正中间的一个数，即中位数。如果元素有偶数个，通常取最中间的两个数值的平均数作为中位数。例如，{1, 2, 3, 4, 5}的中位数是 3，但是{1, 2, 3, 4, 5, 6}的中位数是多少，视具体规则而定，可以是 3、4 或 3.5（(3+4)/2）。

1．自顶向下分解系统

划分第一层模块的过程也称为顶层设计。顶层设计主要描述解决问题的总体流程。

（1）顶层设计

这个程序的功能很简单，却是一个完整的 IPO（输入、处理、输出）程序，因此可以直接按 I、P、O 把程序划分为三个功能模块（顶层设计基本都是这个原则）：

① 输入数据。之所以划分为模块，是因为需要考虑输入可能有键盘、文件等方式。

② 找出中位数。在顶层只需要根据总体流程划分功能。

③ 输出中位数。需要考虑输出可能有屏幕、文件等方式。

图 4-5 就是程序第一层的模块分解图，其中输入、输出的功能已足够简单，可以直接编码实现，不需要再继续分解功能，图中使用白色（无色）底色标注。而找出中位数的过程还需要进行功能分解或算法设计，并不是显而易见的，图中用灰底色标注。

（2）第二层设计

从第二层的设计开始就需要一定的经验了。根据对中位数的理解，应该先排序再查找中位数。而排序是一种最基本的算法，通常都会被设计成一个单独的、通用的模块。当得到排好序的数据后，如果是存储在数组中，就可以按数组大小直接定位到中间的位置。

因此模块②可以分解为：

④ 对数据进行排序（常用基本算法，可作为底层模块），然后定位到中位数（一条语句就可以实现，不作为单独的模块）。

至此已无可以再细分的功能，结束模块分解过程，得到如图 4-6 所示的系统模块图。结束模块分解的原则是已得到足够简明的功能，能（根据基于已有的知识）直接编码实现。

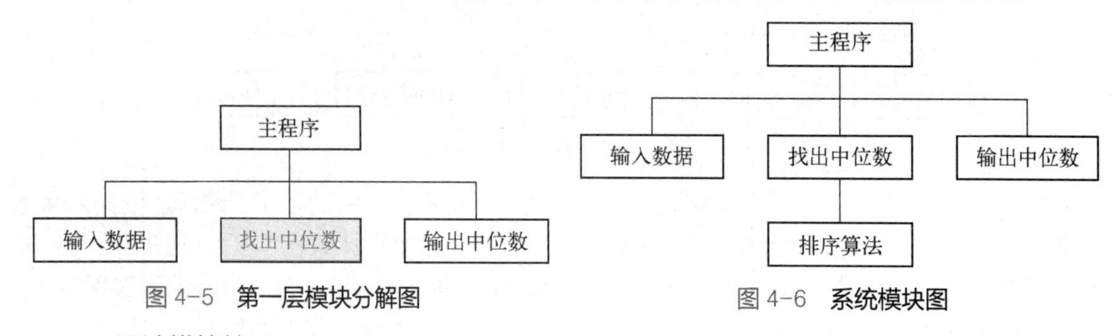

图 4-5　**第一层模块分解图**　　图 4-6　**系统模块图**

2．设计模块接口

在实现模块功能前需要先进行接口设计，以明确从外界接收哪些数据，向外界反馈哪些数据。复杂问题往往还需要在接口设计之前进行数据设计，就是选择和构造合适的数据类型，以存储从问题中抽象出的数据。4.4 节将结合实例介绍复杂数据的设计。本例的问题非常简单，直接使用数组就好。

函数通常以形参作为输入接口、以返回值作为输出接口，因此接口设计就是设计函数头。接口设计的结果用函数声明的形式表示如下。

① 输入数据函数：

```
int input_data(int a[], int n);
```

函数的输入是两个形参：数组的地址、数组的大小；

函数的输出是其返回值：为了让程序具有较好的通用性，主函数中的数组可能会非常大，实际输入的数据个数可能少于数组的大小。

② 找出中位数函数：

```
double find_median(int a[], int n);
```

函数的输入是两个形参：数组的地址、实际的数据数量；

函数的输出是其返回值：求得的中位数。

③ 输出数据函数：

```
void output_data(double m);
```

函数的输入是一个形参：中位数；

函数的输出：无。

④ 排序函数：

```
void sort(int a[], int n);
```

函数的输入是两个形参：数组的地址、实际的数据数量；

函数的输出：无。

完成接口设计后，接下来就是模块的算法设计或者流程设计，通常可以使用流程图或伪代码描述。除非算法很简单，否则不建议直接开始编码。

不过本例除了排序函数，都非常简单，因此直接进入编码实现阶段。排序算法的设计与实现将在下一节专门介绍。

3．自底向上实现系统

当多人协作开发一个较大规模的软件时，先通过自顶向下设计方法得到最底层的模块，然后分别编写测试各自负责的底层模块（模块测试），再逐层向上合并与测试模块（单元测试），最后对完整实现的程序进行测试（系统测试），这就是自底向上的实现。

本例的 4 个函数分别编码实现如下：

```
// ④排序函数
void sort(int a[], int n) {
                                        // 先放一个空函数体
}
// ①输入数据函数
int input_data(int a[], int n) {
    int  i;
    for(i = 0; i<n; i++) {
        a[i] = i+2;                     // 为调试方便，此处直接赋值，可根据需要修改
        printf("%d ", a[i]);
    }
    return n;
}
// ②找出中位数函数
double find_median(int a[], int n) {
    double  med;
    sort(a, n);                         // 调用排序函数
    if(n%2 == 0)
        med = (a[n/2-1] + a[n/2])/2.0;
    else
        med = a[n/2];
    return med;
}
// ③输出数据函数
void output_data(double m) {
    printf("中位数是%.1f", m);
}
```

最后编写主函数，主要由 3 条函数调用语句构成，再加上头文件与函数声明。

```
#include <stdio.h>
int input_data(int a[], int n);
double find_median(int a[], int n);
void output_data(double m);
void sort(int a[], int n);
int main() {
    int  a[10], n;
    double  med;
    n = input_data(a, 10);                          // 输入数据
    med = find_median(a, n);                        // 找出中位数
    output_data(med);                               // 输出数据
    return 0;
}
```

中间略去了每个函数的测试过程。一种简单的测试方法是构造一个主函数，其中只含有调用该函数的语句，以及必要的变量定义与初始化，然后将两个函数组成一个程序运行。

由于整个程序的规模不大，主函数的流程也非常简单，因此可以先编写本例的主函数，然后利用这个主函数测试每个模块，也就是不必完全遵循自底向上的实现方法。从工程实践的角度，开发者可以灵活运用各种方法，保证程序本身的质量才是重点。

至此，整个程序除了底层的模块，都已经完成，读者可以将其合并后编译运行。

需要强调的是，自顶向下只是众多程序设计方法中的一种。在开发某些应用程序时，一开始可能无法对整个系统的需求有充分的把握，只能随着开发的进行，逐渐获得对系统的理解，这时就不可能采用自顶向下设计方法。

程序设计是一种创造性的工作，并不存在唯一正确的方法或者一成不变的规则。开发者应当学习多种设计方法，更重要的是，通过充分的实践来体会和掌握在什么场合应用，以及如何应用这些方法。

4.3.2 变量的作用域与生存期

4.2 节已经介绍，每个函数中定义的变量都只能在本函数中使用，被称为局部变量或内部变量。局部变量的使用范围有限，从定义的位置开始，最多只到函数结尾处有效。这是变量的一种属性，被称为变量的作用域。由于作用域的存在，不同函数中定义的同名变量才不会互相冲突。而在函数外定义的变量被称为全局变量或外部变量。

变量的另一种属性是生存期。在程序运行时，变量和代码都会占据存储空间，但并不是在程序运行之初就会给所有变量分配存储空间。在函数中定义的变量，只有在运行函数时才会为其分配空间，而当函数运行结束时，通常会释放这些变量占据的空间。这样后续运行的函数就能重复利用这些空间。变量的空间是动态分配的，故被称为动态变量。由于空间分配与释放都是自动进行的，也被称为自动变量。这是一种很重要的内存管理机制，如果没有这种分配 - 释放的循环机制，内存很快会被消耗殆尽。但也有一些变量，从分配空间起会一直占据，直到程序运行结束，被称为静态变量。

1．局部变量

之所以说局部变量最多只到函数结尾处有效，是因为还可以有更小的作用域。

```c
// 例 4.3-1  复合语句中的局部变量
    #include<stdio.h>
    int max_value(int ary[][4], int, int);
    int main() {
        int  a[3][4] = {{1,3,5,7}, {2,4,6,8}, {15,17,34,12}};
        printf("max is %d\n", max_value(a,3,4));
    }
    int max_value(int array[][4],int m,int n)   {
        int  i, max;
        max = array[0][0];
        for(i = 0; i < m; i++) {                          // 复合语句
            int  j;                                       // 可以在此定义变量
            for(j = 0; j < n; j++)
                if(array[i][j] > max)
                    max = array[i][j];
        }                                                 // j 的作用域到此结束
        return(max);
    }
```

这个程序对例 4.2-12 进行了很小的改动，运行结果没有任何变化。在复合语句中可以定义变量，其作用域从变量定义处开始，到右大括号为止。事实上，函数体也只是一条比较大的复合语句而已。读者可以尝试把 max 也定义在第一层 for 循环的复合语句中，编译时会给出类似“error: 'max' undeclared (first use in this function)”的错误提示。

程序中存在大量局部变量：main()函数的数组 a、max_value()函数的形参数组 array、形参变量 m 和 n、内部变量 i、max、j。但函数声明中的形参名 ary 不是局部变量，只是个代号。

使用局部变量的优点很多，如一般的局部变量也是动态变量，不会一直占用内存空间，甚至不同函数中的同名局部变量之间不会互相影响，常见的例子是在不同的函数里都可以用 i、j 等作为循环控制变量。

不仅函数之间的局部变量可以重名，同一函数内部也可以有重名的变量。下面的例子没有实际意义，只是用来帮助初学者更好地理解局部变量的作用域，不要被变量的重名所迷惑。

```c
// 例 4.3-2  重名的局部变量
    #include <stdio.h>
    int a1(int a) {
        a = 7;
        printf("函数 a1 中的 a = %d\n", a);
        return a;
    }
    int main() {                                  // 3 个 int a 是 3 个不同的变量
        int  a = 3;
        printf("main 头部的 a = %d\n", a);
        if (a == 3) {                             // { }用来界定语句块，即复合语句
            int  a = 9;
            printf("在 if{}中的 a = %d\n", a);
        }
        a = a1(a);
        printf("在 if{}后的 a = %d\n", a);
        {                                         // 又一个复合语句
```

```
        int  a = 2;
        printf("单独的{}中的 a = %d\n", a);
    }
}
```

当函数中存在重名的局部变量时，编译器会从内向外优先使用最内部的变量，在该变量的作用域内屏蔽所有外部的同名变量。因此运行结果为

```
main 头部的 a = 3
在 if{}中的 a = 9
函数 a1 中的 a = 7
在 if{}后的 a = 7
单独的{}中的 a = 2
```

而在函数调用时，虽然调用语句位于主调函数中，但控制流程从主调函数转移到了被调函数，离开了主调函数的作用域。对于被调函数来说，主调函数中的内部变量处于“不可见”的状态，只能接收到操作系统转交过来的变量值，因此需要通过定义形参来接收值。

不过，当需要在多个函数之间共享多个变量值时，如果还是使用局部变量，那么每个函数的头部都要包含多个参数，不仅显得冗长，使用起来也不太方便。此时可以考虑使用全局变量。

2．全局变量

定义在函数外部的变量都是全局变量（也称为外部变量），其作用域从定义的位置开始，到文件结尾处结束，在这一范围内的函数都可以使用这个变量。任何一个函数修改这个变量的值以后，这个修改对所有其他使用这个变量的函数都有效。与局部变量相比，除了作用域更大，全局变量还有更长的生存期，在程序开始运行时就会分配存储空间，并一直占据空间直到程序结束运行。从这个角度，所有的全局变量也是静态变量。

下面的例子在 average()函数中求数组的最大值、最小值、平均值，分别利用全局变量 max、min 和局部变量 ave 返回结果给 main()函数。

```
// 例 4.3-3  使用全局变量减少函数参数
    #include <stdio.h>
    #define      N    10
    float  max = 0, min = 0;                 // 全局变量，为其后所有函数共享
    float average(float array[], int n);
    int main() {
        float  score[N] = {67,78,54,98,45,88,83,76,90,92};
        float  ave;
        ave = average(score, N);
        printf("max = %.2f  min = %.2f  ave = %.2f", max, min, ave);
    }
    float average(float array[ ], int n) {
        float  sum, ave;
        sum = max = min = array[0];
        for(int i = 1; i < n; i++) {
            if(array[i] > max)
                max = array[i];
            if(array[i] < min)
                min = array[i];
```

```
        sum = sum + array[i];
    }
    ave = sum/n;
    return(ave);
}
```

上例是一个非常典型的 C 程序结构：预处理命令（#include 和#define）在程序最前面，之后是全局变量的定义与初始化，然后是函数声明，接下来才是 main()函数与其他函数的定义。

程序运行时，变量存储空间的使用情况如下：

- 为全局变量 max 和 min 分配空间并进行初始化。
- 运行 main()函数，为内部变量 score 和 ave 分配空间。
- 调用 average()函数，将数组地址和大小传入。
- 控制流程进入 average()函数，将该地址命名为形参（局部）数组 array，为形参（局部）变量 n 分配空间，放入数组大小的值。
- 为内部变量 sum 和 ave 分配空间。
- 在函数中使用全局变量 max、min 和内部变量 sum、ave 参与运算。
- average()函数的语句执行完毕，将 ave 的值传出，释放 sum 和 ave 占据的空间，结束 average()函数的运行。
- max 和 min 占据的空间不受影响且保留运算结果。
- 控制流程回到 main()函数，内部变量 ave 接收到 average()函数传来的值。
- 从全局变量 max、min 和内部变量 ave 中取值并打印。
- 释放 ave 占据的空间，结束 main()函数的运行。
- 释放 max 和 min 占据的空间。

程序运行后输出为：

```
max = 98.00  min = 45.00  ave = 77.10
```

由于全局变量的作用域都是到文件结尾，因此同一个程序中不能定义两个重名的全局变量，否则会发生作用域冲突。但全局变量可以与局部变量同名，如同函数中复合语句内部的变量会屏蔽外部的同名变量一样，编译器会在局部变量的作用域内屏蔽同名的全局变量。

```
// 例 4.3-4  全局变量与局部变量
#include <stdio.h>
int  m = 10, n = 5, x = 1, y = 3;
int max(int x, int y) {                    // 形参 x、y 与全局变量重名
   return x > y ? x : y;                   // 形参 x、y 参与运算，屏蔽全局变量 x、y
}
int  z;                                    // 可以在函数之间定义全局变量，max 函数不能访问
int  main() {
   int  m = 7;                             // 内部变量 m 与全局变量 m 重名
   z = max(m, n);                          // 使用全局变量 z、n 以及局部变量 m
   printf("%d\n", z);
}
```

程序的运行结果：

```
7
```

总结一下，编译器选择变量时遵循向前就近原则，也就是从使用变量的语句向前查找最近的变量，在此变量的作用域内，屏蔽外部的同名变量，直到出现新的作用域（通常是一对大括号，即复合语句）。这种向前就近的原则也是C语言程序的通用规则，如else-if的配对、右括号的配对等。

使用全局变量省去了函数间传递数据的麻烦，但不能滥用，因为全局变量除了会始终占用存储空间比较浪费内存，还容易在多个函数共享变量时互相干扰，如果运算逻辑设计不当，可能产生与预期不符的结果。

```
// 例4.3-5  全局变量的运算逻辑
    #include <stdio.h>
    int a = 3;
    void test() {
        printf("test 开始的 a = %d\n", a);
        a++;
    }
    int main() {
        printf("main 开始的 a = %d\n", a);
        a *= 4;
        test();
        printf("执行 test 后的 a = %d\n", a);
    }
```

读者可以尝试先自行计算结果，再与实际的结果对照，分析其运算逻辑。

程序运行后的输出结果为：

```
main 开始的 a = 3
test 开始的 a = 12
执行 test 后的 a = 13
```

除了以上问题，全局变量还会使各函数间产生数据相关性，降低函数的通用性，同时降低程序的可读性、可维护性。

3．静态变量

对变量来说，静态的含义是指分配空间后会保留到程序结束，因此任何对该空间内容的修改都会保持到下一次修改前。显然，全局变量总是静态的。而当在局部变量前添加关键字static后，也能赋予其静态属性。也就是说，这个变量虽然只能在函数甚至复合语句内使用，却会一直保持存储空间不被释放，其中的值在修改后也不会丢失。那么，这样的变量有什么用呢？

一个最常见的用法是：记录所在函数被调用的次数。

```
// 例4.3-6  静态局部变量
    #include<stdio.h>
    void factorial (int m) {
        long  product = 1;
        int  i;
        static int  j;                          // 静态局部变量，自动赋初值0
        for (i = 1; i <= m; i++)
          product *= i;
        printf("第%d 次求阶乘的结果是%ld\n", j+++1, product);
```

```
    }
    int main() {
        int  m;
        while(1) {
            scanf("%d", &m);
            if(m > 0)
                factorial(m);
            else
                break;
        }
        return 0;
    }
```

与 static 静态类型相对的关键字是 auto 动态（或称为自动）类型。所有未加修饰的局部变量都默认是 auto 类型。系统在为静态变量（包括全局变量和静态局部变量）分配空间时，会自动将其初值赋 0。而对动态的局部变量，则只分配空间，不自动赋初值。

本程序只有一个较为短小的自定义函数，因此不使用函数声明，而是直接将其放在 main()函数前。factorial()函数的 printf 语句中有一个表达式"j+++1"，读者可以按运算符的优先级与结合方式自行分析计算过程。

程序运行后，只要输入的是正整数，就会保持运行，直到输入负数才会结束运行。这个程序并不完善，读者可以尝试输入较大的整数，或输入非整数，观察运行结果。

下面的例子中，静态变量与其他变量一起参与计算过程。

```
// 例 4.3-7  静态变量与动态变量的比较
    #include <stdio.h>
    int f(int a) {
        int  b = 0;
        static  c = 3;                          // static 后省略的类型默认为 int 类型
        b = b+1;
        c = c+1;                                // c 的值随着函数 f()的每次调用而改变
        return(a+b+c);
    }
    int main() {
        int  a = 2;
        for(int i = 0; i < 3; i++)
            printf("\t%d", f(a));
    }
```

运行结果的输出显示为：

```
7    8    9
```

这个例子的重点是比较静态变量与动态变量。当重复调用函数时，其中的动态变量会在每次调用时重新赋初值，而静态变量只在第一次调用时赋初值，以后再调用都会保持以前的值，直到有语句修改它。其原理是，虽然动态变量与静态变量在函数第一次调用时都会被分配空间并初始化，但前者在函数执行完毕会被释放空间，而后者的空间会一直保留。这样当函数再次被调用时，动态变量需要重新分配空间，也就会被重新初始化，而静态变量的空间已存在，不再分配空间，也不会被重新初始化。

尽管静态局部变量能保留存储空间直到程序运行结束，但它的作用域仍然只限于函数或复合语句内。下面的例子演示了静态局部变量与全局变量的不同。

```
// 例 4.3-8  静态局部变量与全局变量的比较
    #include <stdio.h>
    int var_static = 8;                          // 全局变量
    void auto_static() {
        int  var_auto = 0;                       // 局部变量
        static int  var_static;                  // 静态局部变量
        printf("var_auto = %d, ", ++var_auto);
        printf("var_static = %d\n" , ++var_static);
    }
    int main() {
        for(int i = 0; i < 3; ++i) {
            auto_static();
            printf("main 中的 var_static = %d\n", ++var_static);
        }
    }
```

运行结果的输出显示为：

```
var_auto = 1, var_static = 1
main 中的 var_static = 9
var_auto = 1, var_static = 2
main 中的 var_static = 10
var_auto = 1, var_static = 3
main 中的 var_static = 11
```

显然，在 main()函数中看到的 var_static 是全局变量而不是 auto_static()函数中的静态局部变量。局部是这种变量的本质，静态的修饰只是延长了它的生存期，使其能在函数结束运行后免于被销毁，从而保持其中的值。因此，在不同的函数中，静态局部变量可以重名，并不会互相影响。

4．程序存储空间

变量的基本概念非常简单，但在应用中衍生出大量的概念与规则。在定义变量时，需要指定数据类型与存储类型。存储类型分为动态与静态，而变量的定义位置则使其具有了全局和局部的特性。

用户程序在内存中运行时，（编译后的）代码与不同类型的数据会分别存储在不同的区域。例 4.3-9 中包含了全局变量 glb、形参局部变量 x 与 y、静态局部变量 st、局部数组变量 str 和（字符串）常量"USTC"。

```
// 例 4.3-9  程序存储空间的演示
    #include <stdio.h>
    double  glb;
    int max(int x,int y) {
        static  st;
        st += x;
        printf("x 的地址%p, st 的地址%p\n", &x, &st);
        return st>y ? st : y;
```

```
    }
    int main() {
        int  i;
        char  str[8] = "USTC";
        printf("glb 的地址%p, i 的地址%p\n", &glb, &i);
        printf("str 的地址%p, \"USTC\"的地址%p\n", str, "USTC");
        for(i = 1; i < 3; i++)
            printf("%d\n", max(i, i*i));
        printf("main 的地址%p, max 的地址%p\n", main, max);
        return 0;
    }
```

程序使用格式“%p”以十六进制形式输出了所有变量与函数的（起始）地址值。由于函数名代表了函数代码的入口地址，数组名代表数组的起始地址，字符串常量本身就是个地址，因此都不需要使用取地址运算符&。

例 4.3-9 代码和数据的存储示意如图 4-7 所示，其中的地址值取自某次运行的结果，在不同的运行环境中可能有所不同。可以看出，常量有单独的存储空间，全局变量和静态局部变量同在一块存储空间，而非静态局部变量（包括函数形参）在堆栈中存储。堆和栈其实是两个概念，只不过共用同一块内存空间，相对生长。堆用于动态分配的存储空间（在第 5 章讲述），栈则常用于函数调用过程，局部变量就在是栈中不断分配和释放空间。堆栈的容量有限，因此需要重复利用。事实上，如果局部变量定义过大，超出堆栈空间大小，甚至会造成栈溢出，引发程序异常。

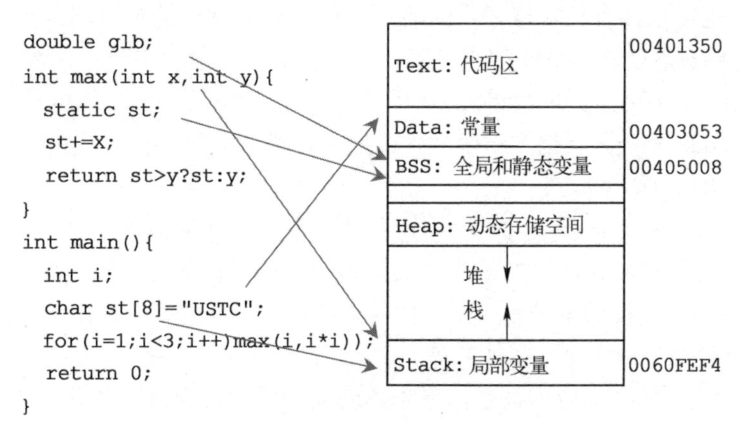

图 4-7　**程序代码和数据的存储示意**

有关函数与地址的更多概念，将在第 5 章结合指针进行深入的阐述，读者目前只需了解变量的存储特性，能正确定义和使用各种类型的变量即可。

4.3.3　文件包含

文件包含即#include 是 C 语言的另一种预处理命令（第 3 章介绍过#define 命令）。文件包含命令中包含指定的头文件。在对源程序进行编译前，编译系统中的预处理器会将#include 中文件的全部内容复制到该命令所在的行，代替该行成为源程序的一部分，再进行编译处理，生成目标文件（.obj）。这就是文件包含真正的工作原理。

从编写第一个 C 语言程序开始，我们就一直在使用文件包含命令和头文件。比如：

```
#include <stdio.h>
int main() {
    char  c;
    c = getchar();
    putchar(c);
}
```

其中，stdio 是 standard input and output（标准输入/输出）的简写，头文件 stdio.h 中声明的库函数都与输入、输出相关，包括文件的打开、关闭、读写等。比如，库函数 getchar 从标准输入 stdin（通常是键盘）获取一个字符，库函数 putchar 把指定的字符写入到标准输出 stdout（通常是显示器）。

1．文件包含命令

文件包含的一般使用格式如下：

```
    #include <文件名>
或  #include "文件名"
```

系统提供的头文件一般使用“<>”，提示预处理器首先在系统配置的目录中查找头文件；自定义的头文件则使用“""”，预处理器应该先在源文件目录中查找头文件，若找不到，再到系统目录中查找。

其中的文件名可以带有绝对路径，如"D:\\user\\app.c"，注意其中的“\”要加转义符“\”，因此变成“\\”；也可以带有相对路径，或者不带路径。而文件的扩展名也可以是任意类型，甚至没有，但文件必须是文本形式的，以确保能正常复制其中的字符。

在实际应用中，文件包含#include 的使用有一些注意事项：

① 一个#include 命令只能包含一个文件，如果有多个文件要包含，就要使用多个#include 命令实现，而不能写成如下形式：

```
#include <stdio.h,string.h>                    // 不支持的语法
```

② 文件包含允许嵌套，即一个被包含的文件中还可以再包含其他文件。

③ 文件包含中的文件通常是以 .h 作为扩展名的头文件，也可以是任何其他文本文件，如.c（C 语言源程序文件）、.txt（文本文件）等。

④ 由于被含文件的全部内容都会原原本本地复制展开在当前文件源代码中，因此所包含文件的内容必须符合 C 语言的语法，否则编译时会报错。

⑤ 同一个头文件可以被多次包含，效果与一次包含相同，因为头文件在代码层面有防止重复引入的机制。

2．自定义头文件

下面介绍 C 语言编译系统提供的头文件。系统头文件的内容主要包括：库函数的声明、（常量的）宏定义、结构体类型定义、数据类型定义以及防止重复引入的代码等。找到系统头文件所在的目录，直接打开某个 .h 头文件，就可以了解到具体的信息。

常用的一些系统头文件中声明的库函数如下。

❖ stdio.h：标准输入/输出库函数，如 scanf()、printf()、fopen()、gets()。

❖ stdlib.h：实用库函数，如 rand()、srand()、system()、malloc()、free()。

❖ string.h：字符串库函数，如 strlen()、strcpy()、strcmp()。

❖ math.h：数学库函数，如 log()、sqrt()、sin()、pow()、fabs()。

❖ time.h：日期与时间库函数，如 time()、clock()。

需要强调的是，头文件中只包含库函数的（原型）声明，库函数的定义一般放在提前编译好的二进制库文件中，包括静态链接库（.lib）和动态链接库（.dll）文件。库文件在链接阶段被引入。这就是为了生成可执行的 C 程序，需要分成预处理、编译、链接过程的原因。

采取提供头文件的方式来让用户使用库函数，至少有 3 点好处：

① 源代码不需向用户公布，仅提供编译后的二进制链接库即可，可保护软件版权，防止被修改，同时节省编译时间。

② 用户只需按照头文件中的接口声明来调用库函数，而不必关心接口如何实现。编译器会从库中提取相应的代码。

③ 头文件能加强类型安全检查。若某接口的实现或使用方式与头文件中的声明不一致，编译器就会指出错误。这个简单的规则能大大减轻程序员调试、改错的负担。

当程序的规模足够大，用户定义的全局变量与函数较多，或者包含多个源程序文件时，通常需要定义自己的头文件，并通过文件包含使用头文件。

多文件的程序以项目（project，也称为工程）的形式组织。主流的 IDE 都有“新建项目”的菜单，然后可以创建自己的项目，将文件加入项目，就可以在编译后链接成一个可执行的程序。具体的过程并不复杂，4.4.3 节有简单的介绍，读者可以自行尝试或查找教程。

下面的例子包含 3 个文件，分别是 my.c、my.h 和 main.c。

① 源文件 my.c 中定义了函数 sum()：

```
/*  my.c  */                              // 这里使用了传统的注释方式，以凸显文件名
    int sum(int m, int n) {               // 计算从整数 m 加到整数 n 的和
    int  i, sum = 0;
       for (i = m; i <= n; i++)
          sum += i;
       return sum;
    }
```

② （对应 my.c 的）自定义头文件 my.h 的内容是 sum()函数的声明：

```
/*  my.h  */
    int sum(int m, int n);
```

③ 源文件 main.c 的内容是主函数 main()：

```
/*  main.c  */
    #include <stdio.h>
    #include "my.h"                       // 包含自定义头文件
    int main() {
       printf("%d\n", sum(1, 100));
       return 0;
    }
```

这个例子非常简单，却很好地体现了模块化程序设计的思想：每个模块实现独立的功能，通过头文件将全局变量、自定义数据类型、自定义函数声明等信息提供给使用方。

实际中有很多应用场景，如在 ARM 嵌入式系统开发中，每个平台都有多种不同的硬件部件，可以把各硬件部件的驱动程序作为一个模块（如 GPIO 驱动对应 GPIO.c 和 GPIO.h，TIM

驱动对应 TIM.c 和 TIM.h 等），当应用中要使用某硬件部件时，只需将对应的.c 和.h 文件添加进工程（项目），并在编写的源代码中包含其.h 文件即可。

4.3.4 库函数

紧凑而高效是 C 语言作为底层开发语言的重要特征，为此 C 语言几乎不提供与底层开发无关的功能。不过为了帮助用户进行应用开发，ANSI C 定义了 15 个头文件，称为“C 标准库”，其中声明了所有编译器必须支持的库函数，供用户编程时直接调用：stdio.h、ctype.h、stdlib.h、string.h、assert.h、limits.h、stddef.h、time.h、float.h、math.h、error.h、locale.h、setjmp.h、signal.h、stdarg.h。

库函数都经过严格测试，并进行了代码与性能优化，易于使用、执行效率高、可移植性好。库函数不仅数量众多，有些还需要配合硬件知识使用，不可能也不需要全部掌握。考虑到本书的定位，这里只介绍一些常用的库函数。附录 F 中列举了更多的相关库函数，但还远远不是全部。读者可以在将来面向特定领域编程时查阅标准后使用。

学习 C 语言时最常用到的函数有 4 类：输入/输出函数、数学函数、字符串函数、实用函数，分别定义在 4 个函数库中，其声明则位于 4 个头文件中。

数学函数声明在 math.h 中，如绝对值函数 fabs()、平方根函数 sqrt()、三角函数 sin()、指数函数 pow()、对数函数 log()等。

实用函数的全称是标准实用程序函数，声明在 stdlib.h 中，包括随机函数 rand()、动态存储分配函数、数值转换函数、执行控制函数、与执行环境交互的函数等。例如，atof()的功能是将一串数字组成的字符串转换为浮点数；system()的功能是在 Windows 操作系统下直接在控制台调用一个 command 命令，实现暂停 system("pause")、清屏 system("cls")等功能，相当于在命令行中执行这些命令。

本节主要介绍输入/输出函数、字符串函数与随机数函数。

C 语言没有专门的输入输出语句，而是通过调用库函数进行数据的输入和输出，初学者最常用的就是 scanf()和 printf()函数，在 stdio.h 中声明。学到这里，我们已经可以尝试更深入地了解这两个函数。

1．格式化输入库函数

函数 scanf()中的 f 代表单词 format（格式化），预先给使用者定义了一些输入格式，允许遵循这些格式接收从键盘输入的数据。

scanf()是一个可变参数的函数，原型如下（略去了仅供编译器使用的前缀）：

```
int scanf(const char *, …);
```

虽然很少被使用，但该函数是有返回值的，返回成功赋值的对象个数，若全部失败，则返回符号常量 EOF（End Of File），该常量与 scanf()函数定义在同一个头文件中，通常为-1。

函数的第一个形参的类型是字符指针，前缀 const（常量）表明这个指针所指向的地址中的内容不允许修改，对应的实参是格式控制字符串。指针是用来存放地址的变量，而这个形参存放的是字符串的地址（字符串本身就是地址）。字符串在程序运行时当然是不能修改的。更多指针的概念在第 5 章介绍。

第二个参数是“…”，这是个占位符，表明此处的形参列表是可选项，数量可以从零到很多个（由于形参是在栈中分配空间，其个数受栈空间大小限制），类型也可以根据需要选择。此外，这些形参也要求是指针，对应的实参是地址。

```
// 例 4.3-10  scanf 的工作原理
    #include <stdio.h>
    int main() {
        int  a, f;
        char  b;
        float  c;
        double  d;
        char  e[10];
        f = scanf("%d %c %f %lf %s", &a, &b, &c, &d, e);
        printf("%d %d %c %f %f %s", f, a, b, c, d, e);
        return 0;
    }
```

调用 scanf()函数后将返回值赋给了变量 f。注意，函数调用时格式字符串中的%与参数列表的对应关系。尤其是修改程序时不要只修改了一处，初学编程时常常在这里犯错误。

输入

```
1 2 3 4 567
```

则输出为

```
5 1 2 3.000000 4.000000 567
```

而输入

```
a 2 3
```

则除了变量 f 接收到 scanf()函数的返回值 0，其余变量都没有接收到键盘的输入，显示的都是所在存储空间中“残留”的内容。

【说明】 scanf()函数的实现用到了用户自定义的类型 va_list 和宏定义的 va_start()等，较为复杂，感兴趣的读者可自行查阅资料。

初学者在使用 scanf()函数时经常会被其接收输入的方式所困扰。从键盘输入数据时，并不是立刻被 scanf()函数读取，而是将输入的字符先存放在缓冲区（buffer）中，只有在输入回车后（回车符'\n'也会送入缓冲区）才进行实际的读取操作。scanf()函数以空格、制表符和回车为间隔，取出缓冲区中的数据（字符串），与格式控制字符串中要求的数据格式进行匹配，分别按以下情况进行处理：

- ❖ 匹配成功，将数据写入参数地址所在空间。
- ❖ 缓冲区已空，暂停程序运行，等待继续输入。
- ❖ 格式控制字符串中的%都处理完毕，停止工作。
- ❖ 匹配失败，将数据（字符串）放回缓冲区，停止工作。

后两种情况都会在缓冲区尚有内容时停止读取数据，如果后续还有读数据的语句，就会受到影响。为此，可以考虑在每次使用 scanf()函数前先调用清除缓冲区的函数，如 fflush(stdin)。读者可以针对例 4.3-10 进行不同的输入，测试 scanf()函数的工作模式。

另一个格式化输入库函数是读文件的 fscanf()函数，声明如下：

```
int  fscanf(FILE *, const char *, …);
```

第一个参数是文件指针，在 3.4.1 节有介绍。后面的参数与 scanf()函数的完全相同。事实上，scanf()函数是 fscanf()函数的一个特例，是隐藏了标准输入文件 stdin（键盘）的一个宏定义。在 fscanf()函数看来，一切都是文件（字符流）。fscanf()函数的原理将在第 5 章继续介绍，此处不再赘述。

2．格式化输出库函数

格式化输出函数 printf()中的 f 也是 format 的意思，将参数列表中的值按格式控制字符串中指定格式，如对齐、显示宽度、显示类型等，显示在屏幕上。其函数原型如下：

```
int  printf(const char *, …);
函数类型  函数名(格式控制字符串  参数列表);
```

这也是一个参数可变的函数，同样有返回值，执行成功时返回输出的字符数，出错则返回负值。该函数与 scanf()函数一样，是行缓冲函数，将缓冲区的数据打印到屏幕等输出设备上。

```
// 例 4.3-11  printf()函数的工作原理
    #include<stdio.h>
    int main() {
        printf("%d", printf("%d %c %f %s\n", 1, '2', 3.0, "4"));
        return 0;
    }
```

程序中嵌套调用了 printf()函数，输出的结果为：

```
1 2 3.000000 4
15
```

第 2 行的 15 就是内嵌的 printf()函数输出的字符个数。如果把 3.0 改成 3，就不能正确输出。读者可以继续修改程序，测试其工作模式。

另一个格式化输出库函数是写文件的 fprintf()函数，功能是格式化输出到一个（流式）文件中，原型如下：

```
int fprintf(FILE *, const char *, …);
```

同样，printf()函数是 fprintf()函数的一个特例，是隐藏了标准输出文件 stdout（显示器）的一个宏定义。在 fprintf()函数看来，一切都是文件（字符流）。fprintf()函数的原理将在第 5 章介绍，此处不再赘述。

3．常用字符串库函数

字符串（常量）是一种很常用的数据集合，本质是字符数组，但没有名字。字符串只能作为一个整体引用，其内容不能修改。当需要引用字符串的元素（即其中的字符）时，只能将其复制到数组中再通过数组元素的方式引用，或使用指针引用（在第 5 章介绍）。

字符串的基本操作包括：求字符串长度、复制字符串、连接字符串、比较字符串、截取字符串，还有在字符串中定位、查找等，都有对应的库函数，在 string.h 中声明。除了能通过 scanf+%s、printf+%s 输入、输出字符串，还有 gets()和 puts()两个功能更强的库函数，在 stdio.h 中声明。不过 gets()存在安全隐患，一些编译器将其直接屏蔽，不允许程序员使用。

部分函数的功能与原型列举如下：

❖ gets()：从标准输入设备读入字符串，语法格式为 char *gets(char *s)。
❖ puts()：将字符串输出到标准输出设备，语法格式为 int puts(const char *s)。
❖ strcpy()：字符串复制，语法格式为 char *strcpy(char *, const char *)。
❖ strcat()：字符串连接，语法格式为 char *strcat(char *, const char *)。
❖ strcmp()：比较两个字符串的大小，语法格式为 int strcmp(const char *, const char *)。
❖ strlen()：求字符串的长度，语法格式为 unsigned int strlen(const char *src)。

其中，一些函数的返回值类型是 char *，即存储返回字符串地址的指针类型。这些返回的字符串地址其实也存储在形参指针中。

具体工作原理与应用介绍如下。

（1）gets()和 puts()

gets()接收从键盘输入的带空格和制表符的字符串，直到遇到回车，结束输入，将'\n'换成'\0'后保存。调用成功时，返回指向字符串的指针，失败则返回 NULL。NULL 是 stdio.h 中的一个宏定义，一般值为 0，表示空地址。

通常使用数组存储接收到的字符串。例如：

```
char  str[20];
gets(str);                    // 从键盘输入字符串，存放于数组 str 中
```

gets()函数的隐患在于会按实际输入长度接收字符串，而不管数组的大小，所以可能出现越界情况，引发程序运行异常。虽然在实际应用中不建议使用，但由于比 scanf()函数书写方便，且能接收含空格和制表符的字符串，在学习过程中还是经常用到。

puts()函数将字符串中的'\0'换成'\n'后输出到标准输出设备（即显示器）。调用成功返回 0，失败则返回 EOF。

下面的例子统计一行字符中用空格或制表符分隔的单词个数。

```
// 例 4.3-12  单词统计
    #include <stdio.h>
    #include <string.h>
    #define       IN   1                    // 状态标识，表示在单词内
    #define       OUT  0                    // 状态标识，表示在单词外
    int main() {
       char  c, str[255];                   // 存放输入字符串
       int  i, num = 0;                     // 单词个数计数
       int  state = OUT;                    // 初始状态为在单词外

       gets(str);                           // 输入一行字符串
       for(i = 0; (c = str[i]) != '\0'; i++) {
          if(c == ' ' || c == '\t')
             state=OUT;
          // 读到单词分隔符，状态置为在单词外 OUT
          else if(state == OUT)  {          // 开始判定新单词
             num++;                         // 每次进入新单词则自增
             state = IN;                    // 改变状态为在单词内，以免重复判断和计数
          }
       }
       printf("\t 字符串中有%d 个单词", num);
    }
```

程序中使用了符号常量 IN 与 OUT 表示在或不在一个新单词内，比直接使用数值 1、0 更容易理解和修改。

（2）strcpy()、strcat()、strcmp()、strlen()函数

这些函数的使用都很简单，直接看示例。

```
// 例 4.3-13  字符串操作函数
    #include <stdio.h>
    #include <string.h>
    int main() {
        char  src[20];                          // 源字符串
        char  dest[50];                         // 目标字符串，大小不小于源字符串
        int  ret;
        strcpy(src, "www.phei.com.cn");         // 将字符串复制到 src
        strcpy(dest, src);                      // 将 src 中的字符串复制到 dest
        printf("%s\n", strcat(dest, src));
        // 将 src 中的字符串追加到 dest 的尾部
        ret = strcmp(dest, src);                // 比较两个字符串
        printf("%s\n%d\t%d", src, strlen(dest), ret);
        return 0;
    }
```

运行结果显示为：

```
www.phei.com.cnwww.phei.com.cn
www.phei.com.cn
30          1
```

除了第 3 行的输出，应该都能理解。

strcpy()函数将 src 复制到 dest 中，返回值为 dest 的地址。

strcat()函数将 src 的内容复制（连接）到 dest 的尾部（去除 dest 原先的'\0'），返回值为 dest 的地址。合并后的字符串只在结尾有一个'\0'。

strcmp()函数从前向后依次比较 dest 和 src 中的字符，直到遇到不同的字符或遇到'\0'时结束。两个字符串完全相同时返回 0，当遇到第一个不同的字符时，以 ASCII 值的大小判定比较结果，dest[i]<src[i]为-1，否则为 1，这个结果稍微不符合常识。在本例中，第一个不同的字符是'w'和'\0'，显然前者的 ASCII 值大，因此结果为 1。

注意，两个字符串之间也可以使用关系运算符进行比较，但其实比较的是两个字符串（或字符数组）的地址之间的关系。判断两个字符串是否相等时必须使用函数。

```
    if(src == dest)                             // src 与 dest 的地址是否相等
    if(strcmp(src, dest) == 0)                  // src 与 dest 中的内容是否相同
```

4．随机数库函数

在实际编程中，经常需要生成随机数，如贪吃蛇游戏中在随机的位置出现食物，扑克牌游戏中随机发牌，一个统计模型中的随机模拟等。

C 语言中一般使用 rand()函数来生成随机数，其函数声明在 stdlib.h 中：

```
    int  rand(void);
```

该函数不需要传递参数，会返回一个范围为 0～RAND_MAX 之间的伪随机数。RAND_MAX

是在 stdlib.h 中定义的一个宏，用来指明 rand()能返回的随机数的最大值。C 语言标准并没有规定 RAND_MAX 的具体数值，只是规定它的值至少为 32767。在实际编程中也不需要知道 RAND_MAX 的具体值，把它当成一个很大的数来对待即可。

试用随机数函数：

```
#include <stdio.h>
#include <stdlib.h>
int main() {
   int  a = rand();
   printf("%d\n", a);
   return 0;
}
```

运行结果显示为：

```
41
```

多次运行上面的代码，会发现每次产生的随机数都一样（不同版本的库函数的结果可能不同）。说好的随机数呢？实际上，rand()函数并不能真的产生“随机数”（计算机可不懂什么随机），而是通过递推公式计算出来的数值。

rand()函数采用的是被称为线性同余法（Linear Congruential Generator，LGC）的算法，类似如下递推公式：

$$X_{n+1} = (aX_n + c) \bmod m \tag{4.1}$$

其中，X_0 是递推计算的初值，常称为“种子”，mod 是模运算，m 是模，a 是乘子，c 是增量，也称为偏移量。连续递推计算产生的结果称为伪随机数序列。显然，种子不同，序列也不同。

这个公式设计得比较巧妙，使其产生的数值具有较好的随机性与均匀性，看起来像是随机的数。不过既然是确定的算法，那么每次产生的第一个值都相同也就不难理解了。

当连续调用 rand()函数时，产生的数据才能看出“随机性”。

```
#include <stdio.h>
#include <stdlib.h>
int main() {
   int  i;
   for (i = 5; i > 0; i--)
      printf("%d\t", rand());
   return 0;
}
```

运行结果为：

```
41   18467     6334 26500     19169
```

当然，无论运行多少次，结果并不会有什么变化。

为使每次运行产生的数值都不重复，可以考虑与另一个库函数 srand()配合使用。该函数可以产生一个随机种子，也在 stdlib 中声明，其原型为：

```
void srand (unsigned int seed);
```

rand()与 srand()函数的一个实现版本如下，通过一个全局变量 next 关联：

```
unsigned long int  next = 1;
```

```
int rand(void) {
    next = next * 1103515245 + 12345;
    return (unsigned int) (next/65536) % 32768;
}
void srand(unsigned int seed) {        // 一条语句一个函数，典型的模块化思想
    next = seed;
}
```

两个函数的语句都很少，但作为单独的函数就能分别承担独立的功能。

至于 seed 的值，最佳的方式是采用当前时间，这是一个永远不会重复的数值。使用 time.h 中的 time()函数即可得到当前的时间（单位：秒），其函数声明为：

```
time_t  time(time_t  *seconds);
```

调用成功时，该函数返回自纪元起到当前时刻的秒数，形参 seconds 是一个指针，指向将用来保存当前时刻值的存储空间。实际应用中，常使用空指针 NULL 作为实参，并将 srand()和 time()函数结合起来：

```
srand((unsigned) time(NULL));
```

于是，可以得到一个比较理想的产生随机数的程序。

```
// 例 4.3-14  产生随机数
#include <stdio.h>
#include <stdlib.h>                    // 声明 rand()函数
#include <time.h>                      // 声明 time()函数
int main() {
    int  i;
    srand((unsigned) time(NULL));
    for (i = 5; i > 0; i--)
        printf("%d\t", rand());
    return 0;
}
```

多次运行程序，会发现每次生成的随机数都不一样。但注意，不要把 srand()函数也放在循环里，否则结果仍然有问题，读者可以自行验证并思考原因。

伪随机数虽然并不是真的随机，但由于在大量的场景中需要使用随机数，有必要了解其原理并掌握使用方法，以便在实际应用中进一步调整与优化。

直接调用 rand()函数只能产生 0～RAND_MAX 之间的整数，与实际场景中需要的数据范围可能不一致，此时可以根据实际的数据范围进行转换。例如，产生[10,59]区间内的随机整数的语句可以写成：

```
rand()%50 + 10;
```

这种转换的方法虽然简单，但在产生较小范围的数据时，数据的均匀性往往会比较差（即区间内每个值出现的概率相差较大），如容易产生重复的整数。读者可以思考如何改善这一问题。

4.3.5 递归

递归（recursive）的思想和方法在计算机领域有着非常广泛的应用。

1．函数的递归调用

在程序设计中，递归调用指的是函数直接或间接地调用自身。间接调用的例子如 A 调用 B，B 调用 C，C 再调用 A。

一个典型的递归程序就是求阶乘。n 的阶乘表示为

$$
\begin{aligned}
n! &= n\times(n-1)! \\
&= n\times(n-1)\times(n-2)! \qquad\qquad (n>1)\\
&= n\times(n-1)\times(n-2)\times\cdots\times 1
\end{aligned}
$$

求阶乘的递归函数可以定义如下：

```
int fac(int n){
    int  f;
    if(n < 0) {                         // 数据合法性检查
        printf("n<0, data error!");
        return -1;
    }
    if(n == 0 || n == 1)                // 递归终止条件
        f = 1;
    else
        f = fac(n-1)*n;                 // n > 1 时, n!=n*(n-1)!, 即 fac(n)=fac(n-1)*n
    return(f);
}
```

当 n>1 时，程序通过 if(n == 1)这个条件控制递归何时结束，只有该条件成立才开始返回，不成立则持续执行递归调用。分析函数 fac(n)的执行过程，就能发现每次递归调用都会使得形参 n 减 1，越来越趋近于结束条件。

递归函数的调用与其他函数没什么不同。当 n=5 时，fac()函数的执行流程如图 4-8 所示。

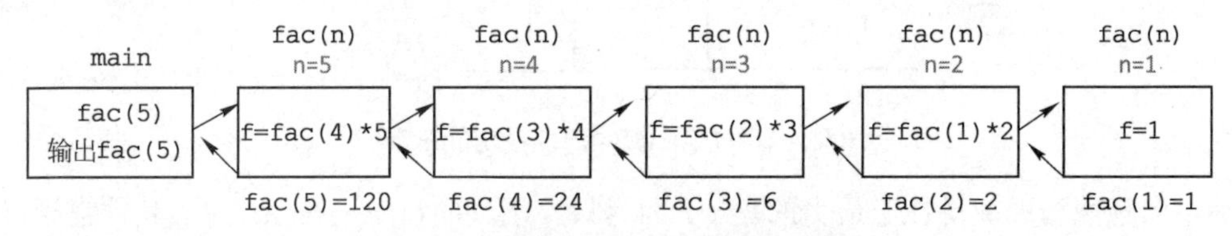

图 4-8　递归阶乘 fac(5)的执行流程

```
// 例 4.3-15  递归求阶乘
    #include <stdio.h>
    int fac(int n);
    int main() {
        printf("%d", fac(5));
        return 0;
    }
```

主函数调用 fac()函数后，fac()中的 n 从 5 开始，因未达到停止条件，会执行表达式 f = fac(n-1)*n，该表达式先调用 fac()函数，但在调用前会将本次调用未执行完的指令地址和变量信息压入堆栈，然后将形参从 5 减到 4，进入递归调用。这个过程反复进行，直到 n 的值为 1，满足停止条件，f 的值赋为 1 后，返回到上次调用中断的地方，继续执行指令，即表达式 f=f(1)*2，f 的值赋为 2 后返回。这个返回和计算的过程也反复执行，直到返回到最初的调用 f(5)处，将结果 120 返回给 main()函数。

有效的递归方法必须满足两个基本条件：① 有一个或多个能终止递归的情形；② 在递归过程中问题的规模会不断缩小，直至达到某个终止递归的条件。

用递归实现阶乘计算效率其实很低，也更加耗费内存（每次递归调用都需要把当前执行的函数的信息压入堆栈，直到满足返回条件时才逐项弹出），本例主要用于讲解递归的原理。读者可以尝试按照这个思路编写计算 Fibonacci 数列的递归函数。

实际应用中递归主要用来设计算法，如一些高效的排序算法就是基于递归进行。读者可以在“数据结构”课程中学习到更多递归的用法。

2．递归求解梵塔问题

虽然所有的递归过程都可以用迭代等其他方法实现，但有些问题迭代算法很难设计，而递归算法则非常容易得到解答，经典的就是梵塔（Hanoi 塔或汉诺塔）问题。

问题描述：古代有一个梵塔，塔内有 3 个柱子 A、B、C。开始时，A 柱上有 64 个盘子，盘子大小互不相同，大的在下，小的在上。有个僧人想把这 64 个盘子从 A 柱移到 C 柱，但规定：① 每次只允许移动一个盘；② 在移动过程中可以利用 B 柱；③ 在移动过程中每个柱子上，必须始终保持大盘在下，小盘在上。要求编程序输出移动盘子的步骤。

定义三元组 (A,B,C) 描述系统状态，状态值是该柱子上的盘子数量。设 $n=64$，则初始状态为 $(n,0,0)$，如图 4-9 左图所示，终止状态为 $(0,0,n)$。这个问题的规模太大，无法完整描述求解过程，但可以利用递归的思想，通过逐渐缩小问题规模，直至找到直观的解。

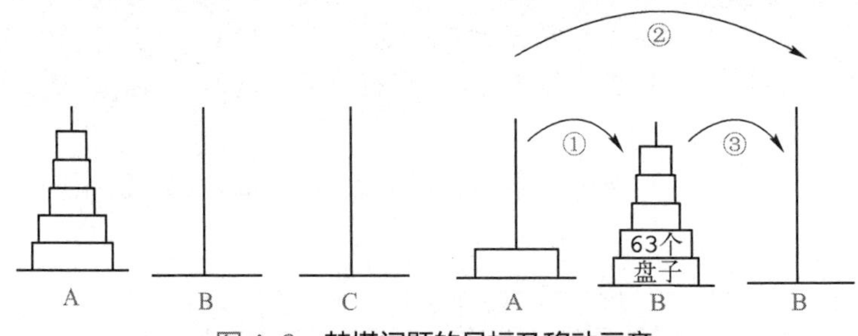

图 4-9　梵塔问题的目标及移动示意

缩小问题规模的关键在于最大的盘子，因为只要最大的盘子还在系统中，其他盘子必然都在系统中，系统规模不会变化。只要最大的盘子到了 C 柱，就再也不需要移动（想想为什么），于是只需要把 $n-1$ 个盘子移到 C 柱，问题规模从 n 减小到 $n-1$。

现在考虑最大的盘子是怎么移到 C 柱的，当然是从 A 柱或 B 柱移来的。假设是从 A 柱移来的，那么其余盘子必然都在 B 柱上（如果最大的盘子在 A 柱上，按堆叠规则，其下不能有其他盘子），移动前的状态为 $(1,n-1,0)$，如图 4-9 右图所示。

而此前必然经历过把 $n-1$ 个盘子从 A 柱移到 B 柱的过程。这也是缩小了规模的问题，只不过把 C 柱换成了 B 柱。如此就可以在求解问题的算法中，使用更小规模的参数调用自己，从而形成递归。

刚才是倒序，现在从头描述求解问题的过程。

最初的问题是把 n 个盘子从 A 柱移到 C 柱（借助 B 柱），求解问题的算法伪代码如下：① 把 $n-1$ 个盘子从 A 柱移到 B 柱（借助 C 柱）；② 把最大的盘子从 A 柱移到 C 柱；③ 把 $n-1$ 个盘子从 B 柱移到 C 柱（借助 A 柱）。

第①步和第③步都与最初的问题相似，只是规模更小，只需调整参数顺序就可以调用当前的算法进行求解，第②步虽然只需要一步就能完成，但同样可以调用当前的算法求解。在递归过程中，问题规模会持续缩小，直到系统状态变成(1,0,0)或(0,1,0)，此时只需要将唯一剩下的盘子移到C柱就解决了问题。

如下程序中，n表示盘子个数、source表示A柱、destination表示C柱、temp表示B柱，递归函数定义如下：

```
int H(int n, char source, char destination, char temp) {
    if(n == 1)
        printf("%c->%c\n", source, destination);
    else {
        H(n-1, source, temp, destination);        // 先将n-1个圆盘从source移动到temp
        H(1, source, destination, temp);          // 再将1个盘子从source移动到destination
        H(n-1, temp, destination, source);        // 最后将n-1个圆盘从temp移动到destination
    }
}
```

函数原型H(n, source, destination, temp)表示，将n个盘子从source借助temp移到destination上。else中的3条语句形成递归。

用main()函数调用H()函数验证算法。

```
// 例4.3-16  递归求解梵塔问题
    #include <stdio.h>
    int main() {
        H (3, 'A', 'C', 'B');                      // 求解三层梵塔问题
    }
```

运行结果为：

```
A->C
A->B
C->B
A->C
B->A
B->C
A->C
```

读者可以自己画图验证求解过程是否正确。

递归的神奇之处在于，程序员不需要完全掌握算法执行过程的各步，只需设计出：

❖ 一个或多个递归终止的条件。

❖ 能持续缩小问题规模的参数。

就可以通过递归调用函数自动完成求解过程。

递归方法适用于有递归属性的问题，即可以将问题规模持续缩小，且能用相同的算法进行求解。读者理解了递归的原理后，设计递归程序并不是一件很困难的事情。最吸引人的是，从本例读者就能体会到，不仅逻辑非常清晰，代码也出乎意料的简洁。

不过，由于递归调用的过程中系统需要为每一次调用的返回点、局部变量等开辟栈空间，递归次数多了以后的时间和空间消耗都很大，有可能造成栈溢出，所以在堆栈尺寸受限制时（如嵌入式系统或者内核态编程），以及对求解速度有要求时应谨慎使用。

读者可以尝试增加 n 的值，观察运行情况。

4.4　模块化与计算思维实践

模块化程序设计方法是计算思维在软件工程领域的具体实践，从问题分析、功能分解与数据抽象，到模块设计、编码实现与测试维护，形成了求解问题的完整过程。

本节通过基于数组的数据操作和极简教务系统两个综合示例，展示以函数为核心的模块化程序设计的思想与方法。

在此之前，我们首先通过对数据与操作的分析，探讨面向过程观点与面向对象观点的本质差异，在结构化程序设计与模块化程序设计之间建立联系，引导读者体会计算思维在程序设计思想与方法演变过程中的作用。

4.4.1　数据与操作

任何计算机程序都是对特定数据进行特定处理的过程。当利用计算机解决问题时，不外乎要做两件事情：

① 将问题中要处理的数据表示出来。这可以借助编程语言提供的基本数据类型、复杂类型构造手段以及更高级的逻辑数据结构等来实现。

② 设计处理这些数据的算法过程，并利用编程语言提供的各种语句，编制成可以一步一步执行的操作序列。

因此，用计算机解决问题的关键是，确定问题涉及的数据以及对数据的操作。第 3 章介绍的数据类型及其定义变量、数组、结构体等存储对象的方法，以及顺序、分支、循环三种程序结构，就是用来分别解决数据与操作这两部分的问题。然而，关于数据与操作这两部分之间的关系，在程序设计思想和方法的发展过程中却产生了两种不同的观点：一种是以操作为中心的面向过程的观点，一种是以数据为中心的面向对象的观点。

（1）面向过程的观点

在这种观点中，数据和对数据的操作被看成分离的两件事情。数据只是信息的表示，不表达任何操作，在程序中处于“被动”地位；而对数据的操作在程序中则处于“主动”地位，是驱动程序实现特定功能的力量。由于数据与操作是分离的，为解决问题，通常以算法过程的设计为主线来展开程序设计，因此称为以过程为中心的程序设计，如图 4-10 所示。

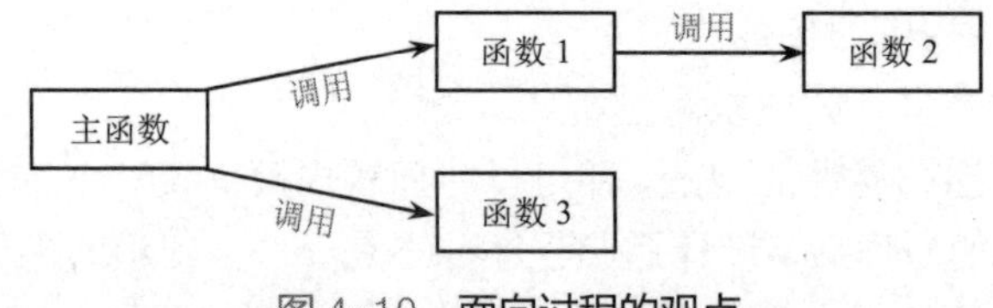

图 4-10　**面向过程的观点**

不管程序是简单还是复杂，不管操作是语句级的还是函数级的，强调的是对数据的操作过程，程序员思考的主要问题是数据如何表示、对各数据执行什么操作、各操作的执行顺序等。当程序很复杂时，可以采用自顶向下设计和模块化设计方法，将使用低级别操作的复杂过程设计成使用高级别操作的简单过程。

（2）面向对象的观点

在这种观点中，数据和对数据的操作不可分离。特定的数据值与能对该数据执行的操作是密切关联的。脱离数据来考虑操作是没有意义的。因此，将数据和操作两者结合在一起，抽象出一种实体：该实体拥有一些数据，同时知道如何对这些数据进行操作。这种数据和操作结合在一起所形成的实体就是对象（object）。可以将对象视为广义的“数据”，因为对象里确实存储着数据。但与传统数据不同的是，对象自己掌控对自己存储的数据的处理方法，而不是由外部来决定如何处理。外部如果想对某对象存储的数据进行操作，只能向对象发送一个表示操作请求的消息（message），然后由对象来响应这个请求，执行特定的操作，并将结果告知请求者。这些消息（可执行的操作）构成了对象与外部进行交互的界面（interface，也称为接口），外部只能通过这个界面与对象打交道。

面向对象是强大的分析问题、解决问题的思维工具，因为“对象”这个概念可以用来抽象、描述现实世界中几乎所有的事物，例如人、电视机、汽车等。基于对象概念来分析问题和设计解法，这就是面向对象编程，得到的程序是一个由很多对象组成的系统，全体对象通过相互协作来完成程序的数据处理功能，如图 4-11 所示。

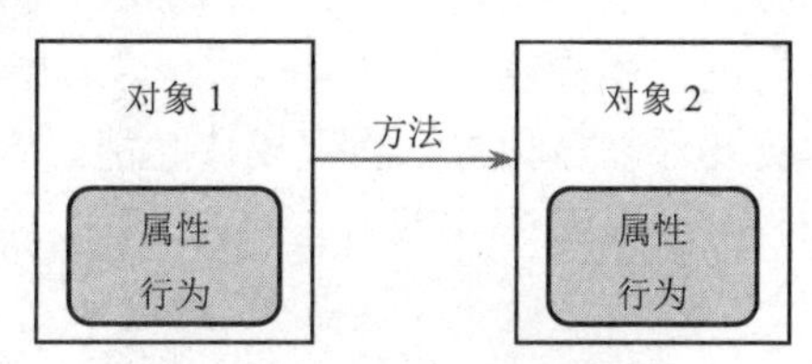

图 4-11　**面向对象的观点**

从发展趋势看，似乎面向对象的方法占据了绝对的上风。但事情远没有那么简单。正如 C 语言虽已不再声名煊赫却根植于几乎所有基础软件之中、难以撼动一样，面向过程的方法由于逻辑清楚、易于设计实现，在底层（包括软件与硬件的底层）开发中依然盛行。

读者应关注的重点是，无论面向过程编程还是面向对象编程，其共同点是都基于模块进行。以当今最热门的面向对象的语言 Python 为例，一些推广者最喜欢用的句型是“3 行代码实现某某功能”，很多时候确实可以做到。但这并不是因为 Python 语句和语法有多强大，而是它拥有丰富的第三方模块库，所谓的“3 行代码”通常是用 1 行导入模块、2 行调用其中的函数。

事实上，如 4.3.4 节介绍，C 开发环境同样拥有丰富而强大的函数库，只不过面向对象语言更侧重应用开发，因此在功能调用方面有专门的设计与优化，使用起来更简洁、更方便。但无论使用哪种语言，为编写功能与逻辑复杂的程序，都需要在某个层面使用模块化思想，设计出功能内聚、接口合理的模块。

初学者只有从一个个基本的算法与功能模块开始，脚踏实地逐步积累知识与经验，才能在未来成为一个优秀的程序员。

4.4.2　排序与查找

这是一个针对排序与查找两种最基本的数据处理操作进行算法练习的任务，要求：① 数据的操作都在数组中进行；② 先产生随机的整型数据，再对数据进行排序，最后在有序的数据中进行查找；③ 主函数只执行总的处理流程，所有具体的功能都在函数中实现。

1．问题分析及模块分解

任务的目标非常明确，功能划分也很清楚，直接可以得到如图 4-12 所示的自顶向下的模块分解图。

图 4-12　系统模块分解图

主程序需要定义数组并执行总的流程，其余三个模块的具体功能包括如下。

- ❖ 生成随机数：利用随机数库函数产生随机的数据并存储在数组中。
- ❖ 数据排序：按照几种常用的排序算法思想对数组进行排序，分升序与降序两种情况进行练习。
- ❖ 数据查询：分别按照普通查找、二分查找方法在数组中查找给定的数据。

从软件工程的角度，应该先进行模块设计，再编码实现，其中模块设计应包括接口设计与算法流程设计。不过考虑到本例要求以多种方法实现模块功能，从便于学习的角度，先介绍模块的接口设计，再将模块的算法设计与编码实现放在一起介绍。

2．模块接口设计

C 程序中的模块就是函数，函数的接口设计包括函数参数、返回值两个部分，通过函数声明形式就可以完成。本例的 3 个模块接口设计（函数声明）如下。

① “生成随机数”函数的输入是主函数定义的数组，通过将数组作为函数参数的方式就可以实现双向的输入输出，因此该函数不需要返回值。数组作为函数参数时，通常应该把数组的大小也作为函数的参数，所以函数声明如下：

```
void RandomIntArray(int num, int a[]);
```

其中，num 是数组大小，a 是数组形参名。

此外，可以考虑从主函数接收数据的上下界，在函数中产生指定区间范围内的随机数。

② “数据排序”函数的接口与上面的函数一样，函数声明如下：

```
void SortArray(int num, int a[]);
```

此处主要是进行接口的设计，在接下来的模块实现时，为区分算法的特征，会针对不同的算法更改函数名。

③ “查找数据”函数有两种设计思路，一种是从主函数接收查询的数据，另一种是在本函数内接收查询的数据。从通用性的角度，考虑到查询的结果可能需要反馈给主函数，因此采用第一种设计，函数声明如下：

```
int SearchInArray(int num, int a[], int SNum)
```

其中，SNum 是从主调函数接收待查询数据的参数，返回值是查找到的数组元素下标，如果没找到，则返回-1（很多函数选择-1 作为异常结果返回）。同样，接下来模块设计与实现时，为区分算法，会针对不同的算法更改函数名。

至此，模块的接口设计完成，可以开始设计与实现模块。

对于只划分了一层模块的程序，主函数与所有其他函数都是直接调用关系，建议优先设计与实现主函数。原因是每个模块完成后都要专门写一个主函数进行调用测试，不如直接利用本程序的主函数。

3．主函数的设计与实现

本程序的主函数只为把这些基础的算法模块串联成一个完整的程序，逻辑非常简单。用伪代码描述如下：

```
BEGIN
    调用函数产生随机数组
    调用函数打印随机数组的内容
    调用函数对数组进行排序
    调用函数打印排序后的数组
    输入要查询的数据
     if (调用函数查找数据的结果 > 0)
        显示数据在数组内
     else
        显示数据不在数组中
END
```

为简明起见，略去各被调函数的声明，函数定义参见前述。

```
// 例4.4-1  生成随机整数数组、对其进行升序排序、查找给定整数的程序
    #include <stdio.h>
    #define        N    10                              // 用宏定义指定数组大小
    int main() {
         int  a[N], i, SNum;
         RandomIntArray(N, a);                          // 产生随机整数并赋值给数组，得到随机整数数组
         printf("产生的随机数组元素如下：\n");
         PrintArray (N, a);
         Sort_select(N, a);                             // 数组元素升序排序
         printf("\n排序后的数组元素如下：\n");
         PrintArray (N, a);
         printf("\n请输入要查询的数：\n");
         scanf("%d", &SNum);
         if(Search_binary (N, a, SNum)>0)
             printf("%d是数组的一个元素！", SNum);     // 查找
        else
             printf("%d不是数组的一个元素！", SNum);
        return 0;
    }
```

4．生成随机数模块的实现

在4.3.4节已经给出了如何利用库函数产生随机数的程序，此处可以直接改写成用数组存储所产生数据的函数：

```
    void RandomIntArray(int num, int a[]) {
        srand(time(NULL) + rand());                    // 产生随机数种子
        for (int i = 0; i < num; i++) {
```

```
        a[i] = rand() % 100;                    // 产生0~100之间的随机整数
    }
}
```

由于使用了库函数，要在main()函数前面增加两条文件包含命令：

```
#include <stdlib.h>
#include <time.h>
```

5．数据排序模块的设计实现

排序是数据处理时最常用的算法之一，也是本节的重点。在“数据结构与算法”课程中会有专门的一章介绍排序算法，并进行算法的性能分析。本书的重点是程序设计方法，因此仅介绍最容易理解的几种排序算法的设计与实现：交换排序、选择排序、冒泡排序。第3章介绍了边输入数据边进行排序的插入排序算法，也可以用于针对全部已知数据的排序。

从交换排序开始。假设要对 n 个数据进行升序排序，算法的基本思想是：

① 将第一个数据逐个与后面的 $n-1$ 个数据进行比较，当顺序不符合要求时，交换这两个数据。完成第一轮比较（共比较 $n-1$ 次）后，第一个数据就是所有数据中最小的。

② 从第二个数据开始进行第二轮比较和交换，需要比较 $n-2$ 次。

③ 按这种方式进行 $n-1$ 轮比较（第 n 轮只剩最后1个数据，不需要比较）后，完成排序过程。

由于需要进行 $n-1$ 轮比较，每轮也要进行多次比较（从 $n-1$ 次降到1次），因此需要两层循环。程序代码如下：

```
void Sort_exchange(int num, int a[]) {                  // 交换排序
    int  i, j, temp;
    for(i = 0; i < num-1; i++)
        for (j = i+1; j < num; j++)
            if(a[i]>a[j])
                temp = a[i], a[i] = a[j], a[j] = temp;   // 交换的写法
}
```

这个算法易于理解、语句简洁，不过初学者常常会把内层循环的初值与终止条件写错，需要格外关注。本程序的缺点是执行效率低，因为每次发现顺序不符的数据时都会进行交换，而每次交换都需要进行3次赋值，运算量较大。

选择排序与交换排序的基本思想差不多，同样是从第一个数据开始逐个与后面的数据进行比较，但当顺序不符时，并不立刻交换数据，而是记下该数据所在的位置（与直接交换相比，减少两次赋值运算），并拿这个数据与后面的数据进行比较，第一轮比较完毕，得到最小（升序排序）的数据的位置，此时才交换数据，将该数据与第一个数据进行交换。此后的每一轮重复上述过程。与交换排序相比，选择排序每一轮只进行一次数据交换，运算量较小。

选择排序的程序代码如下，初学者同样要关注内层循环的初值与终止条件：

```
void Sort_select(int num, int a[]) {             // 选择排序
    int  i, j, temp, k;
    for(i = 0; i < num-1; i++) {
        k = i;                                    // 每轮循环都用k记录当前轮最小的数所在的位置
        for (j = i+1; j < num; j++) {
            if(a[k] > a[j])
```

```
                k = j;                              // 只记录位置不交换数据
            }                                       // 这一对{}不是必需的，但能让语句关系更清晰
            temp=a[i], a[i]=a[k], a[k]=temp;        // 全部比完才交换数据
        }
    }
```

冒泡排序的算法思想描述如下：

① 将第 1 个元素与第 2 个元素比较，若逆序，则交换。

② 比较第 2 个和第 3 个，直至数列末尾（这个过程称为“冒泡”）。

③ 经过第 1 轮冒泡，最小或最大的元素会被交换到最后的位置。

④ 从第 2 个元素开始，重复上述过程。

⑤ 经过 $n-1$ 轮，完成排序。

用一组数据演示（升序）排序的过程：

原数据：	3.2		2.5		8.7		5.5		3.3		1.4
第一轮第一次比较：	3.2	→	2.5		8.7		5.5		3.3		1.4
不是升序需要交换：	2.5		3.2		8.7		5.5		3.3		1.4
第二次比较：	2.5		3.2		8.7		5.5		3.3		1.4
已是升序不必交换：	2.5		3.2		8.7		5.5		3.3		1.4
第三次比较：	2.5		3.2		8.7	→	5.5		3.3		1.4
不是升序需要交换：	2.5		3.2		5.5		8.7		3.3		1.4
第四次比较：	2.5		3.2		5.5		8.7	→	3.3		1.4
不是升序需要交换：	2.5		3.2		5.5		3.3		8.7		1.4
第五次比较：	2.5		3.2		5.5		3.3		8.7	→	1.4
不是升序需要交换：	2.5		3.2		5.5		3.3		1.4		8.7
第二轮第一次比较：	2.5		3.2		5.5		3.3		1.4		8.7

……

由此可见，冒泡排序的特点是每轮的最大值或最小值会逐步移到数组最后一位。程序代码如下：

```
void Sort_bubble(int num, int a[]) {
    int  i, j, temp;
    for(i = 0; i < num-1; i++) {
        for(j = 0; j < num-1-i; j++)                    // 每轮仅比较前 num-1-i 个即可
            if(a[j] > a[j+1])
                // 比较相邻的两个元素的大小，让较大的元素逐渐往后移动
                temp=a[j], a[j]=a[j+1], a[j+1]=temp;
    }
}
```

注意，与前两种算法相比，内层循环的初值与终止条件也不一样。

冒泡法还可以进一步优化，因为有可能还没有到第 $n-1$ 轮，就已经没有需要交换的元素了，也就是事实上已完成排序，此时可通过设置一个有没有发生交换的标识，当发现没有交换时，提前结束排序算法，以提高效率。读者可以尝试实现优化的冒泡法。

6．数据查询模块的设计实现

对数据进行排序通常是专业人士才会去做的事情，而数据查询是几乎每个人每天都会做很多次的操作。在数据集中，逐个数据进行查找的过程称为遍历。对于无序的数据集来说，遍历是无可奈何的办法。而在有序数据集中进行查找时，采用合适的算法可以指数级的提升查找效率，其中经典的就是二分法，也称为折半法。这也是为什么人们这么热衷研究排序算法的原因。

遍历或者称为顺序查找的方法非常简单，直接用循环结构就可以实现。在此只介绍在有序数据集中进行二分（折半）查找的思想。

以在包含 n 个元素的升序数组 a 中查找数据 x 为例，步骤如下：

① 将 n 个元素分成个数大致相同的两半，取 a[n/2]与欲查找的 x 做比较。

② 若 x 与 a[n/2]相等，则找到 x，算法终止；若 x<a[n/2]，则只要在数组 a 的左半部继续搜索 x；若 x>a[n/2]，则只要在数组 a 的右半部继续搜索 x。

③ 重复二分及查找的过程直至找到 x 或区间分半结束。

在升序数组中进行二分查找的函数代码如下：

```
int Search_binary(int num, int a[], int SNum) {
    int  low = 0;                          // 查询区间的左边界
    int  high = num-1;                     // 查询区间的右边界
    int  mid;                              // 折半的中间位置
    while(low <= high) {                   // 只要左边界<=右边界就说明还有查询的空间
        mid = (low+high)/2;                // mid 总为当前区间的中间位置，所以叫折半
        if(a[mid] == SNum)
            return mid;                    // 找到待查数 SNum
        else if(a[mid] > SNum)             // 中间的数比待查数大
            high = mid-1;                  // 到左半区间查找，即把右边界设到中间位置
        else
            low = mid+1;                   // 否则到右半区间查找
    }
    return -1;                             // 左右边界相遇也未找到，返回-1 表示未找到
}
```

由于每次查找都把上次查找的区间减少了一半，因此区间范围以对数方式缩短，与普通（顺序）查找相比，效率得到了极大的提升。以 1024 个数据为例，普通查找的平均查找次数为(1024+1)/2=512 次，而二分法最多只需要查找 $\log_2 1024 = 10$ 次就可以得到结果。数据越多，效率提升越显著，这就是算法的威力。

4.4.3 极简教务系统

尽管实际应用中的教务系统大多采用面向对象方法在数据库上实现，但在系统设计阶段进行功能分解时仍然需要遵循模块化的思想。本节设计实现的极简教务系统同样遵循模块化的设计思想，只是考虑到 C 语言的特性，采用的是面向过程的方法，其优点是易于理解、易于设计、代码简洁。

本节的内容安排遵循软件工程过程，除了没有测试维护，阐述了从需求分析、系统设计、模块设计到编码实现各阶段的工作思路与过程，为读者初步建立软件工程的概念，同时更深入地理解模块化程序设计的思想。

本节拟实现的系统面向的是教学的需求，因此功能非常简单，命名为“极简教务系统”。读者应重点关注以下4方面的问题：① 如何把系统的功能逐层分解为可实现的模块；② 如何设计用于处理复杂信息的数据结构；③ 如何梳理数据与操作之间的逻辑关系；④ 如何基于函数操作复杂的数据。

1．需求分析与系统设计

从软件工程的角度，系统的功能划分来自对用户需求的分析。需求分析时，需要开发人员通过深入细致的调研和分析，准确理解用户和项目的功能、性能、可靠性等具体要求，将用户非形式的需求表述转化为完整的需求定义，从而确定系统必须做什么。需求分析有一系列的规范，不在本书的讨论范围内，仅通过这个示例展示需求分析的简要过程。

【说明】 形式化（formal）：在完备数学概念基础上，采用具有确定语义定义并有严格语法的语言表达的规范风格。半形式化（semiformal）：采用具有确定语义定义并有严格语法的语言表达的规范风格。非形式化（informal）：采用自然语言表达的规范风格。

教务系统是为了满足教务管理需要而开发的系统，用户至少包括管理员、教师、学生三类角色，每个角色的需求各不相同。虽然读者可能没有软件开发的经验，但几乎都是这类系统的用户，因此对有哪些功能多少都有一些认识。

从用户的角度，对极简教务系统的需求可以描述如下。

① 用户登录后才能看到自己可以执行的操作，不同类型的用户看到的操作界面不同。

② 管理员能执行的操作包括：新增用户、删除用户、新增课程、给教师排课。（说明：为简化系统，没有考虑修改用户、修改或删除课程等操作，以下类似。）

③ 教师能执行的操作包括：录入成绩、修改成绩（字符界面下无法在录入成绩后回退修改，必须单独操作）、对成绩进行排序。

④ 学生能执行的操作包括：选课、查询成绩。

由于用户有使用此类系统的经验，因此提出的需求几乎可以全部转化为能直接用于系统设计的功能需求。如果是用户不太熟悉的系统，就没那么容易了，往往需要用户与软件开发方进行大量的沟通与交流，才能明确系统的需求。

从开发者的角度，极简教务系统的功能需求描述如下。

- 用户登录：显示登录界面、判断登录结果。
- 系统管理：新增用户、删除用户、新增课程、教师排课。
- 教师操作：录入成绩、修改成绩、成绩排序。
- 学生操作：学生选课、查询成绩。

这与用户的需求确实没有多大区别。当然，实际的系统还有一些非功能需求，如系统响应时间、最大并发用户数、可靠性、安全性等，不过与本书内容无关，不在此讨论。

教务系统的功能非常明确，适合采用自顶向下的方法进行模块分解。模块化的原则是尽可能将独立的功能设计成单独的模块，同时模块接口尽可能简单。需求中列出的功能并非工作在同一层次，也并非系统的全部功能。可以通过对系统工作流程的分析划分层级、补全功能。程序运行时，首先是用户登录，对非法用户直接结束运行，否则根据用户类型显示对应的菜单，执行相关的操作，当返回值代表“注销”时注销当前用户，重新进入登录界面，否则回到当前用户菜单继续选择与运行操作，如图4-13所示。

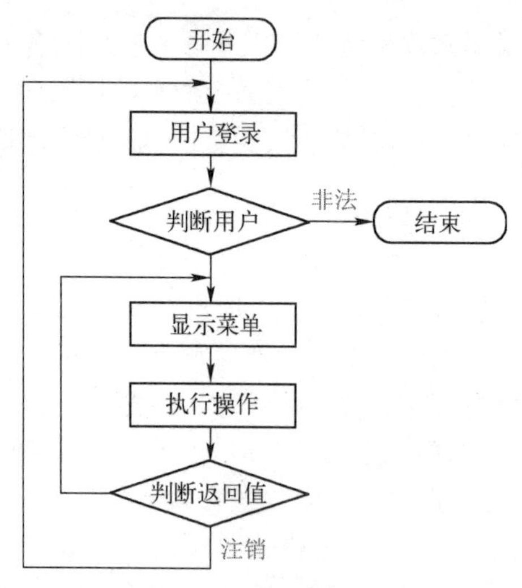

图 4-13　系统总体流程图

在总体流程中，除了用户登录，只有显示菜单和执行操作两个功能（判断和选择是程序结构，不是功能模块），可以作为第一层的功能模块。系统管理、教师操作、学生操作功能只能作为第二层的模块，新增用户、录入成绩、学生选课等则是第三层模块。由此可以得到系统功能模块图，如图 4-14 所示。其中，主程序不算单独的一层，也可视为第零层。由于每个模块都是可以直接实现的基本功能，不需要再继续分解。

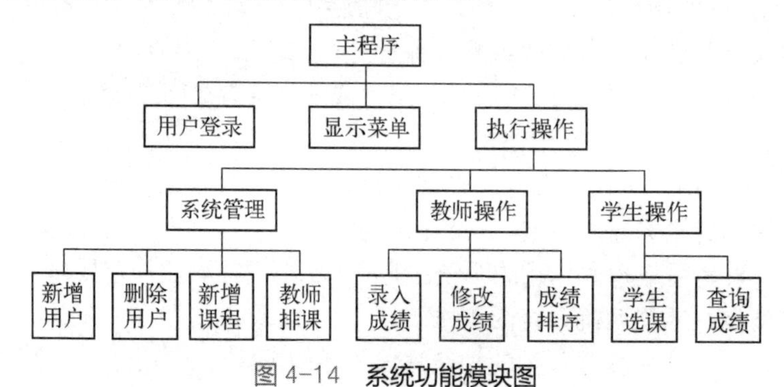

图 4-14　系统功能模块图

图 4-13 和图 4-14 在软件工程中属于系统设计的结果。

2．数据结构设计

虽然只是一个极简的教务系统，每类用户也需要包含多种信息，需要设计专门的数据结构进行存储。这里的数据结构，指的是相互之间存在一种或多种特定关系的数据元素的集合。全体用户有共同的基本信息，包括工号或学号（统称为 ID）、姓名和用户类型（对应不同的功能操作菜单）。管理员只有基本的信息，教师和学生则有专属的信息。本系统假设每位教师只上一门课程，需要记录课号与课程名称信息；学生可以选多门课，除了选修的课号与课程名称信息，还包含该课程的成绩。

在设计数据结构时，可以把用户基本信息以及课程信息都定义成结构体类型，再基于这两种类型定义用户的结构体类型。为了便于对照使用，一些相关联的对象或符号常量的标识符使用了相似的字符序列，通过字母大小写进行区分，定义的类型罗列如下：

用户基本信息的结构体类型定义如下：

```
struct Info {                          // 用户的基本信息，存储后不能修改
    int  ID;                           // 工号或学号，具有唯一性
    char  name[NSTRLEN];               // 姓名，可以重名
    char  pwd[PSTRLEN];                // 密码，用于登录验证
    char  type;                        // 用户类型，不同类型用户可以执行不同的操作
};
```

教师的结构体类型定义如下：

```
struct Teacher {
    struct Info  info;                 // 个人信息
    int  courseID;                     // 课号
    char  courseName[CSTRLEN];         // 课程名称
};
```

学生的结构体类型可以定义如下：

```
struct Student {
    struct Info  info;                 // 个人信息
    int  courseID[CNUM];               // 课号
    char  courseName[CNUM][CSTRLEN];   // 课程名称
    float  score[CNUM];                // 课程成绩
};
```

但上面的定义体现不出数据间的关联，因此可以考虑先构造课程的结构体类型：

```
struct Course {
    int  cID;                          // 课号
    char  cname[CSTRLEN];              // 课程名称
    float  score;                      // 课程成绩
};
```

这样，就可以重新定义学生的结构体类型如下：

```
struct Student {
    struct Info  info;                 // 个人信息
    struct Course  course[CNUM];       // 所有的选修课程信息
};
```

教师的结构体类型也可以重新进行定义（多余的 score 可以存放平均成绩）：

```
struct Teacher {
    struct Info  info;                 // 个人信息
    struct Course  course;             // 主讲的课程信息，不是数组哦
};
```

在这些类型定义里普遍使用了符号常量作为数组的大小，这样可以很方便地在实际编程时根据需要设置数组的大小。符号常量的宏定义示例如下：

```
#define      NSTRLEN   20              // 姓名字符串的最大长度
#define      PSTRLEN   16              // 密码字符串的最大长度
#define      CSTRLEN   20              // 课程名称字符串的最大长度
#define      CNUM      10              // 学生选修课程的上限
```

读者可以根据需要修改常量的大小。同样，为便于理解与修改，用户类型也用符号常量定义如下：

```
#define    ADMIN      '1'        // 管理员用户
#define    TEACHER    '2'        // 教师用户
#define    STUDENT    '3'        // 学生用户
```

有了数据类型，就可以定义存储对象。实际存储时管理员、教师和学生都有人数上限，用结构体数组存储最方便。除此以外，还要考虑将其作为函数形参（局部数组）使用，还是定义成全局数组在函数间共享。

前面的排序查找程序选择了将数组作为函数形参使用。事实上，把数组定义成全局的也有一定的好处，如可以省去很多函数的参数。之前不这样做，有两个原因：

① 当在多个函数中都有修改数组内容的操作时，如果运算逻辑或者参数设计不当，就可能得不到预期的结果。比如，先调用了某函数，删除了数组中的一些元素，再调用另一函数对数组进行排序时，如果没有把参与排序的数组元素的数量传给排序函数，而是直接使用数组的大小，必然会在排序时引用多余元素，产生错误的排序。不过这属于编程经验的问题，技术上并不难解决。

② 更重要的原因是，排序、查找都是通用的算法，只有设计成以参数形式传递数据的函数时，才能直接复制到其他程序中重用。而在函数中使用全局变量时，显然会失去通用性，因为无法保证在其他程序中一定有相同名称的全局变量。

对于极简教务系统来说，情况又有不同。这是一种专用的应用程序，其中的模块不具有通用的功能，不太可能被其他程序直接拿去使用。把结构体数组定义成全局的，虽然也存在多个函数间的修改逻辑问题，但一方面由于权限的限制，能修改数组内容的函数并不多，逻辑不会太复杂；另一方面，既然意识到需要传递实际参与运算的数组元素的数量，那么专门设置一个参数就可以解决问题。

因此，本程序把所有可能需要在多个函数中处理的结构体数组都定义成全局的：

```
struct Info  AllUser[USRNUM];            // 所有用户的基本信息
struct Course  course[COUNUM];           // 所有课程的信息
struct Teacher  TchUser[TCHNUM];         // 教师用户的详细信息
struct Student  StdUser[STUNUM];         // 学生用户的详细信息
```

本系统假设只有一个管理员账号，因此没有定义管理员用户数组。管理员的账号、密码信息预置在用户信息文件中，供登录时验证身份。以上数组的大小用符号常量定义如下，其中总用户数的上限要大于等于各类用户数的上限之和。

```
#define    USRNUM   200              // 总用户数上限
#define    COUNUM   20               // 总课程上限
#define    TCHNUM   40               // 教师数量上限
#define    STUNUM   150              // 学生数量上限
```

由于一般情况下数组并不总是“满的”，在具体操作时需要知道每个数组中实际存储的有效数据有多少，因此针对上述结构体数组再定义一组全局变量，专门用于存储实际的数据数量：

```
int  UsrNum, CouNum, AdmNum, TchNum, StuNum;
```

分别对应实际的总用户数、课程数、管理员数、教师数和学生数。

学生信息中有一个按选课上限设置大小的结构体数组，同样需要记录实际的选课数量。考虑到这个数量仅与具体的学生相关，因此不定义全局变量，而是直接增加一个成员变量，从而最终的学生结构体类型定义如下：

```
struct Student {
    struct Info  info;                    // 个人信息
    struct Course  course[CNUM];          // 所有的选修课程信息
    int  CNum;                            // 实际的选修课程数量
};
```

至此完成主要的数据结构设计。事实上，数据结构的设计并非一开始就能非常完善，通常还会根据模块设计等过程中发现的问题进行修改。只不过越有经验，需要修改的地方越少。建议读者编写一个只包含 main()函数的程序，利用宏定义给出所有的符号常量值，把以上全部的定义放到程序中，测试一下这些定义是否正确。

虽然本节会给出全部的代码，但不建议一次性把所有代码都写完才开始调试，过多的错误提示会让编程者失去信心。

数据测试完毕，就可以开始设计模块的接口了。

3．模块接口设计

对照图 4-14，按自顶向下、从左向右的顺序进行模块设计。与之前一样，直接用函数原型表示：

①“用户登录”函数在 main()函数中调用，不需要从主函数接收信息。这是因为主函数应该尽可能简洁，显示用户登录界面以及接收用户的登录信息输入都可以放在本函数内部进行。该函数应该向主函数输出（返回）用户类型，由数据设计可知，用户类型的数据类型是字符型 char，因此函数声明如下：

```
char login();                             // 用户登录
```

具体的返回值已经用符号常量定义。

②“显示菜单”函数在 main()函数中调用，需要从主函数接收用户类型信息，以便根据用户类型显示相应的菜单，不需要向主函数返回数据，因此函数声明如下：

```
void ShowMenu(char utype);                // 显示菜单
```

③“执行操作”函数在 main()函数中调用，需要从主函数接收用户类型信息，以便调用相应的操作函数，执行操作后，返回一个值给主函数，以判断是结束程序运行还是重新登录。因此，函数声明如下：

```
char ExecOp(char utype);                  // 执行操作
```

④“管理操作”“教师操作”和“学生操作”函数在 ExecOp()函数中调用，行为方式一致，接口相同。由于已知当前用户的类型，因此不需要从 ExecOp()函数接收信息。这些函数可以不返回值，但为了便于将来扩展功能，最好有返回值，因此函数声明如下：

函数的接口与之类似，函数声明分别如下：

```
char AdminOp();                           // 管理操作
char TeacherOp();                         // 教师操作
char StudentOp();                         // 学生操作
```

所有第三层的函数，包括“新增用户”“删除用户”“新增课程”“教师排课”“录入成绩”“成绩排序”“学生选课”和“查询成绩”，只对全局数组和全局变量进行操作，都不需要输入，但都需要反馈操作是否有异常，用字符型足够（用整型也可以），因此函数声明设计如下：

```
char AddUser();                           // 新增用户
char DelUser();                           // 删除用户
```

```
char AddCourse();                              // 新增课程
char TchCourse();                              // 教师排课
char EntScore();                               // 录入成绩
char ModScore();                               // 修改成绩
char SortScore();                              // 成绩排序
char StdCourse();                              // 学生选课
char ChkScore();                               // 查询成绩
```

至此，模块接口设计完毕，接下来开始设计实现模块的功能。由于模块分解为三层，可以采用自底向上的实现方法，以便在早期发现模块功能划分或接口设计中可能存在的问题。因此先设计实现最底层，也就是第三层的模块。

4．第三层模块设计实现

按模块图中从左向右的顺序进行各模块的设计实现。由于模块较多，只挑选“新增用户”“删除用户”“教师排课”和“录入成绩”四个模块进行介绍，其余留给读者自行实践。

（1）新增用户

功能描述：新增教师或学生的信息。

算法设计（自然语言伪代码）：① 选择新增的用户是教师还是学生；② 若用户数已达上限，结束操作，否则继续；③ 从键盘接收新增用户的 ID 并查重，若重复，结束操作，否则继续接收姓名和密码；④ 更新用户基本信息数组、教师/学生用户数组以及对应的全局变量。

由算法得到如下代码：

```
char AddUser(){                                // 新增用户
    char  utype;
    int  ID, i;

    printf("请选择用户类型（2-教师，3-学生）：");
    // 每次输入完数据，都应使用fflush()函数清缓存，以防干扰后续的输入
    scanf("%c", &utype);
    fflush(stdin);
    if(utype == TEACHER) {                     // 新增教师用户
        if(TchNum > TCHNUM)                    // 超过教师用户上限
            return 0;
        printf("请输入教师工号：");
        scanf("%d", &ID);
        fflush(stdin);
        for(i = 0; i < UsrNum; i++) {          // 查重
            if(ID == AllUser[i].ID) {
                printf("该 ID 已注册！\n");
                return 0;
            }
        }
        // 查重通过，记录新 ID 与用户类型，继续输入姓名、密码
        AllUser[UsrNum].ID = ID;
        AllUser[UsrNum].type = TEACHER;
        printf("请输入姓名：");
        scanf("%s", AllUser[UsrNum].name);
        printf("请输入密码：");
```

```
        scanf("%s", AllUser[UsrNum].pwd);
        // 更新教师用户数组
        TchUser[TchNum].info = AllUser[UsrNum];
        // 更新实际用户数量
        UsrNum++, TchNum++;
        printf("新用户注册完成。\n");
        return TEACHER;
    }
    else if(utype == STUDENT) {            // 新增学生用户
        if(StuNum > STUNUM)                // 超过学生用户上限
            return 0;
        printf("请输入学生学号：");
        scanf("%d", &ID);
        fflush(stdin);
        for(i=0; i < UsrNum; i++) {        // 查重
            if(ID == AllUser[i].ID) {
                printf("该 ID 已注册！\n");
                return 0;
            }
        }
        // 查重通过，记录新 ID 与用户类型，继续输入姓名、密码
        AllUser[UsrNum].ID = ID;
        AllUser[UsrNum].type = STUDENT;
        printf("请输入姓名：");
        scanf("%s", AllUser[UsrNum].name);
        printf("请输入密码：");
        scanf("%s", AllUser[UsrNum].pwd);
        // 更新学生用户数组
        StdUser[StdNum].info=AllUser[UsrNum];
        // 更新实际用户数量
        UsrNum++, StuNum++;
        printf("新用户注册完成。\n");
        return STUDENT;
    }
    return 0;                              // 能执行到这里说明输入的类型错误
}
```

正常完成操作后，函数返回当前的用户类型以备主调函数使用，返回 0 表示操作异常。

编写这个函数时，首先要理清各步骤之间的逻辑关系，尽量减少无效操作，如输入 ID 后立刻查重，查重通过后才允许继续输入；其次，进一步熟悉结构体数组在实际编程中的常见用法；最后，注意对程序中关联数据的更新，如教师信息不止存在 AllUser 数组中，也存在 TchUser 数组中，还有记录实际教师数量的全局变量的更新。

除此以外，每次输入完数据，都应使用 fflush 函数清除输入缓冲区中的内容，以防遗留的回车等字符干扰后续的输入。

（2）删除用户

功能描述：删除指定的用户。

算法设计（自然语言伪代码）：① 从键盘接收拟删除用户的 ID 并查找，若没有，则结束

操作，否则显示姓名并确认是否删除；② 确认后更新用户基本信息数组、教师/学生用户详细信息数组以及对应的全局变量。

由算法得到如下代码（仅处理删除学生用户的情况，请自行添加删除教师用户的代码）：

```
char DelUser() {                                    // 删除用户
    int  ID, i, j;
    char  c;                                        // 用于确定是否删除

    printf("请输入工号或学号：");
    scanf("%d", &ID);
    fflush(stdin);
    for(i = 0; i < UsrNum; i++) {                   // 查询用户
        if(ID == AllUser[i].ID)
            break;
    }
    if(i >= UsrNum) {
        printf("用户不存在！\n");
        return 0;
    }
    printf("是否确定删除用户%s？(Y/N)\n", AllUser[i].name);
    c = getchar();
    fflush(stdin);
    if(c != 'Y' && c != 'y')
        return 0;
    for(j = i; j < UsrNum-1; j++) {                 // 从 ID 所在元素开始从后向前移动 AllUser 数组的元素
        AllUser[j] = AllUser[j+1];
    }
    UsrNum--;                                       // 减去一位用户
    for(i = 0; i < TchNum; i++) {                   // 查询用户
        if(ID == TchUser[i].info.ID)
            break;
    }
    if(i >= TchNum) {                          // 除非用户数组与基本信息数组内容不符，否则不会出现这种情况
        printf("用户信息不一致！\n");
        return 0;
    }
    for(j = i; j < TchNum-1; j++) {                 // 从 ID 所在元素开始从后向前移动 TchUser 数组的元素
        TchUser[j] = TchUser[j+1];
    }
    TchNum--;                                       // 减去 1 位用户
    return 2;                                       // 返回非 0 值，表示删除操作正常完成，2 是函数的序号
}
```

这个函数有三个值得注意的地方：其一，删除用户时要同时删除基本信息和详细信息；其二，所谓删除只需逐个用后面的元素覆盖前面的元素，并将实际用户数量减 1 即可；其三，虽然正常情况下基本信息不会与详细信息不一致，但作为设计者，必须尽可能进行异常处理，以防发生意外时程序出现错误。

（3）教师排课

功能描述：给指定的教师安排指定的课程。

算法设计（自然语言伪代码）：① 从键盘接收教师的 ID 并查找，若没有，结束操作，否则显示教师姓名并确认是否排课；② 确认后显示现有的全部课程 ID 及名称；③ 从键盘接收课程的 ID 并更新教师用户详细信息。

由算法得到如下代码：

```
char TchCourse() {                                        // 教师排课
    int  ID, i, j;
    char  c;

    printf("请输入教师工号：\n");
    scanf("%d", &ID);
    fflush(stdin);
    for(i = 0; i < TchNum; i++) {                         // 查询用户
        if(ID == TchUser[i].info.ID)
            break;
    }
    if(i >= TchNum) {
        printf("用户不存在！\n");
        return 0;
    }
    printf("是否确定为%s 老师排课？(Y/N)\n", TchUser[i].info.name);
    c = getchar();
    fflush(stdin);
    if(c != 'Y' && c != 'y')
        return 0;
    printf("课号\t\t 课程名称\n");
    for(j = 0; j < CouNum; j++) {                         // 显示当前所有课程，每行 4 门课程
        printf("%d\t%s%c", course[j].cID, course[j].cname, j%4 ? '\t' : '\n');
    }
    printf("请输入课号：");
    scanf("%d", &ID);
    fflush(stdin);
    for(j = 0; j < CouNum; j++) {                         // 查找课程
        if(ID == course[j].cID)
            break;
    }
    TchUser[i].course = course[j];                        // 为教师排课
    return 4;
}
```

这个函数的操作结果是修改教师详细信息中的课程成员，成功后返回一个非 0 的值，这里使用函数的序号。

（4）录入成绩

功能描述：教师录入所负责课程的学生成绩。

算法设计（自然语言伪代码）：① 从学生详细信息中逐个查找选课学生；② 每找到一个，就列出学生的 ID（学号）和姓名；③ 从键盘接收学生的成绩，输入数据不在[0, 100]之间时，允许重新输入一次；④ 允许在中途停止录入，条件是输入某个特定成绩（如-1）；⑤ 返回循环，直至录入完所有选课学生的成绩。

由算法得到如下代码：

```
char EntScore() {                                    // 录入成绩
    int  i, j, k, cID;
    float  score;
    char  c;

    for(i = 0; i < TchNum; i++) {                    // 查询教师在详细信息数组中的位置
        if(CurID == TchUser[i].info.ID)
            break;
    }
    cID = TchUser[i].course.cID;
    for(j = 0; j < StuNum; j++) {
        for(k = 0; k < StdUser[j].CNum; k++) {
            if(cID == StdUser[j].course[k].cID)
                break;
        }
        printf("学号: %d\t 姓名: %s, 请输入成绩: "…);// 请补充完整的实参
        scanf("%f", &score);
        fflush(stdin);
        if(score<0 || score > 100) {
            if((-1.0-score) < 1e-6) {                // 输入-1 表示提前结束成绩录入
                printf("提前结束成绩录入。\n");
                return 1;
            }
            // 有问题的数据允许重新输入一次
            printf("输入错误, 是否重新输入? (Y/N)");
            c = getchar();
            fflush(stdin);
            if(c != 'Y' && c != 'y')
                return 0;
            scanf("%f", &score);
            fflush(stdin);
        }
        if(score < 0 || score > 100) {
            printf("非法成绩, 结束成绩录入。\n");
            return 1;
        }
        StdUser[j].course[k].score = score;
    }
    return 1;
}
```

函数需要根据教师的 ID 查找所承担课程的 ID，再根据课程 ID 查找选课的学生，为方便起见，定义一个记录当前登录用户 ID 的全局变量如下：

```
int  CurID;                                  // 记录当前登录用户的 ID, 以备后用
```

由于数据设计时没有在课程结构体中设计存储选课学生信息（包含成绩信息）的成员，因此只能从学生详细信息中逐个查找选课情况。专门设计成员的缺点是会占用更多的存储空间，优点是能提高执行效率，也就是常说的以空间换时间。在程序设计时，经验之所以重要，就是因为设计与实现的方案通常不止一种，需要凭借经验权衡利弊进行选择。

第三层的“新增课程”“修改成绩”“成绩排序”“学生选课”“查询成绩”五个功能模块作为作业由读者自行实现。

5. 第二层模块设计实现

第二层只有三个模块，本书给出“系统管理”和“教师操作”模块的设计与实现，请读者自行设计实现“学生操作”模块。

（1）系统管理

功能描述：根据菜单选项调用系统管理功能函数。

算法设计（自然语言伪代码）：① 从键盘接收管理员的菜单选项；② 保持循环直至输入合法的选项；③ 选择“注销当前用户”时结束函数的运行，否则调用相应的功能函数。

由算法得到如下代码：

```
char AdminOp() {                                    // 管理操作
    char  item;

    while(1) {
        printf("请输入选项（0～4）: ");
        scanf("%c", &item);
        fflush(stdin);
        if(item >= '0' && item <= '4')
            break;
        printf("输入错误！\n");
    }
    switch(item) {
        case '1':
            return AddUser();
        case '2':
            return DelUser();
        case '3':
            return AddCourse();
        case '4':
            return TchCourse();
    }
    return 0;
}
```

菜单项统一在“显示菜单”模块中显示，不过在此之前已经可以根据底层功能确定有哪些菜单项，这里只需为每个菜单项赋一个标号值。从这个函数也可以看出模块化程序设计的一个特点：越到顶层的模块，其设计实现越简单。这样可以使得上层的逻辑非常清晰，不容易出现设计的问题。即便将来需要修改，也会更容易。

（2）教师操作

功能描述：根据菜单选项调用教师操作功能函数。

算法设计（自然语言伪代码）：① 从键盘接收教师的菜单选项；② 保持循环直至输入合法的选项；③ 选择“注销当前用户”时结束函数的运行，否则调用相应的功能函数。

由算法得到如下代码：

```
char TeacherOp() {                                  // 教师操作
```

```
    char  item;

    while(1) {
        printf("请输入选项 (0～3): ");
        scanf("%c", &item);
        fflush(stdin);
        if(item >= 0 && item <= 3)
            break;
        printf("输入错误! \n");
    }
    switch(item) {
        case '1':
            return EntScore();
        case '2':
            return ModScore();
        case '3':
            return SortScore();
    }
    return 0;
}
```

除了调用的函数名，几乎可以完全照抄“系统管理”模块。

到这里，读者应该已经逐渐体会到模块化的优点了。

6．第一层模块设计实现

第一层有“用户登录”“显示菜单”和“执行操作”三个模块，逻辑都非常简单。不过“用户登录”涉及的问题有点复杂，放在最后设计实现。

（1）显示菜单

功能描述：根据用户类型分别显示菜单。

算法描述：使用 switch 语句就可以实现函数功能，不需要设计算法。

直接编写代码如下：

```
void ShowMenu(char utype) {            // 显示菜单
    system("cls");                     // 系统调用：清空屏幕
    switch(utype) {
        case ADMIN:
            printf("1. 新增用户\n");
            printf("2. 删除用户\n");
            printf("3. 新增课程\n");
            printf("4. 教师排课\n");
            break;
        case TEACHER:
            printf("1. 录入成绩\n");
            printf("2. 修改成绩\n");
            printf("3. 成绩排序\n");
            break;
        case STUDENT:
            printf("1. 学生选课\n");
            printf("2. 查询成绩\n");
```

```
            break;
        default:
            break;
    }
    printf("0. 注销当前用户\n");
}
```

函数使用 system 系统调用清空屏幕，可以根据需要取舍。关于系统调用，在附录 H 有简要介绍。

（2）执行操作

功能描述：根据用户类型调用不同用户的操作功能函数。

算法描述：使用 switch 语句就可以实现函数功能，不需要设计算法。

直接编写代码如下：

```
char ExecOp(char utype) {                       // 执行操作
    switch(utype) {
        case ADMIN:
            return AdminOp();                   // 执行管理操作
        case TEACHER:
            return TeacherOp();                 // 执行教师操作
        case STUDENT:
            return StudentOp();                 // 执行学生操作
    }
    return 0;
}
```

这个函数唯一值得一提的是把函数调用作为表达式，并把表达式的值作为函数返回值。

（3）用户登录

功能描述：根据用户名和密码判断并返回用户类型。

算法设计（自然语言伪代码）：① 从键盘接收用户名和密码；② 与用户基本信息进行比较，获得当前用户的 ID 与类型；③ 返回用户类型。

这个函数的问题是：系统第一次运行的时候并没有注册的用户，如何进行比较？有两个办法。一个是在系统中预设一个账号（写在软件中或者加密的配置文件中），另一个是在系统第一次运行的时候注册一个初始的账号。本系统采用第一个办法，读者可以自行尝试第二个办法。无论哪种办法，为使软件具有通用性，所有用户账号信息都应该保存在文件中，其后运行程序时先读文件，再进行用户识别。

为了增加一点乐趣，在运行程序时使用系统调用设置了背景与字体的颜色，并制作了一个简单的界面，读者可以自己制作更美观的字符界面。

函数代码如下：

```
char login() {                                          // 用户登录
    char  usrnm[NSTRLEN], pwd[PSTRLEN];
    int  i;

    system("cls");
    system("color A4");
    // 0=黑色 1=蓝色 2=绿色 3=湖蓝色 4=红色 5=紫色 6=黄色 7=白色 8=灰色
    // 9=淡蓝色 A=淡绿色 B=淡浅绿色 C=淡红色 D=淡紫色 E=淡黄色 F=亮白色
```

```
    printf("★☆★☆★☆★☆★☆★☆★☆★☆★☆★\n");
    printf("★☆★☆★☆★ 教务系统 ★☆★☆★☆★\n");
    printf("★☆★☆★☆★☆★☆★☆★☆★☆★☆★\n");

    printf("请输入用户名: ");
    if(scanf("%s", usrnm) == EOF)
        exit(EOF);
    printf("请输入密码: ");
    if(scanf("%s", pwd) == EOF)
        exit(EOF);
    fflush(stdin);

    for(i = 0; i < UsrNum; i++) {
        if(!strcmp(usrnm, AllUser[i].name) && !strcmp(pwd, AllUser[i].pwd)) {
            CurID = AllUser[i].ID;                  // 记录当前登录用户的序号，以备后用
            return AllUser[i].type;
        }
    }
    return 0;                                       // 只要匹配失败就返回 0
}
```

函数演示了如何使用 scanf()函数的返回值，若获取数据失败时，则返回 EOF（通常是-1）。

还剩下一个问题，预设账号在哪里？为此，新增一个读配置文件的功能模块。

（4）读配置文件

功能描述：将用户基本信息从文件读入内存。

算法描述：只是一个简单的读文件操作，没有算法。

直接编写代码如下：

```
void LoadUsrInfo() {                                // 将用户基本信息读入内存
    FILE  *fp;
    int  i;

    if((fp = fopen(USRFILE, "r")) == NULL) {
        printf("文件%s 打开失败! \n", USRFILE);
        exit(-2);
    }
    fscanf(fp, "%d %d %d %d", &UsrNum, &CouNum, &TchNum, &StuNum);
    for(i = 0; i<UsrNum; i++) {
        fscanf(fp, "%d %s %s %c", &AllUser[i].ID,AllUser[i].name, AllUser[i].pwd, \
                &AllUser[i].type);
    }
    fclose(fp);
}
```

函数中的 USRFILE 是一个符号常量，可以是任意合法的文件名字符串，如

```
#define USRFILE "D:\\user.txt"
```

针对本系统，这个文件需要存储实际用户数、实际课程数、实际教师数、实际学生数，以及所有用户的 ID、姓名、密码、类型。最初的内容应该事先写好，至少有 2 行。第 1 行是：

```
1 0 0 0
```

第 2 行是管理员的 ID、姓名、密码、类型信息，用于在首次运行系统时进行管理员登录验证。

7．主函数的实现与测试

至此只剩下主函数了。其实，在编写每个模块后，都应该用一个简单的主函数测试一下有没有语法和逻辑问题，这时只需要将这个主函数的内容替换为本系统的功能即可。

主函数的算法就是图 4-12 的流程，代码如下：

```
// 例 4.4-2  极简教务系统
    int main() {
        char  utype;

        LoadUsrInfo();
        while(1) {
            utype = login();                    // 登录后返回用户类型
            if(!utype) {                        // 类型为 0 表示登录失败
                printf("用户名或密码错误！\n");
                break;
            }
            while(1) {
                ShowMenu(utype);
                if(ExecOp(utype) == 0)          // 返回值为 0 表示结束当前用户操作，重新登录
                    break;
            }
        }
        return 0;
    }
```

主函数几乎是整个程序中最简短的模块。如果之前每个模块都进行过语法测试，现在应该不存在语法错误，可以把整个程序运行起来进行系统功能测试了。

还有一些功能模块需要读者自己实现，与其他修改程序的尝试一起作为作业列在本章的“思考与练习”中。

8．用项目管理程序

完成整个系统的所有功能后，代码应该超过 500 行了，然而这点代码量与真正的软件相比还是微不足道的。

当一个程序的代码较多（如超过 1000 行）时，通常应该分成多个 C 文件存储，并把全局对象放入自定义的头文件中，然后使用项目管理整个程序。

常用的 IDE 都有项目管理功能，如 Dev C++和 Code::Blocks，创建项目的方法如下：在菜单中选择 File（文件）→New（新建）→Project（项目），然后在窗口中选择“Console Application”（控制台应用程序）和“C”项目，并且为项目命名（如 jiaowu，不要加后缀），选择指定的目录存储项目文件；之后就能在左边栏的选项卡中找到 main.c，可以开始编写程序。

对于本例来说，创建项目之后，可以：

① 用之前编写的所有代码替换掉项目中 main.c 的内容。

② 在菜单中选择 File（文件）→New（新建）→File，然后在 Dev C++直接添加新的单元，在 Code::Blocks 中选择“C/C++ Header”，创建新的文件。

③ 将 main.c 中 main()函数前的所有内容复制到新建文件，将文件命名为 main.h 并保存。

④ 在 main()函数前加一行预处理命令“#include "main.h"”，并保存文件。

⑤ 编译、链接程序，可执行文件保存在项目所在文件夹的\bin\debug 文件夹中。双击，可独立运行。

小 结

模块不仅存在于工程系统中。研究表明，大脑之所以能用远低于计算机的功耗实现复杂的计算，就是因为大脑也可以视为模块化的，分为视、听、阅读、说话、运动等功能区（模块），通过功能区之间的联络区（接口）相互合作完成复杂的任务。

在设计复杂的程序时，模块化是必然的选择。

模块化程序设计的主要目标是：

❖ 使程序结构更清晰，提高程序的可读性，便于交流。

❖ 降低代码间的耦合，便于独立开发。

❖ 提高代码的重用性，减少程序中的重复代码，使程序更简洁。

❖ 控制局部代码规模，便于编码、调试与维护。

对初学者来说，这些目标是努力的方向，需要在程序设计的过程中积累经验，理解与掌握其中的精髓。

思考与练习 4

1．将 4.1.3 节的 treetop 函数与 main 函数组合成一个完整的程序。

2．在例 4.2-1、例 4.2-2、例 4.2-3、例 4.2-4 中添加打印 main 函数中的实参及自定义函数中的形参的地址值的语句，理解函数调用的过程。

3．编写函数，求一个数的立方根，若立方根不是整数，则返回其整数部分。主函数从键盘输入一个数，调用此函数，输出此数的立方根的整数部分。

4．尝试修改例 4.2-6，观察不同的运行结果，理解传递地址的原理。

5．编写函数，其功能是在 float 型一维数组中查找最大值并返回到调用程序。

6．为例 4.2-2、例 4.3-4 中的自定义函数增加函数原型声明，并调整程序结构。

7．求两个整数的最大公约数和最小公倍数。要求编写两个函数，一个函数求最大公约数，另一个函数根据求出的最大公约数求最小公倍数。在主函数中由键盘输入两个整数后调用这两个函数，并输出结果。

8．用结构体类型作为函数的类型，就可以同时返回多个值，请将例 4.1-4 的数组改成结构体类型，修改程序以使其能返回交换后的数据，思考与数组形式有什么不同。（提示：main 函数类似如下所示）

```
int main() {
    struct two  a = {3,5};
    printf("a 的内容是: %d, %d\n", a.a, a.b);
    a = swap(a);
    printf("a 的内容是: %d, %d\n", a.a, a.b);
```

```
        }
```

9．如何将例 4.2-8 中函数 max4 的函数体改成只有一条 return 语句，其后的表达式可以调用 max2 函数？

10．为例 4.2-6 中的静态局部变量 j 赋初值，观察运行结果。如何处理例 4.2-6 中的异常输入？

11．改写例 4.2-14，产生[0, 1]范围内的小数。

12．基于例 4.2-14 编写程序，产生 100 个 (n,m) 区间内的整数，n 和 m 都是从键盘输入的整数，且 $0<n<m<100$。

13．基于例 4.2-14 编写程序，分别产生 100 个和 10000 个 $[0,20)$ 区间内的整数，然后统计并打印 0～19 在其中出现次数的占比（概率）。

14．设计与实现接收数组并对其中的数据进行降序排序的插入法排序函数。

15．将 4.3.1 节的程序改成从文件中读取 10 个整数，然后用选择法排序，最后输出中位数。

16．实现优化的冒泡排序函数，并构造一个主函数，从预先写好数据的文本文件中读数据到数组中，调用该函数后打印排序结果。

17．编写函数，其功能是输入的一个字符串按反序存放，在主函数中输入和输出字符串。

18．编写函数，将两个字符串连接，在主函数中输入字符串并输出字符串连接结果。

19．用自顶向下、逐步求精的方法进行设计：已知凸五边形的 5 个顶点坐标，求五边形的面积。自定义数据结构，输出结果。

提示：验证凸五边形的这个编程实现相当难，鼓励愿意挑战的尝试一下。简单起见，假设为凸五边形且 5 个顶点值任意，先确定起始点，再用一定规律逐次求得各三角形面积，最后得到的和为五边形面积。例如，先从最左边的点 1 开始，用斜率的变化趋势判断依次的其余 4 个点，然后用这些点依次组成三角形△123、△134、△145。如果这些实在搞不懂，最基本的是用给定的 5 个顶点，事先人工求出 3 个三角形的顶点，再求解。

20．编写函数 1，使给定的一个 4×4 的二维整数型数组转置（即行列互换），扩展函数为函数 2，将给定的一个 $N\times N$ 的二维整型数组转置；再编写函数 3，从键盘输入一个整数 N，再从键盘输入 $N\times N$ 个整数，为 $N\times N$ 的二维整型数组赋值，最后按行列逻辑输出这个数组。

21．编写程序，找出 100～1000 之间的所有可逆素数。要求：判断素数、颠倒顺序的功能用两个自定义函数实现。

提示：可逆素数是指一个素数的各位数值顺序颠倒后得到的数仍为素数，如 113、311 等。

22．编写实现如下功能的函数。

（1）信息录入函数：输入 10 名学生的学号和姓名。

（2）排序函数：实现按学号从小到大排序，姓名也随之调整。

（3）查找函数：根据输入的同学的姓名来查找，找到的话，就打印其学号。

（4）主函数：调用以上三个函数，实现简易学生信息管理系统。自定义数据结构。

23．利用递归算法，把整数 n 的每一位数分解，并从高位到低位打印出来，一行输出一个数。例如，对 267，输出为

```
2
6
7
```

提示：应考虑输入为负数的情况，如果为负数，就先把负号打印，再处理正数部分。*n* 的位数不确定，可以是系统允许的任意整数。

24．将 3.6.2 节的成绩录入程序改写成模块化的程序。

25．将 4.4.2 节的排序与查找练习程序改成有如下菜单的程序。

（1）选择产生数据的方式：① 随机产生；② 产生斐波那契数列；③ 手工输入。

（2）选择排序方式：① 升序；② 降序。

（3）输入查询的数据。

（4）退出。

将程序保持在循环状态，直至选择“4”后结束程序的运行。注意处理未产生数据就排序、菜单选项输入异常、数据输入异常等情况。

26．对极简教务系统进行如下修改（可分别进行）。

（1）在新增用户时加入密码确认步骤。

（2）将 ExecOp()函数的功能放在主函数中实现。

（3）设计实现“新增课程”“修改成绩”“成绩排序”“学生选课”“查询成绩”和“学生操作”模块。

（4）在“删除用户”模块中增加根据姓名删除的选项，删除前要确认 ID，请给出一些重名的例子后再进行操作。

（5）在“课程信息”结构中增加选课学生和成绩信息，从学生详细信息中删除课程成绩信息，并修改相关的程序语句。

（6）在程序中增加将课程信息、教师详细信息、学生详细信息，分别写入文件、读出文件的函数，并在合适的地方调用。

（7）考虑在程序刚运行时就执行“删除用户”功能的情况，输入用户 ID，读用户基本信息文件并查询，找到后删除对应的用户信息，再从用户详细信息文件中查找并删除该用户的信息，完成后重写文件。注意处理空文件等情况。

（8）为管理员增加“修改教师排课”和“修改学生选课”功能。

（9）原系统只将用户基本信息存入文件，请将教师信息与学生信息分别存入详细信息文件，并在修改教师排课、学生选课时从该文件中读取信息。

第 5 章

CT

系统级编程初探

系统级编程将向读者展示如何在最接近硬件的层面进行软件编程，是实现计算思维应用的本质基础。指针则是系统级编程的核心概念和工具。

K&R C 中指出，在 C 语言中广泛使用指针有两个原因：指针常常是表达某个计算的唯一途径；同其他方法比较起来，使用指针通常可以生成更高效、更紧凑的代码。

通过本章的学习，读者应达到如下能力水平：

- 针对学习与工作中遇到的系统级层面的问题，抽象出需要处理的数据对象，据此构建合适的存储结构。
- 在分析问题特征的基础上设计算法，灵活运用指针、数组、结构体等派生类型，结合对磁盘文件的访问，编写能解决更复杂的问题、实用价值更高的应用程序。
- 借助指针的系统级操作能力，对数据存储与算法运行效率进行最基础的优化。

C 语言在设计之初就被用于编写操作系统，能面向系统进行编程是 C 语言流行至今的最重要原因。指针是使用 C 语言进行系统级编程时最强有力的工具，也是 C 语言最具特色的精华所在。

本章以指针为基础，阐述程序在内存中对数组、函数、结构体、文件等进行操作时底层的机制，揭示程序运行与数据处理的基本原理，为读者将来进行系统级软件的开发或算法的底层优化打下基础。

指针使用地址访问内存中的存储对象，读者学习指针前先要了解内存中有什么。计算机启动时，将操作系统加载到内存中指定的位置，由操作系统管理内存。现代操作系统将内存分为内核空间和用户空间。内核空间是操作系统内核访问的区域，是受保护的内存空间，不允许用户程序访问。用户空间则是普通应用程序可访问的内存区域，程序的指令（代码）和数据由操作系统加载到用户空间中，每条指令和每个数据都会占据一定的内存单元，形成所谓的用户程序空间。

不同的计算机系统对内存的管理方式有所差异，图 5-1 取自第 4 章的例题，是一种比较典型的程序空间分配模式，包括代码段、堆栈段、数据段三部分。

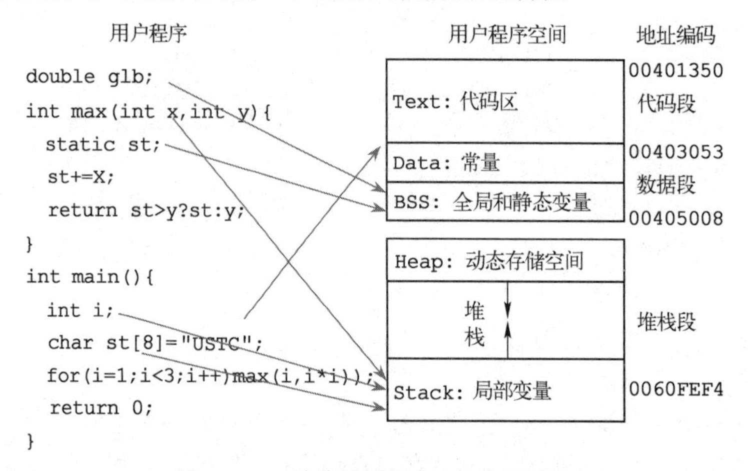

图 5-1　一种典型的程序空间分配模式

代码段（Code Segment），又称为文本段（Text Segment），主要用于存放编译后的程序指令。操作系统会对代码段进行只读保护，防止错误的内存访问破坏代码。

堆栈段（Stack Segment）包括堆（Heap）和栈（Stack）。堆是用于程序运行过程中动态分配内存的空间。栈主要用于函数调用，保存函数的参数列表、函数内部的非静态局部变量、返回值等。

数据段（Data Segment）包括 BSS（Block Started by Symbol Segment）区和 Data 区。BSS 区保存未初始化的全局变量和静态变量。Data 区保存已初始化的全局变量和静态变量。

【说明】 在计算机系统中，内存一般是分段（Segment）管理的。如果在程序运行过程中提示“段错误”或“Segment Fault”，这时应该首先考虑是否出现了错误的内存访问，如数组越界、无效指针等情况。

5.1　指针的基本概念与用法

K&R C 中介绍指针的第一句话是：指针是一种保存变量地址的变量。

5.1.1　指针的基本概念

理解指针，从回答两个问题开始：每个变量都要指定数据类型，指针既然是变量，它的类型是什么？指针中保存的是地址，地址到底是什么？先看例题。

```
// 例 5.1-1  指针基本语法示例
    #include <stdio.h>
    int main()
        float  x = 3.14159;
        float  *p;                      // 定义指针变量 p
        p = &x;                         // 用 p 保存变量 x 的地址
        printf("%f\n", *p);             // 用 p 从地址中取内容
        return 0;
    }
```

运行程序后，输出结果是：

```
3.141590
```

解析：

① 在变量 p 的定义中，变量名前带有“*”，表明这是一个指针变量（简称为“指针”），而“*”前的 float 表明这个指针用来保存一个 float 型数据的地址。“float *”就是指针 p 的类型。指针类型不能像基本类型一样独立存在，必须由其他类型（称为基类型）加上“*”派生而成。

② 取地址运算符“&”的真实操作是生成一个指向操作数的指针，并将操作数的地址（值）存入指针。因此，p = &x 是两个指针之间的赋值。指针如此神出鬼没，常常让初学者心生畏惧。真相其实非常简单：只要涉及地址的操作，背后必然有一个指针。本质上，指针就是为操作地址而生的。

③ 地址是对内存单元（字节）的编码。CPU 使用物理地址访问内存，C 语言程序使用的是从物理地址中抽象出来的逻辑地址。不同的编译环境抽象出不同的逻辑地址，如 32 位编译器和 64 位编译器分别产生 32 位和 64 位的地址。形式上，地址是一个整数，可以用十六进制（%p）或十进制（%d）形式输出，不过只能进行加、减和关系运算，如允许&x+1 或&x != 1（只是允许，不代表有意义），但不允许&x*1 或&x%2。内存中的对象，包括指令和数据，都以所在存储空间的第 1 字节的地址作为自己的地址。

④ 指针存储的只是地址，而地址本身没有意义，所以需要告诉指针如何基于地址访问对象——从该地址开始有多少字节属于这个对象，其编码格式是什么——这就是基类型的作用。

⑤ 指针必须先存储一个对象的地址（也称为指针“指向”该对象），才能继续进行操作。最基本的操作就是使用指针运算符“*”按基类型从这个地址中取值，如“printf("%f\n",*p)”就以浮点型格式取出指针 p 所指向地址中的值并输出。

所以，指针变量定义的一般形式为

```
类型名 *指针变量名;
```

指针变量名前的“*”是指针定义符。

为指针变量赋（地址）值的常见形式为

```
指针变量名 = &变量名
```

指针变量名前不要加“*”，当变量名代表地址时（如数组名），不要加“&”。

从指针变量存储的地址中取值的一般形式为

```
*指针变量名
```

“*”是单目运算符，称为“指针运算符”，又称为“间接访问运算符”，其作用是获得指针指向的数据对象，这个运算过程称为“间接访问”。

定义指针与从指针存储的地址中取值时都使用了“*”，看起来很像，但用在不同的语句中，前者是定义符，作用是表明其后的标识符是指针变量名，而后者是运算符，构成表达式，用于从指针存储的地址中取值，是两个层面的语法概念，初学者应注意区分。

图 5-2 展示了在 32 位编译环境下，程序中指针和所指对象之间的关系。

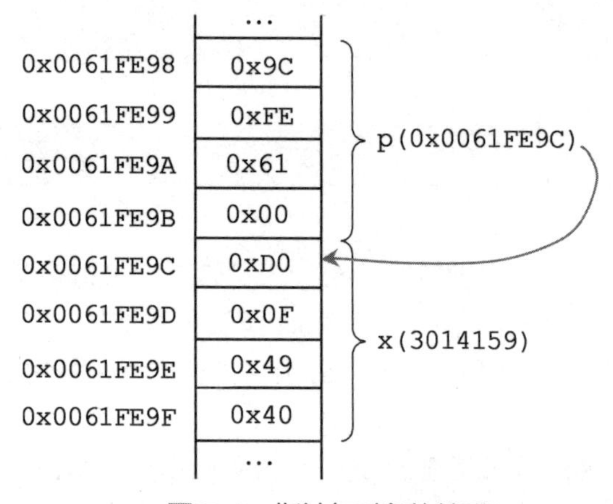

图 5-2　**指针与对象的关系**

读者可以在例 5.1-1 中增加如下语句，分别输出变量 x 的地址、指针 p 中存储的地址、指针 p 自身的地址进行验证：

```
printf("%p, %p, %p\n", &x, p, &p);
```

在 Dev C++ 5.11 版本中选择 GCC 32 位编译器，编译运行结果为

```
3.141590
0061FE9C, 0061FE9C, 0061FE98
```

而选择 GCC 64 位编译器，编译运行的结果为

```
3.141590
000000000062FE1C, 000000000062FE1C, 000000000062FE10
```

这个例子只是用于介绍指针的概念，体现不出指针的优势，因为用变量名就能得到变量的值。不过，当使用指针指向数组元素时，情况开始有一些不同。

5.1.2 一维数组与指针

数组与指针虽然是不同的数据类型，但它们之间有着非常密切的关系。结合指针讨论数组才能触及数组的本质。

1．指向数组元素的指针

本节仍然从例题开始，以 double 类型的数组为例，介绍数组与指针之间的关系，以及如何使用指针来访问数组。

```
// 例 5.1-2  利用指针输出数组中所有元素的值和地址
    #include <stdio.h>
    int main() {
        int  i;
        double  a[5] = {1.1, 2.2, 3.3, 4.4, 5.5};
        double  *p;

        p = a;
        for(i = 0; i < 5; i++) {
            printf("&a[%d] = %p, p = %p, a[%d] = %f, *p = %f\n", i, &a[i], p, i, a[i], *p);
            p = p+1;
        }
        return 0;
    }
```

解析：

① 程序中对指针变量 p 的赋值语句为

```
p = a;
```

之所以能用数组名直接对指针变量赋值，是因为数组名代表的是首个数组元素的地址。在本例中，数组名 a 表示元素 a[0]的地址，即&a[0]。这条赋值语句等价于

```
p = &a[0];
```

经过赋值后，p 成为指向数组 a 首个元素的指针，而*p 等价于 a[0]。

也可以把这条语句合并到指针定义中，对 p 进行初始化：

```
double *p = a;
```

再次提醒，变量定义中的“*”用以表示 p 的类型是指针，并不是运算符。初始化与赋值的区别是，前者在编译程序时完成，后者在运行程序时完成。

② 程序中对指针变量 p 进行加法及赋值运算的语句为

```
p = p+1;
```

指针存储的是内存地址，指针增加 1，是否就是地址值增加 1 呢？这取决于指针的基类型。指针增加 1，表示其地址值增加 sizeof(基类型)，即指针指向下一个数组元素的地址，这样可以保证指针的有效性。在本例中，指针指向 double 类型，所以当指针增加 1 时，其存储的地址值增加 8。另一种情况，如果是指向 int 类型的指针，当指针增减时，每次的变化量就是 sizeof(int)。

经过第一次循环，指针 p 的值增加了一个 double 类型数据的长度，不再指向数组 a 的起始元素 a[0]，而是指向了下一个元素 a[1]，此时*p 与 a[1]等价。每次以此循环，实现了使用指

针对数组中所有元素的访问。在这个过程中，指针的移动如图 5-3 所示。

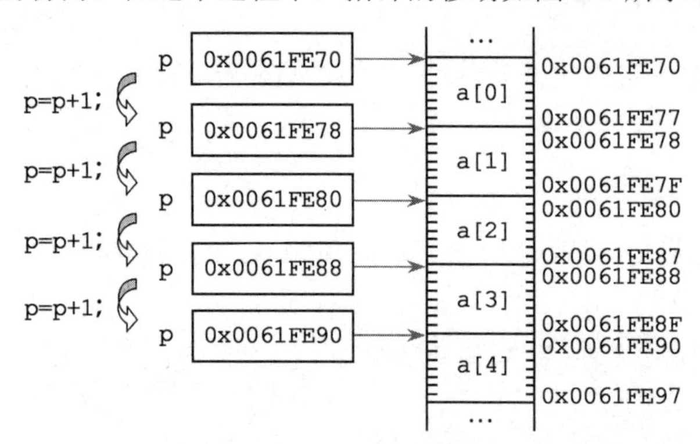

图 5-3　**指针在数组范围内的移动**

在 32 位环境下，程序运行结果如下所示（其中的地址值可能随编译环境不同而有些差异）。

```
&a[0]=0061FE70, p=0061FE70, a[0]=1.100000, *p=1.100000
&a[1]=0061FE78, p=0061FE78, a[1]=2.200000, *p=2.200000
&a[2]=0061FE80, p=0061FE80, a[2]=3.300000, *p=3.300000
&a[3]=0061FE88, p=0061FE88, a[3]=4.400000, *p=4.400000
&a[4]=0061FE90, p=0061FE90, a[4]=5.500000, *p=5.500000
```

从中可以看到，数组元素的地址、指针变量 p 的值、数组元素的值、p 指向的数据*p 的值及其之间的关系。

由于每个 double 类型数据在内存中占据 8 字节，因此数组 a 中相邻下标元素的地址之间的差值为 8。指针变量 p 在每次增加 1 时，p 的值增加 8，指向相邻的下一个元素，*p 则等价于该元素。

当然，在这个例子中，完全可以使用数组名和下标来访问其所有元素，并不需要借助指针来实现这个功能。通过指针访问数组元素的方法，只有在涉及字符串、多维数组、动态分配存储空间等较为复杂的情况下，才能够体现出其优势和便利之处。

2．指针的运算

例 5.1-2 介绍了部分指针运算的简单实例，本节进一步说明指针的运算规则。

（1）赋值运算

指针类型的数据可以赋值给同类型的指针变量。例如：

```
int  a, *pa = &a;        // 同时定义普通变量与指针变量，并将普通变量的地址赋给指针
int  b, *pb;             // 同时定义普通变量与指针变量，不过两者无关
pb = pa;                 // 指针变量之间互相赋值
pa = &b;                 // 不要与第一句混淆，int *pa=&a 是定义变量的同时初始化
```

将非指针类型或不同类型的指针赋值给指针变量时，将引起编译警告，并可能造成错误的运行结果。比如：

```
int  a = 5, *pa = &a;
float  *pb;
pb = pa;                 // 编译提示：[Warning] assignment from incompatible pointer type
printf("%d %d", *pa, *pb);
```

虽然可以运行，但运行结果为

```
5 0
```

即使将*pb 的输出格式改成“%f”，也只是变为

```
5 0.000000
```

这是因为在变量 a 中存储的是 int 类型数据，用 float 类型的指针间接访问时，只会按基类型 float 格式去读数据，而 float 格式与 int 格式并不兼容，读出的结果无论怎么显示都不会正确。但如果把 pb 转换成 char*类型，用“%d”格式输出就可以正确显示结果，因为 char 的本质就是整型，存储格式与 int 类型兼容，只是取值范围很小。这也很容易验证，把 a 的初值改成很大，如 54321，结果又会不同了。

除此以外，对不同类型的指针赋值，有两种特例是语法规则允许的。

特例一：任何类型的指针都可以赋值给空类型指针，空类型指针变量的定义如下：

```
void *p;
```

空类型指针仅存储一个地址值，而没有指定其指向的数据类型，所以不能使用*p 引用其指向的数据，空类型指针一般用于函数的形参和返回值。5.3.3 节将介绍的内存分配函数就是一个典型的例子。作为一个通用的函数，无法事先确定分配的内存将要存放什么类型的数据，只能使用 void *类型作为函数的返回类型。其函数原型为

```
void *malloc(size_t size);
```

空类型指针是不能直接使用的，需要在指向明确的对象后强制类型转换成该对象的指针类型。

特例二：C 语言允许将整数 0 直接赋值给指针变量。为更清楚地表示其含义，在头文件中用符号常量 NULL 表示 0，并将 NULL 赋值给指针变量。例如：

```
int  *p = NULL;
```

NULL 即 0，是唯一允许直接赋给指针变量的整数值。这个赋值的目的是防止未经赋值的指针指向一个未知的内存区域，从而产生难以预料的错误。

值为 0 的指针也被称为空指针。要注意区分“空类型指针”和“空指针”这两个概念。

最后，在必要（强调一下，仅在必要）的情况下，可以将其他类型的指针或整型数据经过强制类型转换后赋值给指针变量。例如：

```
int  *p;
double  d;
p = (int *) &d;
p = (int *) 0x1234;
```

以上赋值都是符合语法要求的（编译不报错，也不报警），但是需要使用者保证指针的正确性和有效性。

（2）算术运算

指针变量可以进行加、减运算或自增、自减运算，但通常仅限于指向数组元素的指针。示例如下：

```
// 例 5.1-3  指针的运算演示
    #include<stdio.h>
    int main() {
```

```
    double  a[8] = {1.,2.,3.,4.,5.,6.,7.,8.};
    double  *p = &a[3];                    // 指针可以指向任意数组元素，不一定是第一个
    printf("%.1f\t", *p);                  // p 指向 a[3]，输出结果为 4.0
    printf("%.1f\t", *(p+2));              // p+2 指向 a[3+2]，输出结果为 6.0
    printf("%.1f\t", *(p-2));              // p-2 指向 a[3-2]，输出结果为 2.0
    // p+2 和 p-2 都没有改变 p 的指向，只是进行了地址的增或减
    printf("%.1f\t", *p);                  // p 仍然是指向 a[3]，输出结果为 4.0
    printf("%.1f\t", *++p);
    // 自增改变了 p 的指向，p 从指向 a[3]变为指向 a[3+1]，输出结果为 5.0
    printf("%.1f\t", *p);                  // p 确实指向了 a[4]，输出结果为 5.0
    printf("%.1f\t", *p--);                // 先输出 p 指向的 a[4]即 5.0，再将 p 指向 a[3]
    printf("%.1f\t", *p);                  // p 确实又指向了 a[3]，输出结果为 4.0
    return 0;
}
```

对指针进行自增、自减会改变指针中存储的地址值，而最终要访问的是地址中的数据。在以上表达式中，取数据用的“*”运算符与“++”或“--”运算符混用时，要注意优先级和运算次序，否则可能无法理解输出的结果。比如，在“*++p”中，显然优先计算“++p”，而在“*p--”中，虽然自减运算符优先级高，但是按照运算规则，“p--”的值是 p 自减之前的原值，所以“*p--”的值是 p 自减前指向的数组元素，输出的也是该元素的值。

其他运算组合还包括“*p--”与“--(*p)”。接着上面的语句执行：

```
printf("%.1f\t", *--p);                // p 先自减指向 a[2]，再输出结果 3.0
printf("%.1f\t", --(*p));              // *p 即 a[2]，自减即(int)3.0-1，输出 2.0
```

第 2 条语句中的“*p”等价于 a[2]，视同变量，因此可以自减。按照运算规则，“--(*p)”的值是“*p”自减后的值，然后将新值按格式要求，以十进制小数形式显示。

由于 C 语言不做数组越界检查，在以上运算中，需要程序员注意避免指针越过数组的地址范围。比如，读者可以尝试输出“*(p-8)”的内容，确实有数据（其他未知对象存储的内容），但并不是数组元素的值。读者可以把这些语句一起放到一个程序中测试运行。

以上是对单个指针变量的运算。两个指针变量之间也能进行运算，但只能进行减法运算，用来获得两个指针（所存储地址）的差值。大多数时候这种计算没有意义。有意义的用法是指向同一个数组中的元素的两个指针之间，进行减法运算时能知道相互之间间隔多少个元素。

（3）关系运算

指针可以执行所有的关系运算，但并不总是有意义的。

任何类型的指针都可以与 0 或 NULL 比较是否相等或不等，判断指针值是否为“空”。通常使用关系表达式 p==NULL 或 p!=NULL 完成这个比较。另外，由于 NULL 或 0 表示逻辑“假”，非 0 表示逻辑“真”，因此以上两个关系表达式的逻辑值分别等价于!p 和 p 的逻辑值。而判断指针的值是否大于或小于某个常量就没有什么意义。

两个同类型指针之间可以进行所有的关系运算，用于判断指针之间的相对位置。当两个指针相等时，显然表明它们指向了同一个对象。

在 5.3.3 节操作链表时会大量使用指针的关系运算与赋值运算。

（4）间接引用运算

一元运算符“*”是间接寻址或间接引用运算符。当它作用于指针时，将访问指针所指向的对象。除了空类型指针和空指针，通过指针运算符“*”可以引用指针指向的数据，但是需

要注意指针的有效性。

无效指针是没有指向有效数据对象或函数的非空指针，如野指针和悬空指针。野指针（Wild Pointer）是指没有经过初始化或赋值的指针变量。比如：

```
int *p;
printf("%d", *p);                    // 未经初始化的指针，其指向的内容不确定
```

悬空指针（Dangling Pointer），又称为悬挂指针、迷途指针，是指原本所指向的内存空间已经被释放的指针。指向数组元素的指针移到了数组范围之外，或把非 0 整数值强制转换成指针，都可能产生无效指针。比如前面的例子中，如果多次执行“p--”或“p++”，就会使 p 越过数组边界，变成无效指针。

数组名代表的是数组起始元素的地址。K&R C 中指出，从技术角度，地址就是指向变量的指针。在本章之前，本书一直使用下标访问（引用）数组元素，如 a[i]。但实际上，C 语言是先将 a[i]转换为“*(a+i)”的形式，再进行求值，因此在程序中这两种形式是等价的。也就是说，可以用“*(a+i)”的方式访问数组元素。

```
int a[5] = {5,4,3,2,1};
printf("%d",*(a+3));                 // 输出 a[3]的值 2
```

（5）下标运算

相应地，如果 pa 是指向数组元素的指针，也可以在它的后面加下标访问数组元素，即 pa[i]与*(pa+i)是等价的。不过，不能因此就认为数组名与指针等价，它们只是在操作上是一致的，根源在于两者都与地址有关。C 语言中的地址算术运算方法是一致且有规律的，将指针、数组和地址的算术运算集成在一起是其一大优点。

数组名与指针的不同之处在于：指针是一个变量，因此在 C 语言中，“pa = a”和“pa++”都是合法的；但数组名不是变量，因此类似“a = pa”和“a++”形式的语句是非法的。

若指针 q 指向数组 a 的第 j 个元素 a[j]，则 q+i 指向 a[i+j]，*(q+i)即 a[i+j]。在这种情况下，由于偏移量 j 的存在，需要特别注意 q+i 的值是否仍在数组元素地址范围内。

例如，若有以下定义和初始化，则 p 指向 a[0]，q 指向 a[2]。

```
int a[10], *p = a, *q = &a[2];
```

通过数组名 a 以及指向数组元素的指针 p 和 q 访问数组元素的各种方式如图 5-4 所示，其中，左侧为指向数组元素的指针，右侧为数组元素的表达形式。

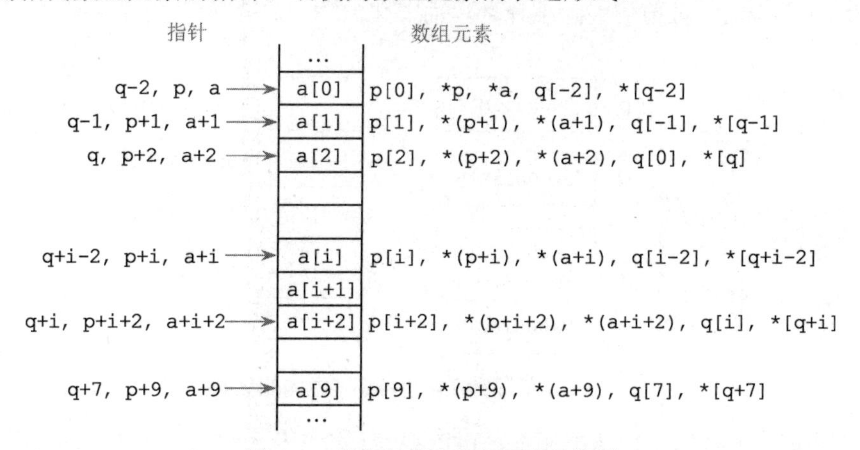

图 5-4　数组与指向数组元素的指针

而 p-1、q+8 超出了数组的定义范围，引用其值可能导致程序运行异常。

通过数组下标所能完成的任何操作都可以通过指针来实现。一般来说，用指针编写的程序比用数组下标编写的程序执行速度快（用 p++移动指针比进行 a+1 地址加法运算快），但另一方面，用指针实现的程序理解起来稍微困难一些。

3．字符数组与指针

字符处理和字符串操作是常见的程序功能，因此单独进行介绍。

例如，对一个字符数组中的所有元素进行加密，加密的方式是每个字符加上它在字符数组中的位置和一个偏移量。

```
// 例 5.1-4  字符数组加密
    #include <stdio.h>
    int main() {
        char  s[4] = {'C','O','D','E'};
        char  s_copy[4];
        int  i = 0, offset = 5;
        char  *p = s;

        printf("&s[0] = %p, s = %p\n", &s[0], s);

        for(i = 0; i < 4; i++) {
            printf("&p = %p, p = %p, *p = %c\n", &p, p, *p);
            s_copy[i] = *p + offset + i;
            printf("明文是: %c, 密文是: %c\n", s[i], s_copy[i]);
            p++;
        }

        putchar('\n');
        return 0;
    }
```

细心的读者可能发现，本例中使用指针是多余的，直接针对数组元素进行操作会更加清晰和简单。确实，这个例子只是用于演示指针与字符数组的关系。

程序在定义指针变量 p 时用数组名进行了初始化，此后都用指针 p 操作数组。由于指针 p 的基类型是 char 类型，因此 p++会使其存储的地址值增加 1。随着循环的进行，指针 p 的移动如图 5-5 所示（其中的地址值可能随编译环境而变化）。

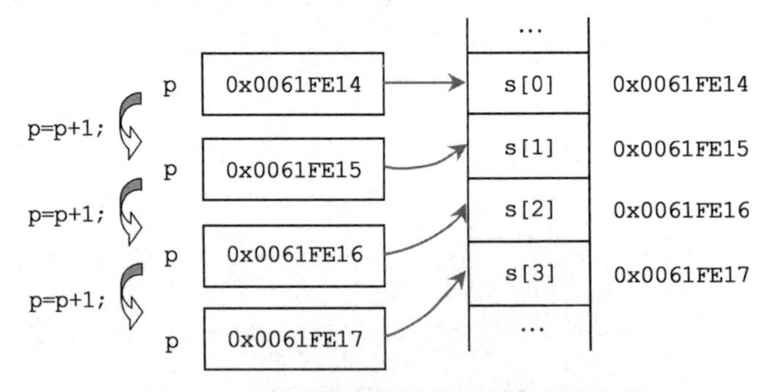

图 5-5　字符指针在字符数组范围内的移动

在 32 位环境下的程序运行结果如下，可以观察到程序运行过程中指针变量 p 的变化，以及 p 所指向数组元素的值。

```
&s[0] = 0061FE14, s = 0061FE14
&p = 0061FE08, p = 0061FE14, *p = C
明文是：C，密文是：H
&p = 0061FE08, p = 0061FE15, *p = O
明文是：O，密文是：U
&p = 0061FE08, p = 0061FE16, *p = D
明文是：D，密文是：K
&p = 0061FE08, p = 0061FE17, *p = E
明文是：E，密文是：M
```

上例中，数组 s 中存储了 4 个字符，但没有空字符，因此不是一个字符串。接下来看看如何将指针与字符串联系起来。

字符串也称为字符串常量，是没有名字的字符数组，其内容直接书写在程序中，数组的长度刚好可以容纳该字符串，包括结束字符'\0'。程序运行时，系统通常将字符串分配在数据段的常量区，使用连续的字节存储，并且不允许修改字符串的内容。

与其他数组一样，字符串代表的是其起始字符的地址。不一样的是，字符串没有专门的名字，无法引用其中的单个字符，只能作为一个整体使用，可以用于对字符指针变量的初始化或赋值，以及对字符数组的初始化（但不能用于赋值）。

如果需要引用字符串中的单个字符，一种方法是将其复制到数组中，使用下标引用；另一种方法是用指针指向字符串，使用“*”运算符引用。复制到数组中的好处是可以进行修改操作，当然，修改的只是副本，原来的字符串并不会受到任何影响。用指针指向字符串时，虽然也不能修改原字符串，但可以从中取出字符进行操作，不需要复制整个字符串。如果字符串很长，那么指针方式可以节省存储空间，执行效率也比使用字符数组高。

用字符串初始化字符指针的示例如下：

```
char *str = "Hello World!";
```

也可以在程序中使用赋值语句将字符串常量赋值给字符指针变量，如

```
char *str;
str = "Hello World!";
```

字符指针 str 中存储了字符串的首个字符'H'的地址，如图 5-6 所示。注意，无论指针指向什么对象，其实都只是存储了该对象所在存储空间的首字节的地址。指针只能通过基类型知道，从这个字节开始，存储了一个该类型的数据，并不知道后面是否还有更多数据。因此，当使用指针指向数组时，有时会由于操作失误，指针的指向超出了数组的存储区域。而字符串的优势在于具有一个结束标志'\0'，用指针操作字符串时，不需要考虑字符串长度，只需要判断当前字符是否'\0'即可。遇到字符'\0'，自然结束操作。

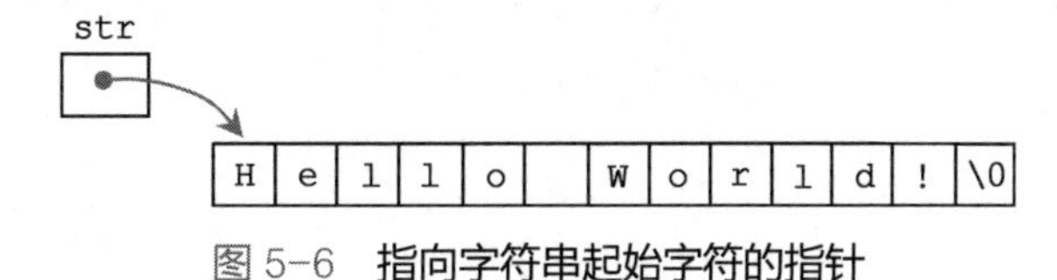

图 5-6 **指向字符串起始字符的指针**

例如，利用指向字符串的指针统计每个字母出现的次数。

程序算法设计如下：① 令指针指向字符串首个字符；② 判断当前字符是否空字符，是则结束循环；③ 否则，判断当前字符是否字母，是，则该字母计数加 1；④ 指针指向下一个字符，返回②；⑤ 输出每个字母出现的次数。

程序中使用了一些技巧，读者可以从如下代码中体会：

```
// 例 5.1-5  利用指向字符串的指针统计每个字母出现的次数
    #include <stdio.h>
    int main() {
        char *str = "The new Science of Complex Systems is providing radical new ways of \
                    understanding the physical, biological, ecological, and social universe.
                    The economic regions that lead this science and its engineering will \
                    dominate the twenty first century by their wealth and influence. In all \
                    domains, complex systems are studied through increasingly large \
                    quantities of data, stimulating revolutionary scientific breakthroughs. \
                    Also, many new and fundamental theoretical questions occur across the \
                    domains of physical and human science, making it essential to develop \
                    the new Science of Complex Systems in an interdisciplinary way.";
        char  c;
        int  anum[26] = {0};                        // 存储 26 个字母的出现次数
        while(c = *str++) {                         // 先取字符，再赋值，最后自增
            if(c >= 'a' && c <= 'z')
                anum[c-'a']++;                      // ++在前在后皆可
            if(c >= 'A' && c <= 'Z')
                anum[c-'A']++;
        }
        printf("字母 a 和 A 有%d 个\n", anum[0]);
        printf("字母 b 和 B 有%d 个\n", anum[1]);
        return 0;
    }
```

作为示例，只输出了前两个字母的个数，感兴趣的读者可以数一下对不对：

```
字母 a 和 A 有 42 个
字母 b 和 B 有 3 个
```

整个程序非常简洁（请无视那个长长的字符串），充分利用了 C 语言强大的语法特性。不太理解的读者可以先尝试用自己熟悉的方式编写程序，然后进行比较学习。

定义字符指针 str 时直接用字符串进行初始化，此时 str 指向起始字符'T'。字符变量 c 并不是必需的，可以删去表达式“c = *str++”中的“c=”，并用*str 替代所有的 c。但这样显然会增加书写代码的工作量，增加出错的可能。

程序中使用的第一个技巧是表达式“c = *str++”的写法，利用了运算符的优先级与运算次序规则关系，将多步操作书写到一个表达式中。表达式中“++”运算符的优先级最高，但是按照运算规则，str++的值是 str 自增前的值，因此：

① 运算子表达式*str，得到字符'T'。

② 通过赋值运算赋给变量 c，并得到整个表达式的值'T'。

③ str 进行自增。注意，自增的对象是指针 str，不是 str 指向的元素，自增的结果是 str 指向了下一个元素'h'。

④ while 语句使用表达式的值'T'进行条件判断，因为非 0，所以进入循环。

第二个技巧是判断字母与获取下标，类似“c >= 'a' && c <= 'z'”的用法相信读者已经非常熟悉了，而 anum[c-'a']的用法原理相通，将'a'~'z'映射为下标 0~25。

而 anum[c-'a']++等效于 anum[c-'a'] += 1 或 anum[c-'a'] = anum[c-'a']+1，只是其中最简单的表达形式，只涉及单个操作数，不存在优先级问题，也可以使用前缀自增形式++anum[c-'a']。

这个例子关键的地方在于表达式 str++，指针通过自增运算在内存中逐字节“移动”，指向字符串中的字符（也称为“遍历”字符串）。遍历过程中不断用*str 取出字符赋给 c 并将字符的值（ASCII）作为 while 语句的判断条件。由于始终不为 0，因此保持循环，直至到达字符串末尾时，取出了结尾字符'\0'，其值刚好为 0，while 判断后结束循环。指针的“移动”过程如图 5-7 所示。

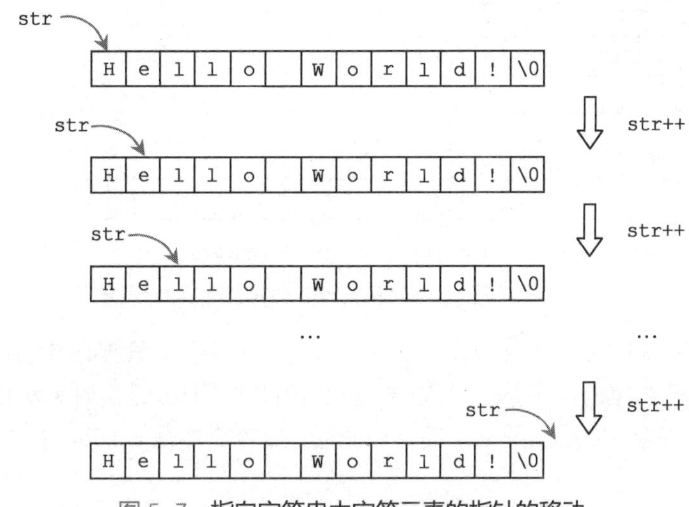

图 5-7　**指向字符串中字符元素的指针的移动**

下面的例子展示字符数组、字符串与字符指针之间的联系与区别。

```
// 例 5.1-6  求字符串、字符数组、字符指针占用内存空间及字符串长度
    #include <stdio.h>
    #include<string.h>
    int main() {
        char  str1[8] = "abcde";
        char  str2[5] = "abcde";
        char  *str = "abcde";
        printf("str1 = %s 的大小为%d, 长度为%d\n", str1, sizeof(str1), strlen(str1));
        printf("str2 = %s 的大小为%d, 长度为%d\n", str2, sizeof(str2), strlen(str2));
        printf("1. str = %s 的大小为%d, 长度为%d\n", str, sizeof(str), strlen(str));
        str = str1;
        printf("2. str = %s 的大小为%d, 长度为%d\n", str, sizeof(str), strlen(str));
        str = str2;
        printf("3. str = %s 的大小为%d, 长度为%d\n", str, sizeof(str), strlen(str));
        printf("字符串%s 的大小为%d, 长度为%d\n", "abcde", sizeof("abcde"), strlen("abcde"));
        printf("str1 的地址为%p, str2 的地址为%p\n", str1, str2);
        printf("字符串的地址为%p, 指针的地址为%p\n", "abcde", &str);
        return 0;
    }
```

输出结果如下（其中的地址值在不同的编译环境下可能有差别）：

```
str1 = abcde 的大小为 8，长度为 5
str2 = abcdeabcde 的大小为 5 长度为 10
1. str = abcde 的大小为 4，长度为 5
2. str = abcde 的大小为 4，长度为 5
3. str = abcdeabcde 的大小为 4，长度为 10
字符串 abcde 的大小为 6，长度为 5
str1 的地址为 0060FEF8，str2 的地址为 0060FEF3
字符串的地址为 00403024，指针的地址为 0060FEEC
```

32 位环境下例 5.1-6 中的字符串、字符指针与字符数组的存储情况如图 5-8 所示。读者可以据此分析为什么有上面的输出结果。

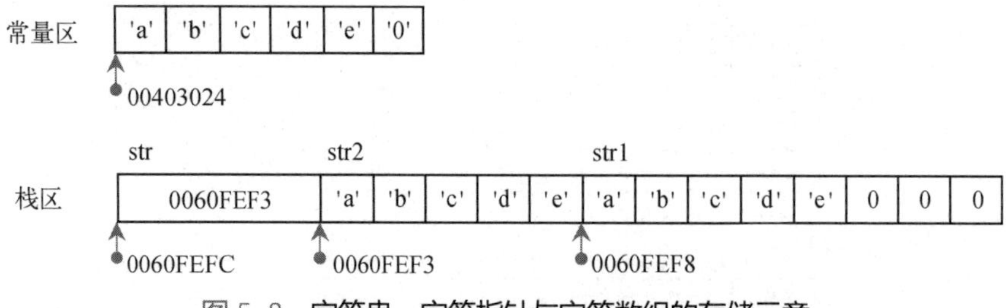

图 5-8　字符串、字符指针与字符数组的存储示意

以 str2 为例，系统仅在栈区为其分配了 5 字节的存储空间，只够存放字符串"abcde"中的 5 个字符，而无法存储结尾的空字符。导致在 printf( )函数中用%s 输出时无法正确结束，会接着输出其后字节中的内容。而后面是 str1 的存储空间，内容仍然是 abcde，不过紧接着有空字符，至此才能结束输出。

5.1.3　二维数组与指针

在 C 语言中，本质上只有一维数组。当一个一维数组的每个元素也是一维数组时，就得到了二维数组；以此类推，还可以得到三维数组或者更高维的数组，称为多维数组。二维数组是多维数组中最简单、最常用的一种。与一维数组类似，利用指针变量也可以实现对二维数组的访问和操作。

1．指针处理二维数组

二维数组占用一片连续的存储区域，数组名表示这片存储区域的首地址。二维数组的元素是按行存放的，即在内存中先顺序存放第 0 行的各元素，再存放第 1 行的各元素，依次存放所有行。

由于二维数组存在行列两个维度，相应有两种类型的指针可以用于访问二维数组：① 指向二维数组的元素的指针；② 指向二维数组的行的指针，也称为行指针。二维数组的行是一维数组。

例如，使用 double 类型二维数组表示 5 名学生的成绩单，每名学生的成绩包括三门课程的成绩和一个平均分。要求：

① 将每名学生第二门课程的成绩进行开方乘 10 处理。

② 根据每名学生的三门课程成绩计算平均分。

③ 将每名学生三门课程成绩和平均分打印输出。

```
// 例 5.1-7  用指针处理二维数组
    #include <stdio.h>
    #include <math.h>
    #define       M    5
    #define       N    4
    int main() {
        double score[M][N] = {{87, 72, 91}, {93, 65, 88}, {75, 50, 73},
                              {82, 70, 81}, {91, 86, 95} };
        double  (*p)[N];                                   // 拟指向二维数组的行的指针

        for (p = score; p < score+M; p++) {
            (*p)[1] = sqrt((*p)[1])*10.0;
            (*p)[3] = ((*p)[0]+(*p)[1]+(*p)[2])/3;
            printf("%.2f  %.2f  %.2f  %.2f\n", (*p)[0], (*p)[1], (*p)[2], (*p)[3]);
        }
        return 0;
    }
```

解析：

① 行指针的定义。程序中定义了 M 行 N 列的二维数组 score，以及行指针 p：

```
    double  (*p)[N];
```

这是一个比较复杂的变量类型，由于“( )”的存在，变量名 p 先与表示指针类型的*结合，说明 p 是一个指针，然后遇到 double [N]，说明这个指针指向的数据类型是长度为 N 的 double 类型一维数组，与 score 的类型相同。

二维数组名 score 表示的指针所指向的数据对象是 score[0]，即长度为 N 的 double 类型一维数组，因此数组名 score 和变量 p 是同类型指针，可以使用 score 直接对 p 进行赋值：

```
    p = score;
```

在这个赋值中，必须保证 p 的定义形式中指定的基类型数组大小与 score 的列数一致，否则它们就不是同类型的指针。

行指针的定义形式中必须指定列数。类似地，在二维数组的定义中，即使给出了完整的初值列表，也不能省略列数，列数是类型说明中不可缺少的一部分。

② 行指针对数组元素的引用。经过前述赋值后，p 指向了 score[0]。由于行指针 p 指向的数据类型是 double [N]，也就是 score 的一行，因此 p++将使 p 的值增加一行的长度，即指向下一行。

由于 p 指向 score 的一行，因此*p 表示 p 当前所指的这一行，(*p)[j]表示当前行的第 j 个元素。根据下标运算和指针运算的等价关系，*p 即*(p+0)等价于 p[0]，所以(*p)[j]即 p[0][j]。注意，(*p)的括号是必需的，因为下标运算符[ ]的优先级高于指针运算符“*”，*p[j]会被编译器解释为*(p[j])，即 p[j][0]，这表示 p 所指向的当前行之后的第 j 行的第 0 个元素。

以上程序的运行结果为

```
87.00 84.85 91.00 87.62
93.00 80.62 88.00 87.21
75.00 70.71 73.00 72.90
82.00 83.67 81.00 82.22
91.00 92.74 95.00 92.91
```

经过程序的数据处理，每位学生的第二门课程成绩和平均分都得到了明显提高。

考虑到二维数组是由一维数组的一维数组扩展而来，在二维数组及其行指针的定义和使用中，切记不要被相对复杂的定义形式和使用方法所困扰，只要严格按照一维数组和指针的关系进行扩展，就不难理解和分析其中的运算过程和逻辑脉络。

由于内存中存储单元的地址是按照一个维度进行编号的，因此二维数组也只是在数据的组织逻辑上形成二维的形式，其本质上仍然是一维存储。例如，二维数组 char a[3][4]和一维数组 char a[12]都包含连续存储的 12 个字符型数据，这两个数组的下标之间也存在一一对应的转换关系。

二维数组元素 a[i][j]的存储位置和一维数组元素 a[i*N+j]是对应的，如图 5-9 所示。其中，N 为列数，本例中，N=4。考虑到行列下标 i 和 j 都是从 0 开始计数的，因此一维数组的下标 i*N+j 中，i*N 表示在第 i 行之前的 i 个整行中元素的个数，j 表示第 i 行的第 j 个元素。根据这个对应关系，也可以使用指向数组元素的指针和一个下标，将二维数组的元素按照一维数组的方式进行访问。

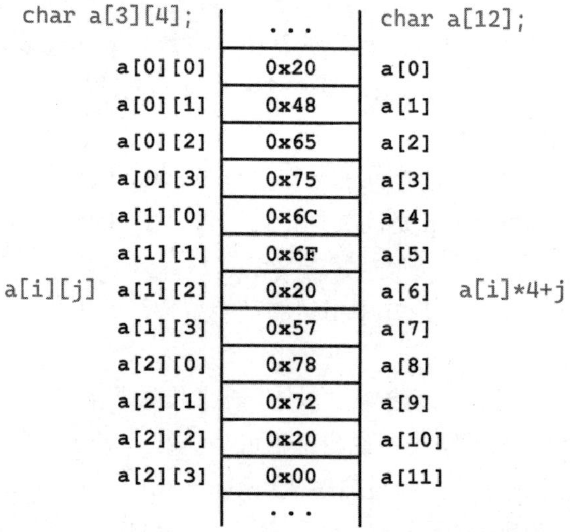

	char a[3][4];	...	char a[12];	
	a[0][0]	0x20	a[0]	
	a[0][1]	0x48	a[1]	
	a[0][2]	0x65	a[2]	
	a[0][3]	0x75	a[3]	
	a[1][0]	0x6C	a[4]	
	a[1][1]	0x6F	a[5]	
a[i][j]	a[1][2]	0x20	a[6]	a[i]*4+j
	a[1][3]	0x57	a[7]	
	a[2][0]	0x78	a[8]	
	a[2][1]	0x72	a[9]	
	a[2][2]	0x20	a[10]	
	a[2][3]	0x00	a[11]	
		...		

图 5-9　二维数组和一维数组在内存中的存储形式比较

在上例中可以增加一个指向二维数组的元素的指针进行比较：

```
double *ps = &score[0][0];                    // 指向二维数组元素的指针
int  i, j;
for(i = 0; i < M; i++) {
    for(j = 0; j < N; j++)
        printf("%.2f ", *ps++);               // 指向二维数组元素的指针
    putchar('\n');
}
```

放在程序后部执行时，输出结果与前面的循环完全相同。

与一维数组类似，操作二维数组元素的语句在编译时其实是如下的形态：

```
for(i = 0; i < M; i++) {
    for(j = 0; j < N; j++)
        printf("%.2f ", *(*(score+i)+j));              // 编译时的二维数组
    putchar('\n');
}
```

这些操作方式不如直接使用数组名加下标方式更为清晰易懂，仍要介绍指向二维数组的指针，是因为将二维数组作为函数参数时本质上使用的是这种指针，5.2.1 节将介绍相关内容。

不过在此之前，先看用指针操作二维字符数组有哪些更好的特性。

2．字符串数组与指针

由于一维字符数组可以用来存放一个字符串，而二维字符数组的每个元素都是一维字符数组，它们可以分别存放一个字符串，形成一个“字符串数组”。

二维字符数组经常用来表示多行文本信息，当二维字符数组中存放若干字符串时，将每一行当作一个字符串整体访问会更加方便。

```
// 例 5.1-8  输入一个月份的数字，输出相应的英文名
#include<stdio.h>
int main() {
    int  n;
    char  name[13][20] = {"Illegal month", "January", "February", "March", "May", \
                          "April", "June", "July", "August", "September", "October", \
                          "November", "December"};
    while(1) {
        printf("Please enter a number representing the month: ");
        scanf("%d", &n);
        printf("%s\n", (n < 1 || n > 12) ? name[0] : name[n]);
        if(n < 0)
            return -1;
    }
    return 0;
}
```

解析：

① 程序中首先定义了二维字符数组 name[13][20]，数组的初始化通过一个字符串列表实现，列表中的每个字符串依次为数组元素 name[0]～name[12]赋初值，这 13 个数组元素都是长度为 20 的一维字符数组。

二维字符数组用字符串列表进行初始化时，可以省略第一维的长度，即行数，程序中 name 的初始化也可以写作：

```
char  name[][20] = {"Illegal month", "January", "February", "March", "May", "April", \
                    "June", "July", "August", "September", "October", "November", "December"};
```

在这种情况下，编译系统根据初值列表中字符串常量的个数确定行数。列数则不能省略，由于每个字符串的长度可能不一致，因此列数必须大于等于所有字符串的最大长度加 1，不要忘记字符串结束标志。

② 程序中采用 while 循环语句，每当用户输入一个表示月份的数字后，输出相应的英文单词。在 printf()函数的调用中，实参是一个条件表达式：

```
(n < 1 || n > 12) ? name[0] : name[n]
```

如果输入的月份 n 小于 1 或者大于 12，就选择 name[0]输出；如果输入的月份 n 大于等于 1 且小于等于 12，就选择对应的 name[n]输出。name[n]是二维数组的行，即一维字符数组，而且其中保存了一个字符串。当 printf()函数按照%s 格式输出字符串时，以'\0'作为字符串结束的标志，而与字符数组长度即 name 的列数无关。

以上程序的运行结果为

```
Please enter a number representing the month: 1
January
Please enter a number representing the month: 8
August
Please enter a number representing the month: 0
Illegal month
Please enter a number representing the month: -1
Illegal month
```

通过指向二维字符数组行的指针也可以访问字符串数组中的每个字符串和字符串中的字符型元素。

```
// 例 5.1-9  利用行指针变量实现将所有月份英文名称改成大写字母表示
    #include <stdio.h>
    int main() {
        char  name[13][20] = {"Illegal month", "January", "February", "March", "May", \
                              "April", "June", "July", "August", "September", "October", \
                              "November", "December"};
        char  (*p)[20];
        int  i, j;

        p = name;
        for(i = 1; i < 13; i++)
            for(j = 0; j < 20; j++) {
                if((*(*(p+i)+j) >= 'a') && (*(*(p+i)+j) <= 'z'))
                    p[i][j] -= 32;
            }
        for (i = 1; i < 13; i++)
            printf("%s\n", p[i]);
        return 0;
    }
```

解析：

① 行指针的定义。程序中定义了 13 行 20 列的二维字符数组 name，以及行指针 p：

```
char  (*p)[20];
```

二维字符数组名 name 和变量 p 是同类型指针，可以使用 name 直接对 p 进行赋值：

```
p = name;
```

一般，假设 M 和 N 分别是表示二维数组行、列数的符号常量，为了访问 M 行 N 列的二维字符数组，需要定义指向由 N 个字符型元素组成的一维数组的指针变量如下：

```
char (*p)[N];
```

这样，指针变量 p 就可以访问若干行 N 列的二维字符数组。

② 行指针对数组元素的引用

经过前述赋值后，p 指向了 name[0]。行指针 p 指向的数据类型是 char [20]，因此 p+i 表示地址增加 i 个 char [20]的长度，也就是 name 的 i 行的长度，即 p+i 指向第 i 行。所以，p+i、name+i 都是指向 name 第 i 行的指针，*(p+i)、*(name+i)、p[i]、name[i]都表示 name 的第 i 行。

而 name 的第 i 行是一个一维字符数组，所以*(p+i)、*(name+i)、p[i]、name[i]都可以看作这个一维数组的名称。可以把这四个表达式分别看作一个整体，当作数组名使用。于是，name 的第 i 行第 j 列的元素就可以表示为 name[i][j]、(*(name+i))[j]、*(name[i]+j)、*(*(name+i)+j)，或者 p[i][j]、(*(p+i))[j]、*(p[i]+j)、*(*(p+i)+j)。由下标运算符和指针运算符之间的等价关系，容易得知，以上这些形式都是等价的。

二维字符数组和行指针之间的关系如图 5-10 所示。

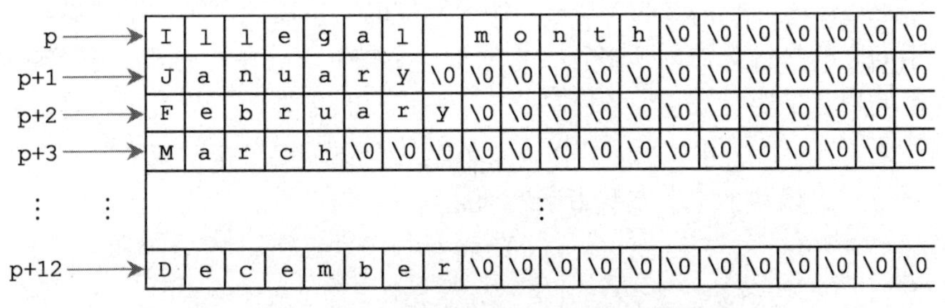

图 5-10 **指向二维字符数组的行指针及其运算**

以上程序运行结果为：

```
JANUARY
FEBRUARY
MARCH
APRIL
MAY
JUNE
JULY
AUGUST
SEPTEMBER
OCTOBER
NOVEMBER
DECEMBER
```

以上程序中，指针变量 p 的值没有改变。程序中也可以修改 p 的值。例如：

```
p = p+1;
```

每次执行该语句后，p 移动到二维数组 name 的下一行，经过若干次循环，也可以访问到所有的字符串。

所有数组名都是不能修改的，包括二维数组名 name，也包括表示每行的一维数组名*(p+i)、*(name+i)、p[i]、name[i]。

【说明】若将变量定义形式中的变量名移走，剩下的部分就表示了这个变量的类型。例如，int *表示整型指针类型，char (*)[N]表示指向长度为 N 的字符数组的指针类型。另外，变量的定义形式也说明了这个变量的用法。例如，整型指针变量定义形式为 int *pi，则*pi 为 int 类型；例题中的行指针变量定义形式为 char (*p)[N]，则*p 为 char[N]类型，即长度为 N 的一维字符数组，而(*p)[N]为 char 类型。因此，变量定义中的运算符表示了这个变量将来的用法。

5.1.4 指针数组与指向指针的指针

由 5.1.3 节可知，多行文本或多个字符串可以使用二维字符数组进行存储和处理，但是容易看到其中的不便之处。二维数组的每行都是等长的，而字符串长短不一，数组必须按照最长字符串所需空间来定义每行长度，造成了部分存储空间的浪费。另外，如果需要对字符串进行排序等操作，那么字符串的相互赋值、交换位置也会带来复杂的存储管理和巨大的资源开销。

用指针指向字符串后，就可以通过指针来访问字符串。引入指针数组处理多行文本问题，能够高效、方便地处理可变长度的文本行。如果每行的文本用一个字符串表示，那么这个字符串可以通过指向它的指针来访问，多行文本采用多个指针，这些指针构成了指针数组。

指针数组的优点是定义方便，并且在处理字符串时只需要改变指针的内容，不需要移动字符串的存储位置。与字符串相比而言，指针型数据的长度确定且相对较小，计算资源的开销可控可预测，消除了因移动字符串本身带来的问题。

```
// 例 5.1-10  用指针数组实现输入一个月份的数字，输出相应的英文名
    #include<stdio.h>
    int main() {
        int  n;
        char  *pname[13] = {"Illegal month", "January", "February", "March", "May", \
                            "April", "June", "July", "August", "September", "October", \
                            "November", "December"};

        while(1) {
            printf("Please enter a number representing the month: ");
            scanf("%d", &n);
            printf("%s\n", (n < 1 || n > 12) ? pname[0] : pname[n]);
            if(n < 0)
                return -1;
         }
        return 0;
    }
```

解析：

① 程序中定义了一维字符指针数组 pname，并对其进行初始化：

```
    char  *pname[13] = {"Illegal month", "January", "February", "March", "May", \
                        "April", "June", "July", "August", "September", "October", \
                        "November", "December"};
```

在这个定义中，pname 前是表示指针类型的“*”，后跟表示数组类型的“[]”。因为“[]”比“*”的优先级高，所以 pname 先与“[]”结合，表明 pname 是一个数组，其元素类型是 char *，即字符指针类型。因此，pname 是长度为 13 的一维字符指针数组，pname[0]～pname[12]是 13

个字符指针类型的元素，分别指向初值列表给出的 13 个字符串常量的起始元素。注意与如下形式定义的指向一维数组整体的指针类型加以区分。

```
char (*pname)[13];
```

经过初始化后，指针数组 pname 与各字符串之间的关系如图 5-11 所示。

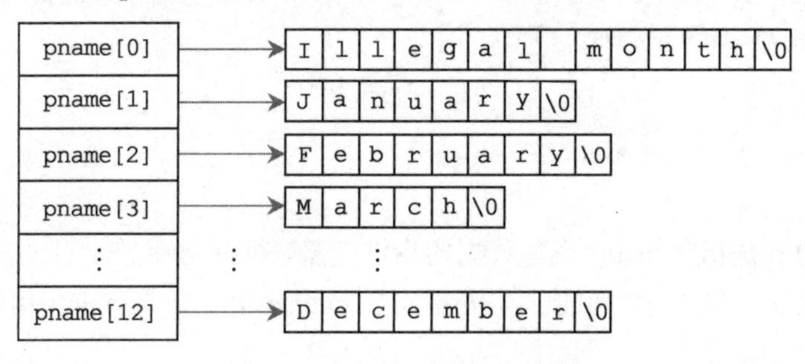

图 5-11 **指针数组的初始化**

② 字符指针数组的元素分别指向各字符串常量，pname[i]存储了指向第 i 个字符串起始字符的指针，所以可以通过 pname[i]访问第 i 个字符串。

指针类型元素的大小是固定的，与字符串长度无关，这样就不要求每个字符串必须存放在等长的一维数组中，避免了空间的浪费。例如，pname[0]指向的字符串占用 14 字节，pname[1]指向的字符串占用 8 字节。

比较以下两个定义：

```
char *pname[13];
char name[13][20];
```

其中，name 是一个二维数组，占用 13*20 字节的连续存储空间；指针数组 pname 仅定义了 13 个指针，分别指向一个一维数组，这些数组的长度可以不同，存储位置也不要求连续，更加灵活方便。

在程序中，pname[i]和 name[i]在表示一个字符串时的书写形式没有区别，但是一定要注意它们的数据类型不同，以及由此带来的用法上的区别。例如，pname[i]可以被修改，而 name[i]不能被修改；pname[i]必须先指向有效数据，而 name[i]可以直接使用。

在相同的输入条件下，该程序得到与例 5.1-8 相同的运行结果。

按照数组和指针之间的关系，指针数组名一般情况下可以看作指向其自身起始元素的指针，即指向指针的指针。同样，如果一个指针变量所指向的数据类型也是指针，就形成了指向指针的指针变量。

指向指针的指针变量定义形式如下：

```
类型名 **指针变量名;
```

例如，下面是利用指针的指针实现示例。

```
// 例 5.1-11  利用指向指针的指针来实现对月份的描述和输出
    #include<stdio.h>
    int main() {
        char *pname[13] = {"Illegal month", "January", "February", "March", "April", \
                           "May", "June", "July", "August", "September", "October", \
                           "November", "December"};
```

```
    char  **p;
    int  i;
    p = pname;

    for(i = 1; i < 13; i++) {
        p++;
        printf("%s\n", *p);
    }
    return(0);
}
```

解析：

程序中定义的 p 是指向 char *类型数据的指针变量，即指向字符指针的指针，它与一维字符指针数组名同类型。经过如下赋值后，p 指向了 pname[0]，*p 即 pname[0]。

```
p = pname;
```

循环过程中，每次执行 p++后，指针 p 指向下一个字符指针元素，依次通过每个字符指针元素 pname[i]输出所有的月份名称。

以上程序的运行结果为：

```
January
February
March
April
May
June
July
August
September
October
November
December
```

至此，已经介绍了二维数组、指向一维数组整体的指针、指针数组、指向指针的指针，这些类型的定义都包含两次派生过程，每次派生得到一维数组和指针二者之一，排列组合得到四种类型。

当指针指向数组元素时，指针和数组都可以使用下标运算和指针运算，从表达形式上不容易区分操作数是指针还是数组，这就造成上述四种类型在使用上容易发生混淆，乃至出错。编程时，读者必须注意正在使用何种类型的数据，必要时，可以借助类似书中插图的方式帮助理清这些指针和数组之间的关系。

5.2 函数中的指针

函数是模块化程序设计中最主要的组成部分。函数的参数类型、返回值类型都可以是指针类型，也可以使用指向函数的指针指向函数的入口地址。利用函数指针类型的参数，使函数也能够成为函数调用中可变的参数。

5.2.1 指针用作函数参数

指针用作函数的参数类型，是指针在函数中最重要的应用。通过指针类型参数，显著地拓展了函数能够实现的数据操作范围，为模块化程序设计奠定了宽厚的基础。

指针类型参数传递实现了向函数传递内存地址的功能，下面就从简单类型的指针参数开始，介绍指针类型参数传递的特点。

1．指针类型参数传递

第 4 章介绍过函数的参数传递，所有函数的参数都是值传递的。函数调用时，将实参的值复制给形参，形参与实参是不同的数据对象，被调函数不能直接修改主调函数中实参的值，对形参的值所做的修改也不会回传给实参。

函数参数的类型可以是指针类型。经过指针类型的参数传递，实参和形参具有相同的地址值，是指向相同数据对象的指针。因此，对形参所指数据所做的修改，就是对实参所指数据的修改。这种间接访问的方式可以通过函数调用实现对多个数据的修改，并把这些修改保留到函数调用返回之后。以常用的库函数 printf()和 scanf()为例，基本类型参数和指针类型参数的传递过程如图 5-12 所示。

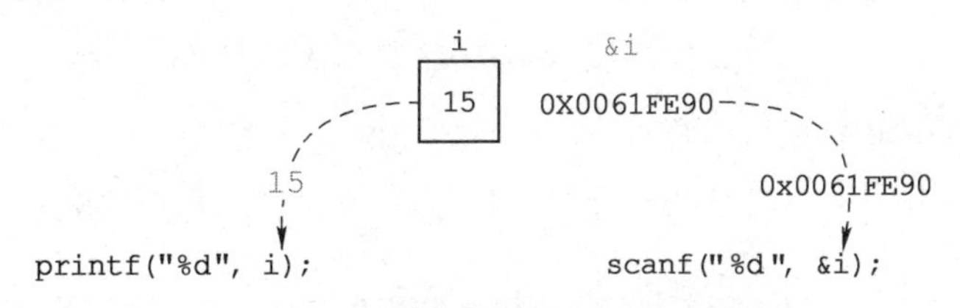

图 5-12　整型和整型指针参数传递比较

当函数参数是指针类型时，仍然不能通过函数调用修改指针类型的实参，但是可以修改指针实参所指的数据对象，这和函数参数值传递的规则并不相悖。

在实际应用中，经常希望通过函数调用修改一些数据的值，如果仅需修改一个变量的值，还可以通过返回值和赋值运算实现，但是当需要修改多个数据的值时，返回值就无法满足要求了，这时可以通过指针类型参数和间接访问的方式达到目的。

例如，编写函数，通过函数调用交换两个整型变量的值。

通过函数调用交换两个变量的值，也就是要在函数执行结束后能够修改这两个变量的值，显然既无法使用返回值完成两个值的改变，也不能直接把这两个变量作为函数的实参，因为实参的值不会因为函数调用而发生任何改变。

如前所述，为了实现这个目的，可以把这两个变量的地址传递给指针型形参，通过函数的间接访问来修改这两个变量的值。为了便于比较分析指针型参数的特点，分别给出两段代码。

第一段代码是直接把整型变量作为实参，函数的两个形参也是整型。

```
// 例 5.2-1  编写函数，通过函数调用交换两个整型变量的值
    #include <stdio.h>
    void swap1(int x, int y) {
       int  t;
```

```
    t = x, x = y, y = t;                              // 交换 x 和 y
}
int main() {
    int  a = 3, b = 5;
    printf("Before: a=%d, b=%d\n", a, b);
    swap1(a, b);
    printf("After: a=%d, b=%d\n", a, b);
    return 0;
}
```

解析：

在这段代码中，函数调用及运算过程如图 5-13 所示。

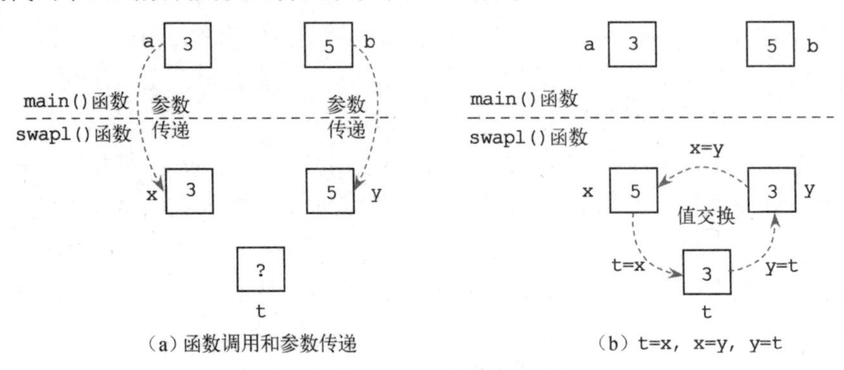

图 5-13　swap1()函数调用过程

可以看到，形参与实参是不同的变量，它们之间的关系仅仅是，在调用时实参的值复制给了对应的形参，此外并没有其他任何关系了，所以形参的交换并不会给实参带来任何影响。

上面这段代码的运行结果为：

```
Before: a=3, b=5
After: a=3, b=5
```

可见，经过 swap1()函数调用后，两个实参变量的值并没有交换，这也是预料之中的。

第二段代码是把整型变量的地址作为实参，函数的两个形参为整型指针类型。

```
#include <stdio.h>
void swap2(int *px, int *py) {
    int  t;
    t = *px, *px = *py, *py = t;                  // 交换 px 和 py 指向的数据对象
}
int main() {
    int  a = 3, b = 5;
    int  *pa, *pb;
    pa = &a;
    pb = &b;
    printf("Before: a=%d, b=%d\n", a, b);
    swap2(pa, pb);
    printf("After: a=%d, b=%d\n", a, b);
    return 0;
}
```

在这段代码中，函数调用及运算过程如图 5-14 所示。

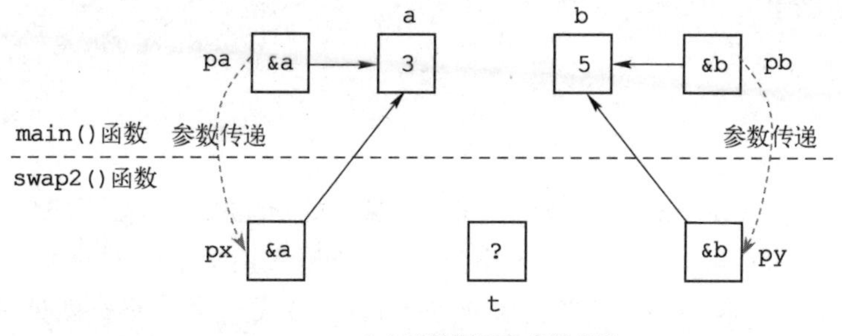

(a) 函数调用和参数传递

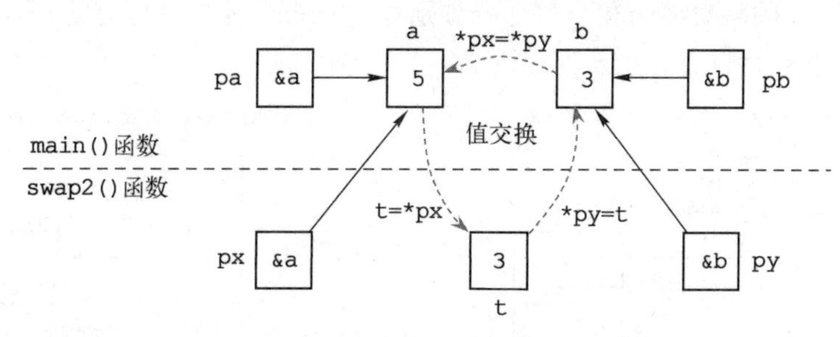

(b) t=*px, *px=*py, *py=t;

图 5-14　swap2()函数调用和运算过程

可以看到，由于实参 pa 和 pb 分别是指向变量 a 和 b 的指针，并且分别传递给了形参 px 和 py，因此 px 和 py 也分别指向了 a 和 b，*px 即 a，*py 即 b；函数 swap2()将*px 和*py 的值进行了交换，也就是将 a 和 b 的值进行交换。虽然函数调用返回后，形参 px 和 py 都不再继续存在，但是对 a 和 b 所做的修改被保留下来，因为这两个变量是主函数中定义的变量，它们在函数调用返回后仍然处于生存期。

上面代码的运行结果为：

```
Before: a=3, b=5
After : a=5, b=3
```

可见，经过 swap2()函数调用后，主函数中两个变量的值发生了交换。

例如，求浮点数的整数部分和小数部分。如果要求使用一次函数调用同时获得浮点数的整数和小数部分，也就是需要得到两个值，那么借助返回值无法实现这个功能。可以使用指针类型的形参指向主调函数中的两个变量，在函数中通过指针的间接访问，把求得的整数和小数部分分别存入这两个变量即可。

```
// 例 5.2-2  编写函数，求浮点数的整数部分和小数部分
    #include <stdio.h>
    void decompose (double x, long *int_part, double *frac_part) {
        *int_part = (long)x;
        *frac_part = x - *int_part;
    }
    int main() {
        long  i;
```

```
        double  d;
        decompose(3.14159, &i, &d);
        printf("int_part = %d, frac_part = %f\n", i, d);
        return 0;
    }
```

解析：

在主函数中调用 decompose()函数时，第一个实参是 double 类型的常量，它的值传递给形参 x，后面两个实参是 long 类型变量 i 的地址和 double 类型变量 d 的地址，它们分别传递给 long *类型形参 int_part 和 double *类型形参 frac_part，于是这两个形参就分别指向了 i 和 d，*int_part 也就是 i，*frac_part 也就是 d。在 decompose()函数中通过对*int_part 和*frac_part 进行赋值，完成了将 x 的整数部分和小数部分分别存入 main()函数中的变量 i 和 d 的操作。

上述调用和运算过程如图 5-15 所示。

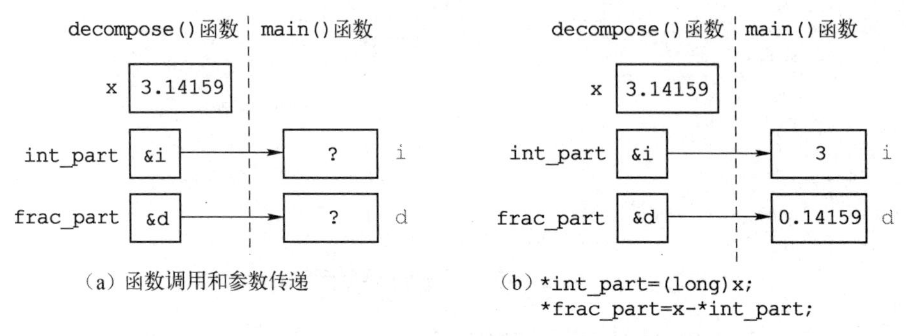

图 5-15　decompose()函数调用和运算过程

以上程序的运行结果为：

```
int_part = 3, frac_part = 0.141590
```

如果在函数调用中，第二、三个实参没有使用取地址运算，而是直接使用了 i 和 d，就会把 i 和 d 当前的值当作地址传递给形参，从而造成内存访问错误。实际上，由于函数要求先声明后使用，编译器能够根据函数原型判断出实参和形参类型不匹配，并且给出提示信息，以便及时发现这个错误。

在程序设计中，经常会使用到 printf()和 scanf()这对格式化输出、输入函数，它们都有一些指针类型的参数。此前都只是简单地按照参数的要求进行调用，下面将从指针类型参数的角度，对这两个函数的参数进行分析和理解。

以上两个函数的原型如下：

```
    int printf(char *format[, args, …]);
    int scanf(char *format[, addrs, …]);
```

在 printf()函数中，从第二个参数开始，都是需要输出的数据，并不需要修改这些实参的值，因此采用传值的方式就可以实现输出功能。其中，字符串的输出以字符串常量、字符数组或指向字符串起始字符的指针作为实参。

在 scanf()函数中，需要将用户输入的数据存放到指定的变量或数组中，这就必须使用指针类型参数进行间接访问来实现。因此，scanf()函数的第二个参数开始的所有参数，都必须是指针类型，除了用于存放字符串的字符数组，其他基本类型的变量都要使用取地址运算符获得它们的地址作为实参。

如果在 scanf()函数调用时，错误地把变量作为实参而漏掉了取地址运算操作，程序执行时将把这个变量当前的值当作地址来使用，这样通常会造成内存访问错误。

这两个函数的第一个参数都是一个指向字符串起始字符的指针，用于指定输出或输入的格式。通常使用字符串常量作为实参，实际上也可以使用存放了字符串的字符数组，这样就可以在程序中灵活修改输出和输入格式串。

```
// 例 5.2-3  由用户设置浮点数输出的小数位数并输出
    #include <stdio.h>
    int main() {
        char  format[] = "%10.2f\n";
        double  f = 3.1415926535;
        int  i;

        printf("Please input decimal place number (0-9): ");
        scanf("%d", &i);
        format[4] = i + '0';
        printf(format, f);

        return 0;
    }
```

以上程序的运行结果为：

```
Please input decimal place number (0-9): 5
  3.14159
```

在这段程序中，用户输入一个 0～9 范围内的整数，程序将其转换为字符'0'~'9'，并填入字符数组 format 中相应的位置，即可设置浮点数输出小数位数。

2．数组用作函数参数

在第 4 章中提到，数组也可以用作函数的参数，通过函数内部对形参数组及其元素进行运算操作，可以改变实参数组中元素的值。

现在思考以下两个问题：① 函数对形参的修改不会影响实参，函数如何通过形参数组修改实参数组元素呢？② 数组名不能被修改，数组类型形参又如何获得从实参传递来的值呢？

这两个问题的答案就是，数组类型形式的形参，实际上是指针类型，而不是真正的数组。在函数定义中，形参类型写作数组形式或者同类型的指针形式是完全等价的。

在函数调用时，实参数组将其起始元素的地址传递给形参指针，形参指针就指向了实参数组的起始元素，然后就可以借助形参指针访问实参数组元素。另外，由于数组类型的形参实质上是指针，因此它在函数中是可以被修改的，如被赋值、自增、自减等。

```
// 例 5.2-4  编写函数，实现一维数组的逆序操作
    #include <stdio.h>
    #define N 10
    void reverse(int *a, int n) {
        int  i, t;
        for (i = 0; i < n/2; i++)
            t = a[i], a[i] = a[n-1-i], a[n-1-i] = t;
```

```
}
int main() {
    int  i, a[N] = {1,2,3,4,5,6,7,8,9,10};
    reverse(a, N);
    for (i = 0; i < N; i++)
        printf("%4d", a[i]);
    return 0;
}
```

解析：

① 在程序中，reverse()函数的形参 a 为整型指针类型，对应的实参为主函数中的一维整型数组名 a，数组长度用另一个整型参数传递。

reverse()函数的原型写成如下两种形式都是等价的。

```
void reverse(int *a, int n);
void reverse(int a[], int n);
```

形参 a 写成数组形式时，“[ ]”内不需要指定数组长度，即使给出了长度，也会被编译器忽略，因为 a 本质上是一个指针，没有数组长度这个属性。实参数组的长度必须借助额外的整型参数传递进来。

② 在函数调用时需要特别注意，实参是数组名，不带有下标运算符。定义数组时的下标运算符表示其类型是数组，而在使用数组时，下标运算符表示获得数组的某个元素。当需要使用数组名代表的起始地址时，不能带有下标运算符。

若函数调用的实参误写成了 a[N]，首先这个表达式的类型是 int，与形参类型 int *不符，其次 a 的元素下标范围是 0～N-1，a[N]会发生数组越界错误。

以上程序的运行结果为：

```
10   9   8   7   6   5   4   3   2   1
```

为了维护方便，程序中数组的长度定义为符号常量 N，将来如果需要修改数组长度，只需要修改 N 的定义即可。

二维数组也可以作为函数的参数。使用函数处理二维数组时，可以直接将二维数组作为实参，相应的形参则是二维数组的行指针类型。

```
// 例 5.2-5  编写函数，求二维整型数组所有元素的乘积
#include <stdio.h>
#define        M    3
#define        N    4
int arrmul_1(int (*p)[N], int m) {
    int  i, j, mul = 1;
    for (i = 0; i < m; i++)
        for (j = 0; j < N; j++)
            mul *= p[i][j];
    return mul;
}
int main() {
    int  a[M][N] = {{1,2,3,4}, {5,6,7,8}, {9,10,11,12}};
    printf("%d\n", arrmul_1(a, M));
    return 0;
```

```
    }
```

解析：

在程序中，实参定义为 int a[M][N]，对应的形参定义为 int (*p)[N]，同时通过另一个整型参数将行数 M 传递给函数。这与一维数组作为函数参数是类似的，只是指针指向的数据对象是二维数组的行。

显然，使用行指针类型的形参 int (*p)[N]存在一个很大的限制，那就是与之对应的实参二维数组只能是 N 列的，这个列数已经固定在了形参的类型定义中，无法通过实参进行更改，这对于很多应用来说是无法接受的。

考虑一维数组 int a[M*N]与二维数组 int a[M][N]这两种定义形式，它们都包含 M×N 个元素且连续存放，占用了同样大小的存储空间，可参照图 5-9 所示的存储形式。二者的区别是，一维数组的所有元素都用一个下标来访问，二维数组的元素组织成了若干虚拟的行，通过行、列两个下标来访问。二维数组中第 i 行第 j 列元素 a[i][j]的存储位置，对应一维数组中的 a[i*N+j]的存储位置。

根据上述一维数组和二维数组相同存储位置的元素下标对应关系，可以在函数中将二维数组当作一维数组来处理，只需要把二维数组的两个下标 i 和 j，借助二维数组列数 N 转换成一个下标 i×N+j 即可。与一维数组相对应的形参就是简单类型的指针，不存在数组大小方面的限制，也就可以用于任意行列数的二维数组的处理。二维数组的行数和列数通过其他两个整型参数传入即可。

按照这种方式处理二维数组时，例 5.2-5 的程序代码可以修改如下。

```
int arrmul_2(int *p, int m, int n) {
    int  i, j, mul = 1;
    for (i = 0; i < m; i++)
        for (j = 0; j < n; j++)
            mul *= p[i*n+j];
    return mul;
}

int main() {
    int  a[M][N] = {{1,2,3,4}, {5,6,7,8}, {9,10,11,12}};
    printf("%d\n", arrmul_2(*a, M, N));
    return 0;
}
```

解析：

主函数中定义的数组 a 是二维数组，但是 arrmul_2()函数的第一个实参应该是一维数组或者指向一维数组起始元素的指针，所以主函数中使用*a 作为实参。

*a 也就是 a[0]，是 a 的第 0 行，是一个一维数组。a[0]的起始地址也就是 a 本身的起始地址，都是 a[0][0]的地址，只是 a 和*a 表示的指针的类型不同。这样，使用*a 就得到了指向 a[0][0]的指针，可以用来访问从 a[0][0]开始的一维数组，再通过另两个实参 M 和 N 将对这个一维数组的访问限定在 M×N 个元素的范围内，也就是二维数组 a 的范围之内。

由于行数和列数在函数中定义成了形参，调用时可以根据需要设置合适的实参，所以用这种方式处理的二维数组，行列数都不会受到任何限制。

3．命令行参数

从前面的例子中可以看到，每个 C 语言程序中都有且只有一个 main()函数，以下是 main()函数的原型：

```
int main();
int main(void);
```

实际上，main()函数还有两种相互等价的带有参数的原型形式：

```
int main(int argc, char **argv);
int main(int argc, char *argv[]);
```

其中，第二种形式中的参数 argv 定义为字符指针数组，由于数组形参实际上是指针类型，因此这两种形式中的 argv 是相同的类型，即指向字符指针的指针类型。

这两种带有参数的 main()函数定义形式，主要用于需要命令行参数的应用场合，下面首先解释一下何为“命令行参数”。

在 Windows 操作系统下，通常会使用各种集成开发环境（IDE）来编写和调试程序，通过 IDE 的菜单或工具栏按钮来运行由源程序编译得到的可执行程序，实际运行程序的命令在图形界面的后台被执行。如果使用 UNIX、Linux 的终端或者 Windows 命令提示符、PowerShell 等文本界面运行程序，就会发现需要用到命令行的方式。例如，在 Windows 命令提示符界面下运行程序的命令如下：

```
my_program arg1 arg2
```

其中，my_program 是可执行程序的主文件名，arg1 和 arg2 是命令行参数。

如果 main()函数采用了带有 argc 和 argv 这两个形参的形式，那么在命令行输入的可执行程序名称和后续的所有参数，都可以通过这两个形参传递给 main()函数，从而在源程序中根据这些命令行参数的值做出相应的处理。

在 main()函数的两个形参中：argc 表示命令行参数的个数，包括可执行程序名本身；argv 是一个指向字符指针数组起始元素的指针，此字符指针数组共 argc 个字符指针类型的元素，每个元素指向一个字符串的起始字符，共 argc 个字符串，依次存储了包括可执行程序名在内的所有命令行参数。

下面通过一个简单的例题对 main()函数的参数和命令行参数的使用方法加以说明。

例如，使用命令行参数实现 echo 程序。在 UNIX、Linux 和 Windows 系统的命令提示符、PowerShell 中，都有一个功能非常简单的命令 echo，作用是把跟随其后所有文本原样输出一遍。例如，在 Windows 命令提示符界面下执行命令：

```
echo C Programming Language
```

则运行结果为：

```
C Programming Language
```

这条命令初看起来似乎没有什么用处，实际上，它在编写各种操作系统下的 Shell 脚本时会起到非常重要的作用，感兴趣的同学可以查阅关于 Shell 脚本编程的参考书。

使用带参数的 main()函数来实现 echo 命令功能的源程序如下。

```
// 例 5.2-6  使用命令行参数实现 echo 程序
#include <stdio.h>
```

```
int main(int argc, char *argv[]) {
    while (--argc > 0)
        printf("%s%c", *++argv, (argc>1)?' ':'\n');
    return 0;
}
```

解析：

假设在 Windows 环境下，上述程序编译得到的可执行文件名为 echo.exe，在 Windows 命令提示符界面执行该程序，并带有命令行参数，如

```
echo C Programming Language
```

此时，argc 为命令行参数的个数，值为 4；argv 指向的字符指针数组包括 4 个指针类型元素，分别指向四个命令行参数字符串的起始字符，如图 5-16 所示。

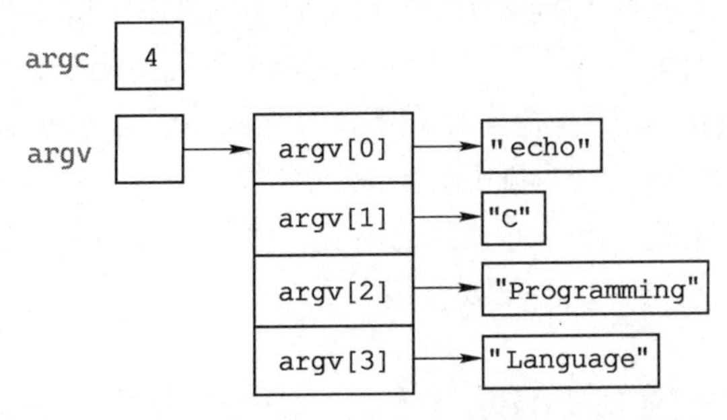

图 5-16　**命令行参数**

注意，这里的命令行参数包括可执行程序名本身，因此源程序可以知道自己将来编译得到的可执行程序叫什么名称，也就是 argv[0]指向的字符串。这对输出一些提示或者帮助信息是非常有用的。

本例中，echo 的源程序主要是一个 while 循环，若已经清楚 argc 和 argv 两个参数的意义，借助如图 5-16 中的指针和字符串的关系，应不难跟踪该程序的运行过程，并理解如何得到预期的结果，此处不再赘述。

```
// 例 5.2-7  计算圆柱体体积，底面半径和高由命令行参数指定
    #include <stdio.h>
    #include <stdlib.h>
    #define PI 3.1415926
    int main(int argc, char *argv[]) {
        double  v, r, h;
        if (argc != 3) {
            printf("Input error!\n");
            return 1;
        }
        r = atof(argv[1]);
        h = atof(argv[2]);
        v = PI * r * r * h;
        printf("V=  %f\n", v);
        return 0;
    }
```

解析：

在 Windows 系统下，如果上述程序编译得到的可执行程序文件名为 volume.exe，且在命令提示符界面执行

```
volume 2 3
```

那么，运行结果为

```
V = 37.699111
```

在程序中，首先判断命令行参数个数是否正确，如果参数个数错误，说明用户输入命令有误，就不需进行计算；如果参数个数正确，就调用库函数 atof()，将 argv[1]和 argv[2]指向的两个参数字符串转成 double 类型数据，用于圆柱体体积的计算。

如果用户有大量不同尺寸的圆柱体需要计算体积，就把圆柱体的尺寸作为命令行参数直接传递给程序，用户可以方便地预先编辑好一个包含一系列命令的脚本程序，然后一次性提交给计算机，由计算机自动执行每条命令，在不需要用户干预的情况下完成批量数据处理。

如果程序中采用 scanf()函数获得半径和高，那么在每组数据处理前，需要程序停下来等待用户输入，用户就必须一直在现场随时进行输入操作。

总体上，对于初学者来说，命令行参数的用武之地并不多，但是在以后的工作中，命令行参数在某些场合下会发挥不可替代的重要作用。

5.2.2 指针用作函数返回值

指针可以作为函数的返回值，如果一个函数的类型被定义为指针类型，就意味着它可以返回一个指针类型的返回值。

定义或声明函数时，在函数名前面加上表示指针的*，这个函数的返回值类型就是指针类型，例如，如下函数的返回值是整型指针类型。

```
int *func(int, int);
```

函数返回指针类型返回值的目的一般是希望在主调函数中可以使用该指针去访问某个内存数据对象，可以是变量、数组、结构体和动态分配的内存空间等。这就必然要求该指针在主调函数中仍然是有效的，所指向的内存空间是存在且允许被访问的。

```
// 例5.2-8  编写函数，生成整型随机数存放在动态分配的内存空间内，并返回指针
#include <stdio.h>
#include <malloc.h>
#include <time.h>
#include <stdlib.h>
int *randdata(int n) {
    int  i;
    int  *pdata = NULL;

    pdata = (int *)malloc(n * sizeof(int));      // 动态分配内存空间
    if (pdata == NULL) {
        printf("Not enough memory!");
        exit(1);
    }

    srand((unsigned int)time(NULL));             // 初始化随机函数
```

```
    for (i = 0; i < n; i++)
        *(pdata + i) = rand();
    return (pdata);
}
int main() {
    int  *p = NULL;
    int  i;

    p = randdata(10);
    for (i = 0; i < 10; i++)
        printf("%5d\n", p[i]);
    return 0;
}
```

解析：

① 函数 randdata()调用了 malloc()函数。malloc()函数是标准库函数，用于在堆（Heap）中动态分配内存空间，并将这段空间的起始地址返回。malloc()函数的原型为：

```
void *malloc(size_t size);
```

参数 size 指定动态分配空间的字节数。

在 randdata()中调用 malloc()时，实参为 n*sizeof(int)，即 n 个 int 型数据的字节数，这样就分配了一段能够存放 n 个 int 型数据的连续存储空间，与长度为 n 的 int 型数组的存储形式类似，也可以用类似指向数组起始元素的指针的操作方式，通过指针运算或者下标运算访问这段空间的数据。

② 通过 malloc()函数分配的内存空间不会随着 randdata()函数的返回而自动释放，因此 main()函数仍然可以使用这段存储空间，randdata()函数返回的指针继续有效。

动态分配存储空间和相关的库函数将在 5.3.3 节详细介绍。

注意，如果函数返回的指针所指向的内存已经被释放，这个指针就变成了悬空指针，对其所指向的数据进行访问操作是危险的，可能导致严重错误。

```
// 例 5.2-9  编写函数，返回函数中局部变量的指针
    // 注意：这是一个错误操作的示例！
    #include <stdio.h>
    int *myfunction(int x, int y) {
        int  t;
        if (x > y)
            t = x;
        else
            t = y;
        return (&t);
    }
    int main() {
        int  a = 3, b = 4;
        int  *p;
        p = myfunction(a, b);
        printf("max is:\n");
        printf("%d\n", *p);                    // 这里的*p 访问结果是不确定的，可能导致异常
        return 0;
    }
```

解析：

函数 myfunction()的返回值是其内部定义的局部变量 t 的地址，t 和形参 x、y 的存储空间位于堆栈中。在 main()函数中调用 myfunction()函数返回后，堆栈中的局部变量 t 和形参的内存空间将被释放，这时去访问原来存储 t 的内存空间，会导致不确定的结果，严重时会导致程序异常中断。

为了使得指针返回值在函数调用结束以后仍然合法有效，除了使用 malloc()这类动态存储分配函数，也可以使用 static 关键字来指定局部变量或数组存储于静态存储区。因为静态存储区的内存空间在整个程序运行期间都是一直存在的，不会随着函数的结束而释放。另外，字符串常量一般也存放在静态存储区。

```
// 例 5.2-10  编写函数，返回函数中字符串常量的地址
    #include <stdio.h>
    char *weekday(int n) {
        char *days[] = {"Monday", "Tuesday", "Wednesday", "Thursday", "Friday", "Saturday", "Sunday"};
        if (n < 1 || n > 7)
            return (NULL);
        return (days[n - 1]);
    }
    int main() {
        int  num;
        scanf("%d", &num);
        printf("%s\n", weekday(num));                 // 输出数字 1~7 对应的星期英文字符串
        return 0;
    }
```

解析：

在本例中，函数 weekday()返回一个字符型指针，所指向的字符串常量位于静态存储区，该存储区的内容不会因为函数调用结束而消失，所以在 main()函数中可以继续使用该指针输出字符串常量。

如果函数返回的指针不是指向字符串常量的，而是其他类型，如整型数组，应该怎么处理呢？除了采用 malloc()函数动态分配存储空间的方式，也可以返回静态存储的局部变量或数组的地址。

```
// 例 5.2-11  编写函数，返回函数中静态数组的首地址
    #include<stdio.h>
    int *getdata() {
        static int  a[5];                         // a 位于静态存储区
        int  i;
        for (i = 0; i < 5; i++)
            scanf("%d", &a[i]);
        return a;
    }
    int main() {
        int  *p;
        int  i;
        p = getdata();                            // p 指向静态数组 a
        for (i = 0; i < 5; i++)
```

```
        printf("%d ", *(p+i));                  // 用指针p输出a的内容
    return 0;
}
```

解析：

函数 getdata()中的数组 a 被定义为 static 存储类型，位于内存空间的静态存储区；当函数调用结束时，静态存储区的存储空间并不会释放。尽管这时已经离开了 getdata()函数中局部变量的作用域而不能直接引用变量名或数组名，但是仍然可以通过指针正常访问这些数据，正如主函数中指针变量 p 的操作那样。

5.2.3 用函数处理字符串

在数据处理应用中，字符串数据的处理是经常使用的一类操作，同时字符串比数值数据（整型、浮点型等）的表达方式更复杂，因此字符串通常需要专门的函数进行处理。在 C 语言的库函数中有一系列用于处理字符串的函数。本节尝试利用指针与自定义函数实现字符串的一些基本处理。

在着手处理字符串前，首先需要再次强调如何判断一个字符串的开始和结束。字符串的开始位置，以指向字符串起始字符的指针或存储字符串的字符数组起始地址来表示，而字符串结束标志字符'\0'，又称为空字符，则是判断字符串结束的唯一标志。在处理字符串时，程序从字符串的起始位置开始，依次检查每个字符的值，当遇到第一个空字符时，则认为字符串结束。

字符串常量占用的存储空间，正好可以容纳字符串的内容和结束标志空字符，没有多余的字节。字符数组占用的存储空间大小，取决于定义数组时指定的数组长度，当字符数组用于存储字符串时，字符串的内容和结束标志不一定正好把字符数组填满，此时，如果以字符串作为操作对象，应注意字符串的范围截止于结束标志，而不是整个数组的范围。

当然，使用字符数组存储字符串时，字符串占用的存储空间不能超出字符数组的范围，否则会造成数组越界访问，可能造成数据的破坏和损失，在使用字符数组存储字符串的运算结果时，尤其需要注意这个问题。

下面通过自定义字符串处理函数的若干例题，介绍使用指针和函数处理字符串的基本操作方法和注意要点。例如，求字符串长度。字符串长度即字符串占用的字节数，按照 C 语言库函数 strlen()对字符串长度的定义标准，字符串长度不包括结束标志的这个字节。

在程序中，使用指针从字符串起始地址开始，依次扫描遍历每个字符并计数，直至遇到第一个结束标志字符即可，注意不要对结束标志计数。

求字符串长度函数 udf_strlen()及其在主函数中的调用示例程序如下。

```
// 例5.2-12  求字符串长度
#include <stdio.h>
int udf_strlen(char *s) {
    int  len = 0;
    while (*s++)
        len++;
    return len;
}
int main() {
```

```
    char  *str1 = "C Language";
    char  str2[20] = "USTC";
    printf("Length of str1 is %d.\n", udf_strlen(str1));
    printf("Length of str2 is %d.\n", udf_strlen(str2));
    return 0;
}
```

以上程序的运行结果为：

```
Length of str1 is 10.
Length of str2 is 4.
```

解析：

① 函数 udf_strlen()唯一的形参是字符指针类型，表示字符串的起始地址，相应的实参可以使用指向字符串起始字符的指针，如 str1，也可以使用存储字符串的字符数组名，如 str2。

从运行结果可知，字符串的长度与存储它的字符数组长度无关，数组 str2 的长度为 20，但是 udf_strlen(str2)的运算结果是 4，即字符串"USTC"的长度。

② 下面将把重点放在 udf_strlen()函数中求字符串长度的具体实现上。函数定义了整型变量 len 并初始化为 0，在 while 循环中，随着指针 s 对字符串中字符的遍历，len 不断自增计数，直到字符串结束。这个功能使用更加清楚易懂的方式可以写成以下形式：

```
while (*s != '\0')
    len++, s++;
```

首先判断 s 指向的当前字符是否为结束标志，若是，则循环结束，否则 len 计数加 1，s 指向下一个字符。以 str2 为例，这个过程如图 5-17 所示。

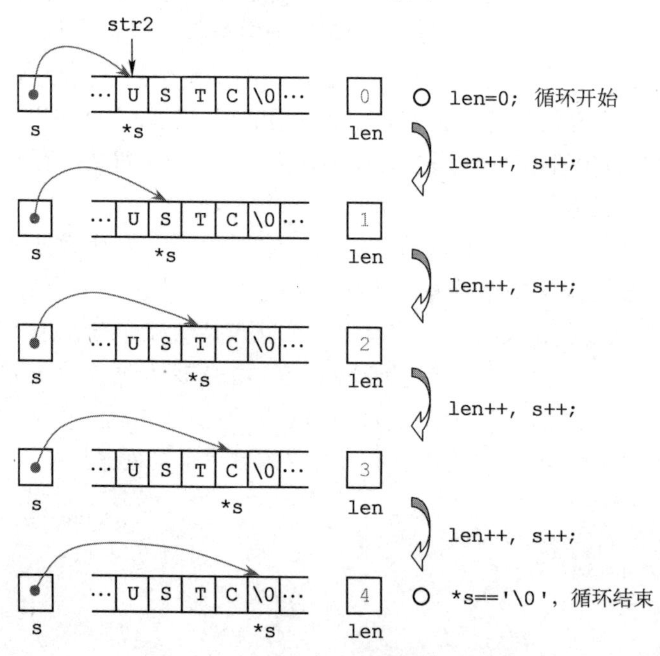

图 5-17　udf_strlen()函数执行过程

回到前面这条 while 循环语句，对其进行一步步精简。

首先，作为结束标志的空字符的 ASCII 值为 0，在逻辑判断时认为是“假”，而其他非结束标志的字符的 ASCII 值都不为 0，逻辑判断时认为是“真”。因此，判断一个字符变量 c 是否不等于空字符的表达式“c! = '\0'”，可以简写为“c”，二者的逻辑值（“真”或“假”）是完全相同的。由此，上述 while 循环语句可以精简为

```
while (*s)
   len++, s++;
```

进一步，可以将指针 s 的自增运算 s++合并到循环条件表达式*s 中，代码改写为

```
while (*s++)
   len++;
```

虽然后缀++运算符的优先级高于指针运算，但是 s++的值是 s 自增之前的值，所以*s++表示的仍然是 s 自增之前指向的字符。这样，在不影响判断的情况下，同时达到了 s 自增的目的。

注意，s++合并到判断条件中后，即使 s 指向了结束标志字符，循环将要结束时，s 仍然会指向下一个字符。但是循环结束后，udf_strlen()函数也返回了，所以 s 多移动 1 字节，对程序功能没有任何影响。

以上简化程序书写的编程技巧很常用，在编程实践中会经常遇到。

例如，复制字符串。复制字符串，即将源字符串的内容复制到目标字符数组中。复制字符串的处理方法：用两个指针分别从源字符串和目标字符数组的起始地址开始，同步依次扫描遍历两个字符串的每字节，并把源字符串的当前字符赋值给目标字符数组的当前元素，直至所赋值的字符为结束标志为止。

在一定程度上，复制字符串类似求字符串长度的扫描过程，只是这里需要两个指针同步扫描两个字符串或字符数组，并同时完成字符的赋值操作。

复制字符串函数 udf_strcpy 及其在主函数中的调用示例程序如下。

```
// 例 5.2-13  复制字符串
#include <stdio.h>
char *udf_strcpy(char *d, char *s) {
   char  *t = d;
   while (*d++ = *s++)  ;
   return t;
}
int main() {
   char  *str1 = "ABC";
   char  str2[20];
   udf_strcpy(str2, str1);
   printf("%s\n", str2);
   return 0;
}
```

以上程序的运行结果为：

```
ABC
```

解析：

① 这里实现的 udf_strcpy()函数有两个字符指针型形参。其中，d 表示目标字符串的起始地址，s 表示源字符串的起始地址，函数的功能是把源字符串复制到目标字符串中，返回值是目标字符串的起始地址。

② 因为字符串常量的内容能否更改取决于编译器，所以程序中需要避免对字符串常量进行修改操作，目标字符串应使用字符数组，而不能使用字符串常量。另外，为了避免数组访问越界，目标字符数组的大小应该能够容纳源字符串，包括结束标志字符。这两点都需要在函数调用时予以特别注意。

③ 函数中使用了如下循环语句：

```
while (*d++=*s++) ;
```

与 udf_strlen()函数的实现方式类似，这里使用后缀++运算与指针运算实现了对 d 和 s 两个指针指向的当前字符的访问，也使指针进行了自增运算。循环条件中的赋值运算，实现了从源串到目标串逐个字符的复制，如图 5-18 所示。

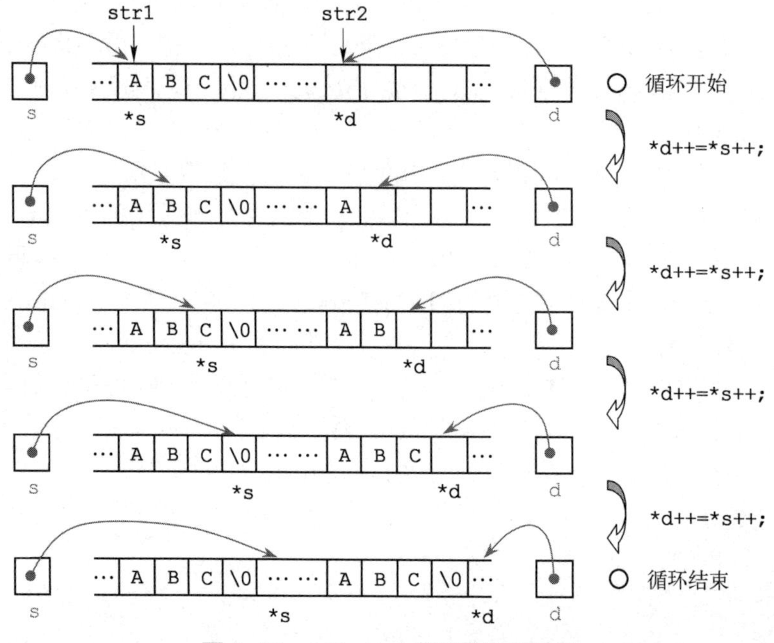

图 5-18 udf_strcpy()函数执行过程

根据赋值表达式求值规则，所赋之值即为赋值表达式的值，也就是这里的循环判断条件。当所赋值的字符不是空字符时，逻辑判断为“真”，循环继续进行；当所赋值的字符是空字符时，逻辑判断为“假”，循环退出，此时空字符也已经正确地赋值给了目标串的结束位置。

此外，由于形参 d 在函数中发生了改变，不再表示目标字符串的起始地址，因此在函数一开始就使用局部变量 t 将 d 的初始值保存下来，最后将 t 作为目标字符串的起始地址返回。

例如，连接字符串。连接字符串，即将源字符串的内容连接到目标字符串的后面，形成一个新的字符串。连接字符串的处理过程可以看作求字符串长度和复制字符串两个过程的结合。首先，通过类似求字符串长度的指针扫描方式，找到目标字符串结束的位置；然后，通过类似复制字符串的方式，将源字符串复制到从目标字符串结束标志开始的一段存储空间内。

经过这样两步操作后，目标字符串原来的结束标志已经被源字符串起始字符替换掉，这里就不再指示字符串的结束，从此处开始的存储空间内是来自源字符串的内容，直至从源字符串复制来的结束标志为止。

连接字符串函数 udf_strcat()及其在主函数中的调用示例程序如下。

```c
// 例 5.2-14  连接字符串
    #include <stdio.h>
    char *udf_strcat(char *d, char *s) {
        char  *t = d;
        while (*d)
            d++;
        while (*d++ = *s++)  ;
        return t;
    }
    int main() {
        char  *str1 = "ABC";
        char str2[20] = "XYZ";
        udf_strcat(str2, str1);
        printf("%s\n", str2);
        return 0;
    }
```

以上程序的运行结果为：

```
XYZABC
```

解析：

① 这里实现的 udf_strcat()函数有两个字符指针型形参，其中 d 表示目标字符串的起始地址，s 表示源字符串的起始地址，其功能是把源字符串连接到目标字符串后面，形成新的字符串。返回值是目标字符串的地址。

与复制字符串类似，连接字符串函数的调用时不能将字符串常量用于目标字符串实参，而只能使用字符数组，同时保证该字符数组还有足够大的剩余空间用于容纳源字符串的连接。

② 函数中使用了两个循环语句：

```c
    while (*d)              // 循环 1
        d++;
    while (*d++=*s++)  ;    // 循环 2
```

这两个循环的过程如图 5-19 所示。

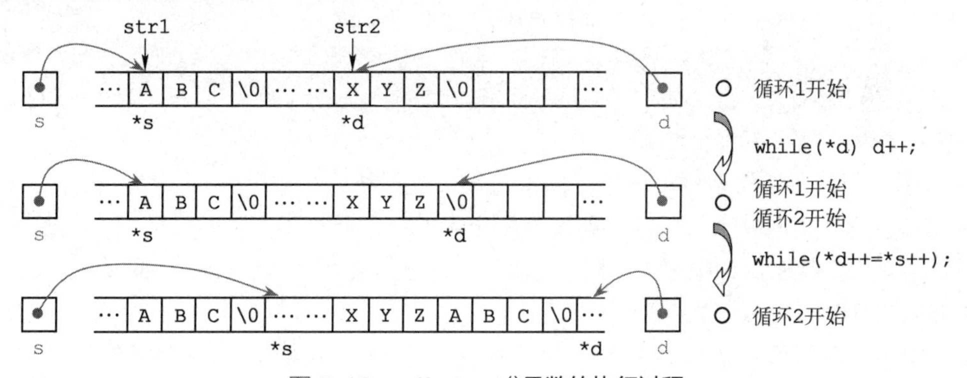

图 5-19 udf_strcat()函数的执行过程

第 1 条循环语句与求字符串长度类似，寻找目标字符串目前的结束位置，但是并不对字符串长度进行计数，只需要使指针 d 指向字符串结束标志字符；第 2 条循环语句则与复制字符串类似，把源字符串 s 复制到 d 目前指向的位置。

例如，比较字符串。数值数据表达的是整数或实数，它们的大小关系在数学上有明确的定义，只需要使用关系运算符即可完成比较。字符串的比较则需要单独做出合理的定义。

在 C 语言库函数 strcmp()中，字符串比较定义为：从两个字符串的起始位置开始，依次比较对应两个字符 ASCII 值的大小，所遇到的第一组不同字符之间的大小关系决定了两个字符串之间的大小关系；若直至两个字符串同时结束，仍未出现不同的字符，则两个字符串相等。例如，"abcd" 大于 "abccd"，"abcd" 大于 "abc"，"abcd" 等于 "abcd"，"abcd" 大于 "ABCD"。

比较字符串函数 udf_strcmp()及其在主函数中的调用示例程序如下。

```
// 例 5.2-15  比较字符串
    #include <stdio.h>
    int udf_strcmp(char *s, char *t) {
        while (*s && *s==*t)
            s++, t++;
        return *s-*t;
    }
    int main() {
        int  diff;
        char  *str1="ABCD";
        char  str2[20]="ABCE";
        diff = udf_strcmp(str1, str2);
        printf("Difference of str1 and str2 is %d.\n", diff);
        return 0;
    }
```

以上程序的运行结果为：

```
Difference of str1 and str2 is -1.
```

解析：

① udf_strcmp()函数有两个字符指针形参，表示两个字符串，整型返回值指示两个字符串的比较结果。若返回值小于 0，则字符串 s 小于字符串 t；若返回值大于 0，则字符串 s 大于字符串 t；若返回值等于 0，则两个字符串相等。

函数使用如下循环语句寻找两个字符串中首对不同字符。

```
while (*s && *s == *t)
    s++, t++;
```

该循环在以下两种情况下将会结束：

❖ 指针 s 指向了字符串结束标志，即字符串 s 遍历结束。

❖ 指针 s 和 t 指向的字符不等，即发现两个字符串中首个不同字符。

循环结束后，将 s 和 t 指向字符的差值作为返回值，函数返回。在不同情况下，循环结束时的状态如图 5-20 所示。对于第一种情况，若字符串 t 同时遍历结束（见图 5-20(a)），则两个字符串相等，返回值为 0；若字符串 t 没有结束（见图 5-20(b)），则 t 指向的字符的 ASCII 值非 0，返回值为负值，此时字符串 t 比 s 长，且前面一部分和 s 完全相同。

对于第二种情况，若字符串 t 尚未结束（见图 5-20(c)），则返回值指示了两个字符串首次出现的不同字符的差值；若字符串 t 正好结束（见图 5-20(d)），则返回值为正值，此时字符串 s 比 t 长，且前一部分与 t 完全相同。

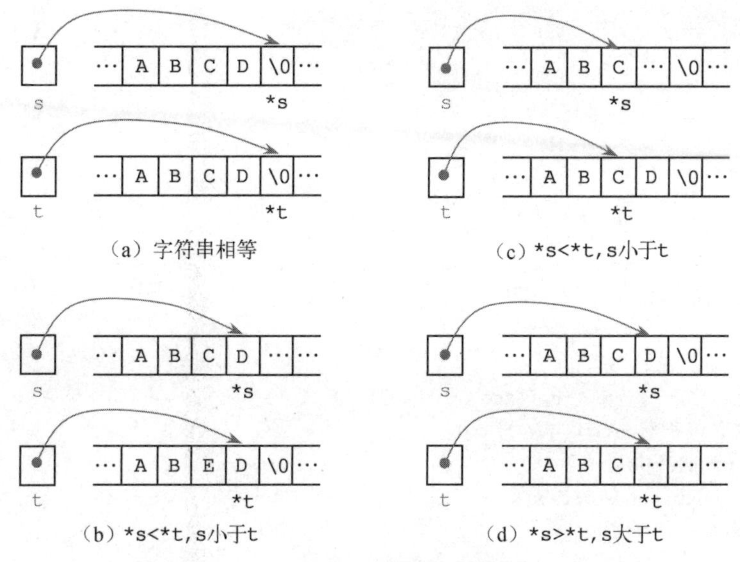

图 5-20　udf_strcmp()函数循环结束时的状态

以上通过若干函数的实现介绍了如何使用指针和函数操作字符串。实际上，C 语言库函数中包括一系列字符串处理函数，这些函数都是可以直接调用的。

下面再看一个复杂的字符串处理的例子。前面章节介绍过数值数据类型数组的排序方法，那么，对于长度不一的文本行如何进行排序呢？

```
// 例 5.2-16  按字母顺序对文本行进行排序
    #include <stdio.h>
    #include <string.h>
    #include<malloc.h>
    #define       MAXLINES      5000                    // 所能存储的最大行数
    #define       MAXLEN        1000                    // 输入行的最大长度
    char  *lineptr[MAXLINES];                           // 指向文本的指针数组
    int readlines(char *lineptr[], int maxlines);       // 读入行
    void writelines(char *lineptr[], int nlines);       // 输出行
    void quicksort(char *v[], int left, int right);     // 排序输入行
    int main() {
       int  nlines;                                     // 读取的输入行
       if ((nlines = readlines(lineptr, MAXLINES)) >= 0) {
          quicksort(lineptr, 0, nlines-1);
          writelines(lineptr, nlines);
          return 0;
       }
       else {
          printf("error: input too big to sort\n");
          return 1;
       }
    }
    int getline(char s[], int lim) {                    // 读取一行到字符数组 s，返回这一行的长度
       int  c, i;
       for (i = 0; i < lim-1 && (c = getchar()) != EOF && c != '\n'; ++i)
          s[i] = c;
```

```
    if (c == '\n') {
        s[i] = c;
        ++i;
  }
    s[i] = '\0';
    return i;
}
int readlines(char *lineptr[], int maxlines) {       // 读取输入行
    int  len, nlines;
    char  *p, line[MAXLEN];
    nlines = 0;
    while ((len = getline(line, MAXLEN))> 0) {
    if (nlines >= maxlines)
        return -1;
    p = (char *)malloc(len);
    line[len-1] = '\0';
    strcpy(p, line);
    lineptr[nlines++] = p;
    }
    return nlines;
}
void writelines(char *lineptr[], int nlines) {       // 输出行
    int  i;
    for (i = 0; i < nlines; i++)
        printf("%s\n", lineptr[i]);
}
void quicksort(char *v[], int left, int right) {     // 按照字符的递增排序v[left]~v[right]
    int  i, last;
    void swap(char *v[], int i, int j);
    if (left >= right)                               // 只有一行不需排序
        return;

    swap(v, left, (left + right)/2);
    last = left;
    for (i = left+1; i <= right; i++){
        if (strcmp(v[i], v[left]) < 0)
            swap(v, ++last, i);
    }
    swap(v, left, last);

    quicksort(v, left, last-1);
    quicksort(v, last+1, right);
}
void swap(char *v[], int i, int j) {                  // 交换v[i]和v[j]
    char  *temp;
    temp = v[i];
    v[i] = v[j];
    v[j] = temp;
}
```

程序运行时，若输入：

```
January
February
March
April
May
June
^Z（组合键 Ctrl-Z）
```

则输出结果为：

```
April
February
January
June
March
May
```

解析：

① 排序过程包括下列三个步骤：读取所有输入行，用函数 readlines()实现该功能；对文本行进行排序，用函数 quicksort()实现该功能；按排序后的次序打印文本行，用函数 writelines()实现该功能。主函数控制这三个函数的执行，按顺序调用这三个函数。

② 读入所有输入行函数 readlines()的原型如下：

```
int readlines(char *lineptr[], int maxlines);
```

其中，第一个参数是指向字符指针的指针类型，在 main()函数中调用时的实参是全局字符指针数组 lineptr。

在 readlines()函数的 while 循环中，通过 getline()函数调用，每次读入一个文本行暂存在字符数组 line 中；然后根据读入文本行的长度，调用 malloc()函数分配存储空间，再将文本行内容从 line 复制到这段存储空间内，并使 lineptr 当前的指针元素指向这段存储空间。

当输入空行后，文本行读入结束，此时数据的组织方式如图 5-21 所示。

每个文本行存储在一段动态分配存储空间内，数据的存储形式和字符数组相同，这种方式得到的“数组”称为“动态数组”。

③ 排序函数原型声明为：

```
void quicksort(char *v[], int left, int right);
```

其中，第一个参数 v 声明为字符指针数组，各元素分别指向对应的文本行的起始字符，这些文本行字符串是排序的对象；第二个参数和第三个参数声明为整型，是快速排序算法中和排序位置相关的数值。

在 main()函数中，通过调用排序函数 quicksort()对 lineptr 中的指针元素进行了排序。排序后，内存中数据的组织方式如图 5-22 所示。

任何排序算法的核心都是数据元素比较，不同类型数据比较大小的方法有所不同，对字符串的排序调用了库函数 strcmp()，但排序算法的其他部分与常用快速排序相似。

快速排序算法已经超出了本书的讨论范围，感兴趣的读者可以阅读算法相关的书籍资料，也可以尝试将程序中的排序函数 quicksort()替换成冒泡排序等其他排序算法。

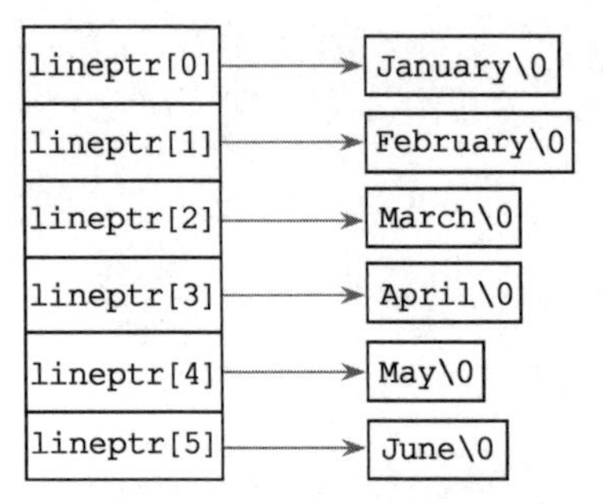

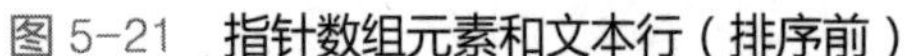
图 5-21　指针数组元素和文本行（排序前）

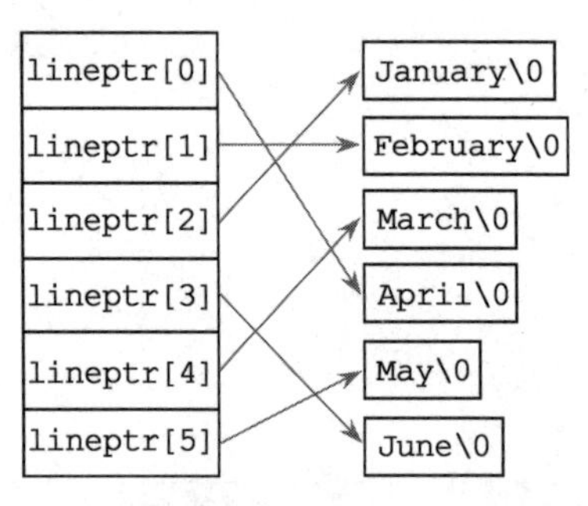

图 5-22　指针数组元素和文本行（排序后）

5.2.4　指向函数的指针

在程序运行过程中，函数的指令驻留在内存空间中的代码段，因此每一个函数都会对应一个内存地址，这个地址称为函数的入口地址，即指向函数的指针，简称为函数指针。

在 C 语言中，函数也被看作一种派生数据类型。除了作为 sizeof 运算符和取地址运算符&的操作数，函数名被隐式转换为指向这个函数的指针来处理。注意，这里的函数名不包括“( )”和参数部分。因此，指向某个函数的指针是容易获取的。

```
// 例 5.2-17  输出指向函数的指针值
    #include <stdio.h>
    void sayhello() {
        printf("Hello!\n");
    }
    int main() {
        printf("Address of sayhello: %p\n", sayhello);
        return 0;
    }
```

解析：

程序中直接把函数名 sayhello 以指针格式输出，得到函数 sayhello()的入口地址。

在 32 位环境下的程序运行结果如下（不同编译环境显示的地址值可能有所不同）：

```
Address of sayhello: 00401500
```

指向函数的指针就是由函数名表示的入口地址，也可以定义指针变量保存这个指针，并借助指针变量的间接访问运算来调用函数。

指向函数的指针变量的定义形式，就是将相应函数原型中函数名替换成“(*指针变量名)”。例如：

```
int func(int x, int y);                    // 函数原型声明
int (*pf)(int x, int y);                   // 定义指向函数的指针变量
```

上述函数原型和函数指针变量定义中，形参名也可以省略，写成如下形式：

```
int func(int, int);
int (*pf)(int, int);
```

通过如下赋值语句，可将指向 func()函数的指针赋值给变量 pf。

```
pf = func;
```

然后就可以通过函数指针变量 pf 调用 func()函数了。

由于函数名被视为指向函数的指针，因此(*pf)表示的 pf 所指向的函数，仍然被视为指向函数的指针，即(*pf)和 pf 是相等的，这是函数指针的一个特别的性质。

所以，通过函数指针调用函数可以使用两种不同的形式，即(*pf)(1, 2)和 pf(1, 2)，二者都等价于 func(1, 2)。

在(*pf)(1, 2)中，(*pf)两边的括号不能省略。如果写成*pf(1, 2)的形式，由于*比()优先级低，就将表示对 pf(1, 2)的返回值做指针运算。

```
// 例 5.2-18  指向函数的指针的基本用法
    #include <stdio.h>
    #include <time.h>
    void datetime() {
        time_t mytime;
        mytime = time(NULL);
        printf(ctime(&mytime));                          // 输出日期与时间
        return;
    }
    int main() {
        void  (*showdate)();
        int  (*greeting)(const char *);
        showdate = datetime;                             // 指向函数 datetime
        greeting = puts;                                 // 指向库函数 puts
        (*showdate)();                                   // 通过函数指针调用函数 datetime
        (*greeting)("Hello!");                           // 通过函数指针调用函数 puts
        return 0;
    }
```

解析：

程序中通过函数指针调用了自定义函数 datetime()和库函数 puts()，还调用了与时间有关的库函数，感兴趣的读者请查阅库函数文档，这里不再详细说明。

程序的运行结果为：

```
Sun Aug 14 09:28:11 2021
Hello!
```

输出的日期和时间与运行程序的时间有关。

上例中的这种用法并不是函数指针的优势所在，试想直接调用 datetime()和 puts()函数不是更加便捷吗？实际上，函数指针更常见的用途是作为参数传递到某个函数中，然后利用传递进来的函数指针去实现灵活的回调（Callback）。

例如，一元函数定积分的梯形法数值求解。一元函数的定积分是区间$[a,b]$范围内的函数曲线$f(x)$、X轴、直线$x=a$和$x=b$围成的曲边梯形的面积，如图 5-23 所示。当函数$f(x)$的不定积分不容易求得时，可以使用梯形法进行数值求解。

若将区间$[a,b]$进行n等分，则步长为$h=(b-a)/n$，分点为$x_i=a+i\times h\ (i=0,1,2,\cdots)$，且$x_0=a\quad x_n=b$。将每个小区间的$f(x)$曲线近似为线段，则每个小区间的曲边梯形面积近似为

$$S_i \approx \frac{h}{2}[f(x_i)+f(x_{i+1})]\ \ (i=0,1,2,\cdots,n-1)$$

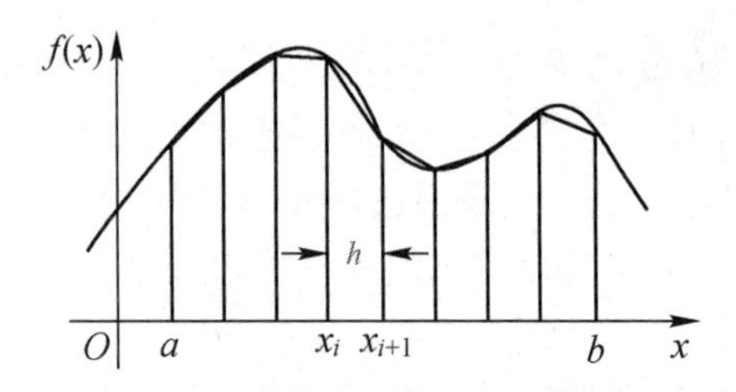

图 5-23　一元函数定积分的梯形法数值求解

那么函数 $f(x)$ 在区间 $[a,b]$ 上的定积分近似为所有小区间梯形面积之和为

$$\int_a^b f(x)\mathrm{d}x \approx h\times\left[\frac{f(a)}{2}+\sum_{i=1}^{n-1}f(a+i\times h)+\frac{f(b)}{2}\right]$$

梯形法数值求解就是将上式表示的近似值计算出来，n 越大，计算精度越高。式中可变的部分为函数 $f(x)$ 和区间边界 a、b。如果编写一个函数实现上式，函数就要作为其中一个参数传递进来，这时需要使用指向函数的指针了。

```
// 例 5.2-19  一元函数定积分的梯形法数值求解
    #include <stdio.h>
    #include <math.h>
    double integral(double (*f)(double), double a, double b) {
        double  s, h;
        int n = 1000, i;
        h = (b-a) / n;
        s = (f(a)+f(b)) / 2.0;
        for (i = 1; i < n; i++)
            s += f(a+i*h);
        return s*h;
    }
    int main() {
        double  y1, y2, y3;
        y1 = integral(sin, 0.0, 1.0);
        y2 = integral(cos, 0.0, 2.0);
        y3 = integral(exp, 0.0, 3.5);
        printf("%lf\n%lf\n%lf\n", y1, y2, y3);
        return 0;
    }
```

解析：

① 指向函数的指针用作函数参数

程序中定义了定积分梯形法数值求解函数 integral()，函数原型如下：

```
double integral(double (*f)(double), double a, double b);
```

其中，第一个参数 f 的类型是指向具有一个 double 型参数和 double 型返回值的函数的指针，凡是符合这个形式的函数都可以用 integral()函数进行定积分数值求解。这样，通过指向函数的指针，就可以将函数以类似于其他数据类型的方式进行参数传递。

② 使用指向函数的指针进行函数调用。在函数 integral()中，使用指向函数的指针 f 直接进行函数调用，如 f(a)，这里也可以写作(*f)(a)，不要忘记在“*f”两边加上“( )”。这两种书写方式是等价的。

③ 指向函数的指针类型的实参。在主函数中调用 integral()函数时，指向函数的指针类型实参可以直接使用函数名，可以是自定义的函数，也可以是库函数，只要其参数和返回值类型符合函数指针形参的定义即可。注意实参函数名后不要加括号，否则就表示函数调用，而不是函数指针了。

程序的运行结果为：

```
0.459698
0.909297
32.115485
```

如果修改程序中变量 n 的值，定积分运算结果的精度会发生变化，请感兴趣的读者自行验证和分析这个现象。

由本程序可知，函数指针可以使函数的功能得到扩展，函数调用更加灵活，避免了冗余重复的代码和多分支选择结构等，让程序更加简洁高效。

5.3 指针用于内存操作

指针的主要用途是进行内存数据的操作，特别是在批量、成块数据的操作中具有显著的优势。本节将介绍指针在处理复杂类型内存数据操作中的用法，包括结构体指针、文件操作、内存分配、链表操作等。

通过结构体指针的间接访问，可以减少结构体类型数据的赋值、参数传递等比较消耗系统资源的操作。文件操作则需要借助文件类型指针完成文件的打开、关闭和读写操作，文件类型指针就是一种结构体指针。链表是一种常用的数据结构，利用结构体指针和动态存储分配，能够灵活高效地处理复杂的数据对象。

5.3.1 结构体指针

第 3 章介绍了结构体类型的用法，在这里首先简单回顾。

结构体（Structure），也称为结构，是一种构造数据类型，其内部包含若干变量或数组，称为结构体的成员（Member）。成员的类型可以相同，也可以不同。结构体主要用于表达简单数据类型或数组无法描述的复杂对象。

例如，描述一个学生的数据类型，需要能够包含学号（整型）、姓名（字符数组）、性别（字符型）、年龄（整型）、成绩（浮点型）等不同类型的数据，可以利用结构体声明为：

```
struct strStudent {
    long int  lNum;              // 学号，长整型
    char  stName[20];            // 姓名，字符数组
    char  cGender;               // 性别，字符型
    short int  nAge;             // 年龄，短整型
    float  fScore;               // 成绩，浮点型
};
```

这样就声明了一个结构体类型 struct strStudent，其中包含 5 个成员，在后续的程序代码中可以

定义和使用这种结构体类型的变量、数组、指针，例如：

```
struct strStudent  stu1, stu2;     // 定义结构体变量 stu1 和 stu2
struct strStudent  class[40];      // 定义结构体数组 class
struct strStudent  *pstu;          // 定义结构体指针变量 pstu
```

结构体类型的名称由两部分组成，应看作一个整体，不要漏掉关键字 struct。

结构体类型是一种自定义的数据类型，声明一个结构体类型并不会占用内存空间；结构体类型的变量才包含了实际数据，需要内存空间来存储。结构体类型就像一个“模板”，用它所定义的变量都具有相同的性质。

结构体变量可以在定义时进行初始化，相同类型的结构体变量之间可以直接赋值，函数的参数和返回值类型也可以是结构体类型。尽管数组不能被整体赋值，但是包含数组类型成员的结构体变量是可以被赋值或进行参数传递的。例如：

```
struct strStudent stu3 = {20006003, "Zhang San", 'M', 18, 98.0};   // 初始化
stu2 = stu3;                      // 结构体变量相互赋值
print(stu2);                      // 结构体类型参数
```

结构体变量使用运算符“.”访问其成员，成员的用法和同类型变量或数组相同。例如：

```
stu1.lNum = 20006001;
strcpy(stu1.stName, "Li Yi");
```

结构体数组的用法和其他类型的数组类似，结构体数组也可以进行初始化。例如：

```
struct strStudent stu[3] = {{20006001, "Li Yi", 'M', 98.0},
                            {20006002, "Wang Wu", 'F', 97.5},
                            {20006003, "Zhao Si", 'M', 95.0}};
```

数组是同一种类型数据的集合，结构体是多种类型数据的集合，结构体数组可以用来描述更为复杂的对象。例如，学生结构体类型的数组可以用来描述一个班级的学生名单。

指向内存中结构体类型数据的指针，即结构体指针，表示结构体数据的起始地址。结构体指针可以指向相同结构体类型的变量或数组的起始元素，函数的参数和返回值类型也可以是结构体类型指针。结构体指针可以通过运算符“->”访问它所指向的结构体的成员。

```
// 例 5.3-1  访问结构体成员举例
    #include <stdio.h>
    #include <stdlib.h>
    #include <string.h>
    struct strStudent {
        long int  lNum;
        char  stName[20];
        char  cGender;
        float  fScore;
    };
    int main (void) {
        struct strStudent  stu1;
        struct strStudent  *ps;
        stu1.lNum = 20006001;                      // 给 stu1 的成员赋值
        strcpy(stu1.stName, "Ding Yi");
        stu1.cGender = 'M';
        stu1.fScore = 99.0;
```

```
    ps = &stu1;                          // 指针 ps 指向变量 stu1
    printf("-----------学生信息----------\n");
    printf("No.:%ld, Name:%s, Gender:%c, Score:%5.1f\n", \
           stu1.lNum, stu1.stName, stu1.cGender, stu1.fScore);
    printf("No.:%ld, Name:%s, Gender:%c, Score:%5.1f\n", \
           (*ps).lNum, (*ps).stName, (*ps).cGender, (*ps).fScore);
    printf("No.:%ld, Name:%s, Gender:%c, Score:%5.1f\n", \
           ps->lNum, ps->stName, ps->cGender, ps->fScore);

    return 0;
}
```

该程序运行结果为：

```
-----------学生信息----------
No.:20006001, Name:Ding Yi, Gender:M, Score: 99.0
No.:20006001, Name:Ding Yi, Gender:M, Score: 99.0
No.:20006001, Name:Ding Yi, Gender:M, Score: 99.0
```

解析：

本例中使用了三种方式引用结构体成员并以相同的格式输出，这三种方式的输出结果是完全一样的。

第一种方式使用结构体变量 stu1 和运算符“.”，直接得到各成员的值。

第二种方式使用指向 stu1 的结构体指针变量 ps，先用指针运算*ps 获得 ps 指向的数据，即 stu1，再用运算符“.”求得各成员的值，如(*ps).lNum。因为“.”的优先级高于“*”，所以必须使用括号将*ps 括起来，保证运算次序正确。

第三种方式使用运算符“->”求得指针 ps 指向的结构体的成员，如 ps->lNum，这种方式与第二种方式等价，但书写更加简洁，这也是通常推荐的写法。

【说明】 变量名只要符合标识符的规范就是合法的，但是在实践中，为了提高工作效率和增强可读性，产生了若干种常见的命名规则，多用于标识符较多的程序中。本小节中出现的标识符一般遵循匈牙利命名法：以一个或多个小写字母开头作为前缀，指明数据的类型；之后则是首字母大写的一个或多个单词组合，指明标识符的用途或含义。例如，结构体成员名 fScore 中，前缀 f 表示 float 类型，Score 表示这个成员表示分数。

结构体指针变量可以指向结构体数组的任何一个元素，这样就可以通过指针的移动访问数组中的所有元素，与基本类型的指针和数组的用法类似。

```
// 例 5.3-2  通过指针访问结构体数组元素
#include <stdio.h>
struct strStudent {
    long int  lNum;
    char  stName[20];
    char  cGender;
    float  fScore;
} student[4] = {{101, "Li Yi", 'M', 88.0}, {102, "Zhao Si", 'M', 78.0},
              {103, "Wang Wu", 'F', 95.5}, {104, "Ruan Qi", 'F', 87.5}
};

int main(void) {
```

```
    struct strStudent  *ps;
    printf("----------Student Information\n");
    printf("No.\tName\tGender\tScore\t\n");
    for (ps = student; ps < student+4; ps++)
        printf("%ld\t%s\t%c\t%.1f\n", ps->lNum, ps->stName, ps->cGender, ps->fScore);
    return 0;
}
```

该程序运行结果为：

```
----------Student Information
No.      Name      Gender   Score
101      Li Yi     M        88.0
102      Zhao Si   M        78.0
103      Wang Wu   F        95.5
104      Ruan Qi   F        87.5
```

解析：

本例定义了 struct strStudent 类型的数组 student 并进行了初始化，在 main()函数内定义 ps 为指向 struct strStudent 类型的指针。在 for 循环起始时，ps 被赋予 student 的首地址，循环进行 4 次，输出 student 中每个元素的各成员值。

结构体指针变量虽然可以用来访问结构体变量或结构体数组元素的成员，但是不能直接将一个结构体成员的地址赋值给它。因此，如下赋值是错误的。

```
ps = &student[1].cGender;
```

由于运算符“.”的优先级高于取地址运算符“&”，因此&student[1].cGender 是对结构体变量的字符型成员 student[1].cGender 取地址，运算结果是一个字符型指针。

例如，输入 30 个学生的个人信息（包含学号、姓名和三门学科的成绩）并输出平均成绩最高的学生的学号、姓名、各科成绩和平均成绩。

```
// 例 5.3-3  学生平均成绩输出
    #include <stdio.h>
    #define TotalStuNumber 30
    struct strStudent {
        long int lNum;
        char  stName[20];
        float  fScore[3];
        float  fAver;
    };
    void inData(struct strStudent stu[]) {                // 完成对学生信息的输入功能
        short int  i;

        printf("请依次输入学生学号、姓名和三科成绩：\n");
        for (i = 0; i < TotalStuNumber; i++) {
            scanf("%d%s%f%f%f", &stu[i].lNum, stu[i].stName, &stu[i].fScore[0], \
                  &stu[i].fScore[1], &stu[i].fScore[2]);
            stu[i].fAver = (stu[i].fScore[0] + stu[i].fScore[1] + stu[i].fScore[2]) / 3;
        }
        return;
    }
```

```
struct strStudent *HighScore(struct strStudent stu[]) {  // 返回平均成绩最高的学生
    short int  i;
    short int  nWho = 0;

    for (i = 0; i < TotalStuNumber; i++)
        if (stu[i].fAver > stu[nWho].fAver)
            nWho = i;
    return stu + nWho;
}
void outData(struct strStudent *pstu) {                    // 输出平均成绩最高的学生信息
    printf("成绩最高的学生：\n");
    printf("学号：%ld\n 姓名：%s\n", pstu->lNum, pstu->stName);
    printf("成绩：%5.1f, %5.1f, %5.1f\n 平均成绩：%6.2f\n",
    pstu->fScore[0], pstu->fScore[1],
    pstu->fScore[2], pstu->fAver);
    return;
}
int main(void) {
    struct strStudent  stu[TotalStuNumber];
    struct strStudent  *ps = stu;                        // 定义结构体指针 ps 并指向 stu 首地址
    inData(ps);
    outData(HighScore(ps));
    return 0;
}
```

程序运行时，若输入：

```
请依次输入学生学号、姓名和三科成绩：
2001 LiYi 90 92 94
2002 WangWu 97 98 99
2003 ZhaoSi 80 86 98
... ...
```

则运行结果为：

```
成绩最高的学生：
学号：2002
姓名：WangWu
三门成绩： 97.0,  98.0,  99.0
平均成绩： 98.00
```

解析：

① 程序中定义了若干函数处理结构体类型的数据，函数之间结构体类型数据的传递都是以指针类型的参数或返回值实现的。一般情况下，指针类型数据的长度显著小于结构体类型数据，通过指针类型传递数据可提高程序的运行效率和减少资源占用。

② 结构体类型数据不能整体进行输入输出，而需要将基本类型成员或字符串成员分别按照指定格式输入输出。若程序中需要多次输入输出结构体类型数据，应分别定义两个函数完成这两项功能，方便调用且易于修改输入和输出的格式。

5.3.2 文件处理

程序的内存空间会随着程序运行结束而释放，内存数据也将随之不再可用，因此，需要长期保存的原始数据、运算结果等通常保存在磁盘文件中。

如果需要利用磁盘等外存保存数据，首先必须打开或建立一个文件，然后向该文件写入需要存储的数据；而如果需要访问存储于外存中的数据，就必须先按照文件路径找到指定文件，再从该文件中读取数据。

从操作系统的角度而言，与主机相连的各种输入、输出设备也是文件，如键盘是输入文件，而显示器是输出文件。

本节将介绍文件处理的方法，包括文件类型指针、文件的打开、关闭、读写等操作。

1．流与文件

C 语言中，对磁盘文件以及键盘、显示器、打印机等外部设备的数据读写操作都是通过流（Stream）进行的，可以将“流”想象成流淌着字符的小溪。通过把不同物理性质的存储设备和输入/输出设备都映射为流，使得在编程时不再需要考虑不同设备之间的差异。

在前面的章节中，所有用到 printf()函数和 scanf()函数进行标准输入/输出的程序都使用了流。之所以能够简单方便地进行标准输入/输出操作，是因为 C 语言程序中提供了三个标准流，这三个标准流可以直接使用，不需要对它们进行打开和关闭操作。

① stdin：标准输入流（Standard Input Stream），用于读取约定输入的流，默认表示从键盘输入。标准输入函数 scanf()与 getchar()等会从这个流中读取字符。

② stdout：标准输出流（Standard Output Stream），用于写入约定输出的流，默认表示输出至显示器屏幕。标准输出函数 printf()与 putchar()等会向这个流写入字符。

③ stderr：标准错误流（Standard Error Stream），用于写入错误诊断的流，默认表示输出至显示器屏幕。

通过这些标准流，就可以实现对标准输入、输出设备的读写操作。标准输入流和标准输出流如图 5-24 所示。

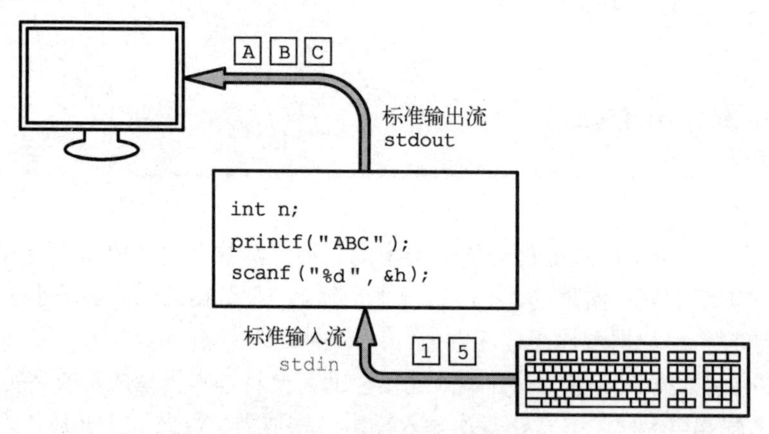

图 5-24 流和输入、输出

上述三种标准流是与键盘、显示器等设备相关的输入、输出流，操作系统把这些外部设备也看作文件来管理，即设备文件。如果程序需要访问磁盘等存储设备，就需要在程序中定义其他的流，并和磁盘上的文件联系起来，即磁盘文件，也称为普通文件。

按照数据在文件中的存储格式，文件可分为文本文件和二进制文件。

在文本文件（Text File）中，数据是以字符序列的形式表示的，文件的每个字节都表示普通字符或换行符。二进制文件（Binary File）是按照数据在内存中存储形式的二进制位串表示的，具体的位串长度取决于编译器。

例如，按照文本文件格式存储整数 12345，则文件中将存储'1'、'2'、'3'、'4'、'5'五个字符，占用 5 字节；假设在 16 位环境下，若按照二进制文件格式存储整数 12345，则文件中将存储 2 字节。如图 5-25 所示。

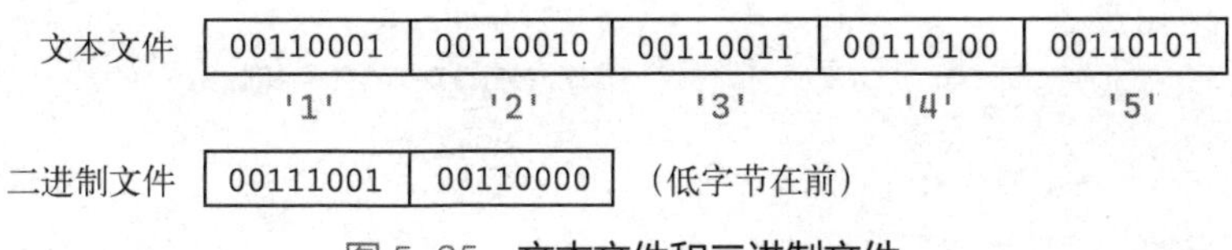

图 5-25 **文本文件和二进制文件**

由此可见，在上述例子中，文本文件的每个字符对应 1 位数字，文件字节数与数值的位数及格式相关；二进制文件的字节数则不依赖于数值位数和格式，而只与数据类型有关。

这两种存储格式各有利弊。文本文件一般会占用较多的存储空间，但是可以在屏幕上按字符显示，可以使用文本编辑程序进行编辑和阅读，便于对字符进行处理和输出，如源程序文件。以二进制文件存储可以节省存储空间，但是不能以字符形式直接显示和输出。

当存储浮点型数据时，二进制文件按照数据在内存中的形式保存，数据精度与内存数据一致。若使用文本文件保存浮点数，则需要按照指定的精度截断数据，造成精度的损失；若希望得到更高的精度，则需要输出更多的位数，造成文件长度增加。

按照数据在文件和内存之间的流动方向，文件可以分为输入文件和输出文件。输入文件是指将数据从文件读入内存，而输出文件是指将数据从内存写入文件。注意，这里的“输入”和“输出”是从程序的角度去看的，而文件是程序的操作对象。

按照文件的读写方式，文件可分为顺序存取文件和随机存取文件。顺序存取文件是指从文件开始依次读写所有数据；随机存储文件是指可以随机从文件内指定的位置读写数据，读写过程中需要文件进行定位操作。除了磁带等少数存储介质，外存一般都是支持随机存取的。C 语言中也提供了顺序存取和随机存取的函数可供调用。

按照对文件系统的处理方法，文件系统可分为缓冲文件系统和非缓冲文件系统。C 语言标准不使用非缓冲文件系统，下面主要介绍缓冲文件系统。

相对于内存数据操作，磁盘文件的读写速度是相对较慢的。如果程序每次数据访问时都直接访问磁盘文件，读写效率就会很低，提高性能的办法就是使用缓冲（Buffering）技术。缓冲文件系统是指系统自动在内存中为每个正在使用的文件都开辟一个缓冲区。从内存向磁盘文件输出数据时，先将数据送到内存的缓冲区，待缓冲区装满后，才将整个缓冲区的数据一起写入磁盘文件。从磁盘文件向内存读入数据时，则从磁盘文件中一次读入一批数据到缓存区，再从缓存区将数据送到对应程序的数据存储区域。因为一次大块数据读写比多次小块数据读写的速度快很多，所以缓冲文件系统在读写性能上可以获得巨大的收益。

【说明】 标准流文件也使用缓冲文件系统，对于键盘而言，当输入缓冲区满或者输入遇到换行符时，缓冲区中的数据送往程序。所以，键盘输入数据结束后还需要输入回车，而且在输入的字符序列中，未被当前输入函数接收的字符，会留待后面的输入函数接收处理。

2．文件指针

C 语言通过文件指针实现对流的访问，文件指针的类型为 FILE *，其中的 FILE 是在头文件 stdio.h 中定义的结构体类型的别名。该结构体类型的成员包括控制流所需的信息，具体成员定义因编译器而异，如某编译器中 FILE 类型定义如下：

```
typedef struct {
    int  level;                          // 缓冲区满空程度
    unsigned  flags;                     // 文件状态标志
    char  fd;                            // 文件描述符
    unsigned char  hold;                 // 无缓冲则将字符退回到流
    int  bsize;                          // 缓冲区大小
    unsigned char  *buffer;              // 数据缓冲区指针
    unsigned char  *curp;                // 当前位置指针
    unsigned  istemp;                    // 临时文件指示器
    short  token;                        // 用于有效性检查
} FILE;
```

【说明】 C 语言中可以使用 typedef 关键字为数据类型创建别名（见附录 B），别名的用法与原类型名完全相同。若为结构体类型创建别名，则该别名已经涵盖了 struct 关键字，因此在使用别名时不需要再写 struct 关键字。

实际编写程序过程中，不需关心 FILE 类型的定义方式，也不会直接修改其成员的值，所有的文件操作都是通过库函数实现的。除了 fopen()函数以文件指针作为返回值，其他文件处理函数都以文件指针作为函数的参数之一。

标准流指针 stdin、stdout、stderr 已在 stdio.h 中定义为 FILE *类型，程序中可以直接使用它们访问标准流。

与其他类型的指针类似，文件指针变量定义形式为：

```
FILE  *fp1, *fp2;
```

表示 fp1 和 fp2 是指向 FILE 类型的指针变量，它们的初值一般来自文件打开操作的返回值。

3．文件的打开和关闭

程序中对文件的处理过程是，先打开文件，再使用文件，最后关闭文件。打开文件的实质是在程序和文件之间建立起联系，创建文件类型结构体并初始化其中的成员，获得指向这个结构体的指针。关闭文件则是断开程序和文件的联系，禁止对该文件再进行操作。

（1）文件的打开

C 语言提供了标准库函数 fopen()来实现打开文件的功能，fopen()函数会为要打开的文件新建一个流，然后返回一个文件类型指针。该指针指向的结构体保存了控制这个流所需的信息。

fopen()函数的原型如下：

```
FILE *fopen(const char *filename, const char *mode);
```

其功能是打开文件路径为 filename 所指的文件，并将该文件与流相关联。

形参 filename 所指的是将访问的文件路径，实参可以是字符串常量、存放字符串的字符数组或指向字符串起始字符的指针等。注意，在 Windows 操作系统的文件路径中可能存在“\”

字符，在 C 程序代码中，它需要使用转义字符“\\”表示。

实参 mode 所指描述了文件的操作模式，规定了文件可以进行的操作，如表 5-1 所示。

表 5-1　文件模式及其意义

文本模式	二进制模式	意　义
r	rb	只读，打开已有文件
w	wb	只写，打开或创建文件，若文件已存在，则文件长度清零
a	ab	追加，打开或创建文件，若文件已存在，则从文件末尾开始写入数据
r+	r+b, rb+	读写，打开已有文件
w+	w+b, wb+	读写，打开或创建文件，若文件已存在，则文件长度清零
a+	a+b, ab+	读写，打开或创建文件，若文件已存在，则从文件末尾开始写入数据

一般，应该使用文本模式读写文本文件，使用二进制模式读写二进制文件，但是函数调用对此没有任何约束，需要编程者判断应采用何种模式。

文本模式读写文件时，可能会对其中的断行字符进行自动转换，而二进制模式不进行这个转换。因此，当不希望发生上述转换或者不清楚应该采用何种模式时，使用二进制模式是更安全的做法。

【说明】 第 3 章介绍了回车（Carriage Return，CR，0x0D，'\r'）和换行（Line Feed，LF，0x0A，'\n'）字符的作用。Windows 系统使用 CR+LF 表示断行（Line Break，End of Line，EOL），UNIX/Linux/Mac OS X 系统使用 LF 表示断行，Mac OS 9 之前版本的系统使用 CR 表示断行，C 语言程序中统一使用 LF 表示 Enter 键的输入和断行。两种文件模式的区别在于对断行字符的处理：文本模式读写文件时，会将程序中的 LF 和文件中的断行进行自动转换；二进制模式读写文件时，不进行以上转换。由于 Mac OS 9 及更早版本已不常见，因此两种文件模式的区别基本上仅对 Windows 系统上的文件起作用。

fopen()函数的功能是按照指定的文件模式打开指定的文件。打开成功时，返回指向文件结构体的指针，该文件结构体用于控制打开的流；打开操作失败时，返回空指针。

调用 fopen()函数后，一般应检查操作是否成功，并将返回的文件指针存储在 FILE *类型的指针变量中，以便使用它对文件进行操作。例如：

```
FILE *fp;
if ((fp = fopen("prg_1.txt", "r")) == NULL) {
    printf("Can't open this file!\n");
    exit(1);
}
```

（2）文件的关闭

在文件使用结束后，应断开文件和流的关联并将流关闭，即关闭文件。在 C 语言中使用标准库函数 fclose()实现文件的关闭。

fclose()函数的原型如下：

```
int fclose(FILE *stream);
```

fclose()函数将刷新 stream 指向的流，然后关闭与该流相关联的文件。系统在关闭文件时，首先将文件缓冲区中尚未写入的数据交由操作系统写入文件，然后释放缓冲区和文件指针指向的结构体存储空间，断开文件和流的关联。

若 fclose()函数正常关闭文件，则返回值为 0，否则返回 EOF，即-1。

及时关闭不再使用的文件是一个好的编程习惯。在缓冲文件系统中，向文件写入数据时，先将数据输出到缓冲区，待缓冲区满后才正式写入文件。如果数据未填满缓冲区而程序意外中止运行，就有可能将缓冲区中尚未写入的数据丢失。使用 fclose()函数及时关闭文件，可以防止数据意外丢失。

```
// 例 5.3-4  打开和关闭文件示例
    #include <stdio.h>
    #include <stdlib.h>
    #define FILE_NAME "example.dat"

    int main(void) {
        FILE  *fp;

        fp = fopen(FILE_NAME, "r");
        if (fp == NULL) {
            printf("Can't open file: %s.\n", FILE_NAME);
            exit(EXIT_FAILURE);
        }
        …                                      // 读入文件

        fclose(fp);
        return 0;
    }
```

解析：

① 程序调用 fopen()函数打开文件并将返回值赋给文件指针 fp，然后判断 fp 是否为空指针。若打开失败，则程序终止；若打开成功，则进行读写操作，再调用 fclose()函数关闭文件。

② 库函数 exit()的功能是终止程序，参数表示程序退出时的状态，一般用 0 表示正常退出，其他值表示非正常退出。头文件 stdlib.h 定义了符号常量 EXIT_SUCCESS 和 EXIT_FAILURE，可以用作 exit()函数调用的参数。

4．文件的读写

文件成功被打开后，就可以进行读写操作了。C 语言提供了多种库函数用于对不同类型文件的读写操作，常用的文件读写函数如下。

- 格式化读写函数 fscanf()和 fprintf()：用于格式化文本文件的读和写。
- 数据块读写函数 fread()和 fwrite()：用于二进制文件的读和写。
- 字符读写函数 fgetc()和 fputc()：用于文本文件及二进制文件逐个字节的读和写。
- 字符串读写函数 fgets()和 fputs()：用于对文本文件的字符串读和写。

（1）格式化读写

文件的格式化读写函数 fscanf()和 fprintf()与格式化输入/输出函数 scanf()和 printf()功能类似，区别在于 fscanf()和 fprintf()函数的读写对象是文件，而 scanf()和 printf()函数的输入和输出对象是标准的输入、输出设备，即键盘和显示器。

格式化读写函数的函数原型分别为：

```
    int fscanf(FILE *stream, const char *format, …);
```

```
int fprintf(FILE *stream, const char *format, …);
```

与格式化标准输入/输出函数scanf()和printf()相比较，文件的格式化读写函数仅多了第一个参数FILE *stream，即当前要读写的文件指针，其他参数与scanf()和printf()函数完全相同。

对于fscanf()函数，若没有执行任何转换就发生了输入错误，则返回EOF，否则返回成功赋值的输入项数。若在输入中发生匹配错误，则返回的输入项数会少于格式说明符对应的实参个数，甚至为0。

fprintf()函数返回输出的字符数，当发生输出错误时返回负值。

标准流文件也可以用作文件读写函数调用时的文件指针实参，此时将对标准流文件进行输入输出操作。例如：

```
fscanf(stdin, format, …)                    // 等价于 scanf(format, …)
fprintf(stdout, format, …)                  // 等价于 printf(format, …)
```

例如，计算3名同学英语、数学、物理的总成绩，并将他们的姓名、各科成绩和总成绩写入文本文件student.dat中，再从文件中读出数据并输出到显示器上。

```
// 例5.3-5 显示成绩
#include <stdio.h>
struct student {
    char  name[16];
    float  english, math, physics, total;
};
int main(void) {
    int  i;
    FILE  *fp;
    struct student stu[3] = {{"Zhangsan", 90, 92, 96, 0}, {"Liming", 85, 88, 95, 0}, \
                            {"Gaofei", 95, 86, 92, 0}};

    if (!(fp = fopen("student.dat", "w"))) {
        printf("Can't open file.");
        return 1;
    }
    for (i = 0; i < 3; i++) {
        stu[i].total=stu[i].english+stu[i].math+stu[i].physics;
        fprintf(fp, "%s %f %f %f %f\n", stu[i].name, stu[i].english, stu[i].math, \
                stu[i].physics, stu[i].total);
    }
    fclose(fp);

    if (!(fp = fopen("student.dat", "r"))) {
        printf("Can't open file.");
        return 2;
    }

    for (i = 0; i < 3; i++) {
        fscanf(fp, "%s%f%f%f%f", stu[i].name, &stu[i].english, &stu[i].math, \
               &stu[i].physics, &stu[i].total);
       printf("%-16s%6.1f%6.1f%6.1f%7.1f\n", stu[i].name, stu[i].english, stu[i].math, \
               stu[i].physics, stu[i].total);
    }
```

```
    fclose(fp);
    return 0;
}
```

程序运行后，在运行程序的当前文件夹下会生成一个文本文件 student.dat，用记事本等文本编辑器软件打开后可以查看其中的内容，也就是程序运行时写入文件的信息如下：

```
Zhangsan 90.000000 92.000000 96.000000 278.000000
Liming 85.000000 88.000000 95.000000 268.000000
Gaofei 95.000000 86.000000 92.000000 273.000000
```

从 student.dat 中读取的文件内容输出到显示器的结果如下：

```
Zhangsan            90.0  92.0  96.0  278.0
Liming              85.0  88.0  95.0  268.0
Gaofei              95.0  86.0  92.0  273.0
```

解析：

① 从运行结果可知，文件 student.dat 的数据与显示器显示的数据是一致的，仅仅由于 fprintf()和 printf()函数调用中的格式字符串有所不同，所以数据的格式有所区别。

② 用 fscanf()函数读文件时，注意文件内容的格式要与 fscanf()函数指定的格式字符串匹配，否则无法正确读取数据。在文件操作的程序运行发生错误时，也有可能是文件的内容、格式不对，在调试程序时可以将文本文件打开观察其中的内容。

（2）数据块读写

文件的数据块读写函数 fread()和 fwrite()用于二进制文件的读写处理，数据以内存中的表达形式存于文件中。如果文件以文本模式打开，在读写过程中，有可能将二进制数据中的某些字节错误地按照断行符进行转换，造成数据错误。因此，fread()和 fwrite()函数操作的文件只能以二进制模式打开。

fwrite()函数可以将数据以内存中的存储格式写入二进制文件，fread()函数则可以从二进制文件按照与写入时相同的顺序读出数据。

数据块读写函数的函数原型分别为：

```
size_t fread(const void *buffer, size_t size, size_t n, FILE *stream);
size_t fwrite(const void *buffer, size_t size, size_t n, FILE *stream);
```

其中，size_t 是在头文件 stdio.h 中定义的 unsigned int 类型的别名；buffer 是读写的数据块在内存中存放的首地址；size 是读写的每个数据项字节数；n 是读写的数据项个数；stream 是读写的文件指针。

fread()函数从 stream 指向的流中最多读取 n 个长度为 size 的数据项，即 n×size 字节的数据块，存放到 buffer 指向的内存空间。当读取成功时，返回成功读取的数据项个数；当发生读取错误或达到文件末尾时，数据项个数会小于 n；若 size 或 n 为 0，则返回 0，这时 buffer 指向的内存数据内容和流的状态都不发生变化。

fwrite()函数从 buffer 指向的内存空间中将最多 n 个长度为 size 的数据项写入 stream 指向的流中。若写入成功，则返回成功写入的数据项个数，仅当发生写入错误时，数据项个数会小于 n。

这两个函数可以用于读或写基本类型、结构体、数组等类型的数据，对于连续存放的数据，使用数据块读写函数可以实现数据整体的读写，大幅提高文件的读写速度。

结构体类型的数据中包含多个成员，在内存中占据一段连续的存储空间，数据块读写函数可以对结构体类型数据整体进行读写操作。

继续前面的例子。计算 3 名同学英语、数学、物理的总成绩，并将他们的姓名、各科成绩和总成绩写入二进制文件 student.dat 中，再从文件中读出数据并显示到显示器。

```
// 例 5.3-6  从二进制文件中显示成绩
    #include <stdio.h>

    struct student {
        char  name[16];
        float  english, math, physics, total;
    };

    int main(void) {
        int  i;
        FILE  *fp;
        struct student stu[3] = {{"Zhangsan", 90, 92, 96, 0}, {"Liming", 85, 88, 95, 0}, \
                                {"Gaofei", 95, 86, 92, 0}};

        for (i = 0; i < 3; i++)
            stu[i].total = stu[i].english + stu[i].math + stu[i].physics;

        if (!(fp = fopen("student.dat", "wb"))) {
            printf("Can't open file.");
        return 1;
    }
        for(i=  0; i<  3; i++)
            fwrite(stu+i, sizeof(struct student), 1, fp);
        fclose(fp);

        if (!(fp = fopen("student.dat", "rb"))) {
            printf("Can't open file.");
            return 1;
        }
        for(i = 0; i < 3; i++)
            fread(stu+i, sizeof(struct student), 1, fp);
        fclose(fp);

        for (i = 0; i < 3; i++)
           printf("%-16s%6.1f%6.1f%6.1f%7.1f\n", stu[i].name, stu[i].english, stu[i].math, \
                  stu[i].physics, stu[i].total);
        return 0;
    }
```

该程序运行后，在运行程序的当前文件夹下会生成一个二进制文件 student.dat，该文件已经无法用记事本等软件直接查看，感兴趣的读者不妨一试。

从 student.dat 中读取的文件内容输出到显示器上的结果如下：

```
Zhangsan        90.0  92.0  96.0  278.0
Liming          85.0  88.0  95.0  268.0
Gaofei          95.0  86.0  92.0  273.0
```

解析：

① 程序中的文件必须使用二进制方式打开，fwrite()函数写入的数据与 fread()函数读取的数据在类型、顺序上应完全一致，这样才能保证把这些数据以二进制形式原封不动地存入文件，再原样读回到内存数据中。

② 数组名 stu 加下标 i 表示 stu 第 i 个元素的起始地址，也就是每次读写的内存数据的首地址，这样就完成了对每个数组元素的读写操作。

【说明】 结构体成员的长度可能不完全相同，为了提高数据访问效率，结构体类型数据在内存中存放时，各成员之间可能有少量空闲字节，这些空闲字节也是结构体数据占用的空间。因此，结构体类型占用的字节数有可能大于各成员占用字节数之和。计算结构体数据长度时，务必使用 sizeof 运算符对整个结构体进行计算。

③ 由于数组元素是连续存放的，因此数组整体上也占有连续的存储空间，形成了内存中的数据块，所以可以使用 fread()和 fwrite()函数对数组整体进行读写操作，可以大幅提高文件读写速度。

程序中调用 fwrite()和 fread()函数的循环语句可以改写为：

```
fwrite(stu, sizeof(struct student), 3, fp);
fread(stu, sizeof(struct student), 3, fp);
```

这样可以对从数组 stu 的首地址开始的 3*sizeof(struct student)字节的数据进行读写，即整个数组 stu 所有的 3 个元素。

（3）字符读写

文件的字符读写函数 fgetc()和 fputc()函数用于字符或字节的读写，由于字节是数据表达和存储的基本单元，因此使用字符读写函数可以用于各种类型或未知类型数据的读写操作。

字符读写函数的函数原型分别为：

```
int fgetc(FILE *stream);
int fputc(int ch, FILE *stream);
```

其中，ch 为要写入的字符；stream 为读写的文件指针。

fgetc()函数从 stream 指向的流中读取 1 个字符，若读取成功，则将读取的字符看作 unsigned char 类型并转换为 int 类型作为返回值；若发生读取错误或达到文件末尾，则返回 EOF。

fputc()函数将 ch 转换为 unsigned char 类型并写入 stream 指向的流，若写入成功，则返回成功写入的字符；若写入错误时，则返回 EOF。

```
// 例 5.3-7  实现文件复制功能
#include <stdio.h>
#include <stdlib.h>
int main() {
    FILE  *fp1, *fp2;
    int  c;

    if (!(fp1 = fopen("file1", "r"))) {
        puts("File 1 opening failed.");
```

```
        return EXIT_FAILURE;
    }

    if (!(fp2 = fopen("file2", "w"))) {
        puts("File 2 opening failed.");
        return EXIT_FAILURE;
    }

    while ((c = fgetc(fp1)) != EOF) {
        fputc(c, fp2);
    }

    fclose(fp1);
    fclose(fp2);
    return EXIT_SUCCESS;
}
```

解析：

程序以只读模式打开源文件 file1，以只写模式打开目标文件 file2，从 file1 文件中逐个读取字节暂存于变量 c 中，再将 c 写入 file2 文件，直至 file1 文件结束。

注意，fgetc()、fputc()函数的返回值和程序中的变量 c 都是 int 类型，而不是 char 或者 unsigned char 类型，只有这样才能将字符'\xFF'和 EOF(-1)区分开。

若文件 file1 存在，则程序运行后，将得到 file2 文件，且其内容与 file1 文件的完全一致。

（4）字符串读写

文件的字符串读写函数 fgets()和 fputs()用于字符串的读写，多用于处理文本流的读写操作。

字符串读写函数的函数原型分别为：

```
char *fgets(char *str, int count, FILE *stream);
int fputs(const char *str, FILE *stream);
```

其中，str 为要读写的字符串，count 为读取的最大字符数，stream 为读写的文件指针。

fgets()函数从 stream 指向的流中最多读取 count-1 个字符，存储到 str 指向的字符元素起始的数组中，并在字符串末尾添加结束标志'\0'。读取操作在遇到换行符或文件结束时将提前中止，换行符也被读入字符串，此时实际读取的字符数可以小于 count-1。若读取成功，则返回 str 的值；若读取失败，则返回空指针 NULL。当读取操作达到文件末尾时，只有无法读取到任何字符的情况才算作读取失败，否则都属于读取成功。

fputs()函数将字符串 str 的内容写入 stream 指向的流，但不写入字符串结束标志'\0'，若写入成功，则返回非负值；若写入错误，则返回 EOF。

```
// 例5.3-8  向文本文件中写入若干行文字，再将这些文字读出并打印输出
#include <stdio.h>
#include <stdlib.h>
int main(void) {
    FILE *fp;
    char buf[20];

    if (!(fp = fopen("tmpfile", "w+"))) {
        puts("File opening failed.");
        return EXIT_FAILURE;
    }
```

```
        fputs("Alan Turing\n", fp);
        fputs("John von Neumann\n", fp);
        fputs("Alonzo Church\n", fp);

        rewind(fp);
        while (fgets(buf, sizeof(buf), fp) != NULL)
            printf("%s", buf);

        fclose(fp);
        return 0;
    }
```

解析：

① 程序使用文本读写模式打开文件，用 fputs()函数向文件中写入若干字符串，再用 fgets()函数从文件中读取字符串，直至文件结束。

② 程序中在进行字符串读取操作前，调用函数 rewind()将文件位置指示器（File Position Indicator）重新移到文件开头，以便从文件开始的位置读取字符串。

文件位置指示器也称为文件位置指针，具体实现方式取决于编译系统。文件位置指示器用于指示文件当前读写位置，通过文件操作的库函数进行访问。每次对文件进行读或写操作后，文件位置指示器都会自动更新位置，移动与读写操作相匹配的距离。

③ fgets()函数的参数 count 一般设置为存放所读取字符串的数组的长度，这样可以保证数组能够容纳读取的字符串，不会出现数组溢出错误。

程序运行结果为：

```
Alan Turing
John von Neumann
Alonzo Church
```

字符串的标准输入函数 gets()没有限制读取字符串最大长度的 count 参数，因此当输入的字符串长度超出数组的长度时，会发生运行时错误。为了避免这个问题，可以用 fgets()函数代替 gets()函数进行字符串的标准输入操作，只需要将 stdin 作为 fgets()函数的第三个实参即可，调用格式如下：

```
fgets(str, sizeof(str), stdin);
```

（5）判断文件结束

程序在对文件的操作过程中，有时需要判断文件是否结束。文件读写函数的返回值通常无法区分文件结束和读写出错这两种情况，如 fgetc()函数在这两种情况下都返回 EOF。为了解决这个问题，C 语言提供库函数 feof()用于判断文件是否结束，库函数 ferror()用于判断文件操作是否出错。

feof()函数的原型如下：

```
int feof(FILE *stream);
```

若 stream 所指文件到达文件结尾，则函数返回非零值，否则返回 0。

ferror()函数的原型如下：

```
int ferror(FILE *stream);
```

若 stream 所指文件的操作发生错误，则函数返回非零值，否则返回 0。

在例 5.3-7 的程序中，如果希望在 fgetc()函数返回值为 EOF 时进一步判断是读写出错还是文件结束，就可以在程序加入以下语句：

```
if (ferror(fp))
    puts("I/O error.");
else if (feof(fp))
    puts("End of file.");
```

5.3.3 内存分配与链表

C 语言提供了动态存储分配的机制和相关的库函数，在指针部分已经简单介绍。动态存储分配对建立表、树、图和其他链式数据结构是特别有用的。

本节将介绍动态存储分配的主要函数，以及在动态数组和链表中的应用。

1．动态存储分配

C 语言程序定义的变量和数组通常是固定大小的，即使在 C99 标准中引入的可变长数组，也只是在程序运行时确定长度，但是在数组生命周期里仍然是固定长度的。

在实际应用中，经常无法在编写程序的阶段就知道将要处理的数据大小，这就需要能够在程序运行期间根据需要动态分配和释放存储空间。C 语言的库函数中提供了一系列动态存储管理的函数。

库函数 malloc()和 calloc()用于分配动态存储空间，函数原型如下：

```
void *malloc(size_t size);
void *calloc(size_t n, size_t size);
```

这两个函数的功能类似，malloc()函数分配 size 字节的动态存储空间，calloc()函数分配 n×size 字节的动态存储空间。malloc()函数的参数是所分配空间总的大小，而 calloc()函数的参数将空间大小分成数据项个数 n 和每个数据项的字节数 size 两部分。

malloc()和 calloc()函数的返回值相同，若分配成功，则返回值为指向所分配存储空间首地址的指针；若分配失败，则返回空指针。

动态分配的存储空间不再需要使用时，应予以释放。

库函数 free()用于释放动态分配的存储空间，函数原型如下：

```
void free(void *ptr);
```

其中，参数 ptr 是指向动态分配存储空间起始地址的指针。free()函数被调用后，这块空间将被释放，不再被程序使用。实参指针的值不会通过 free()函数的调用被修改为空指针，它仍然指向已经被释放的内存空间，从而成为悬空指针。

动态分配的存储空间在内存中是连续的，与数组的存储方式相同。动态分配指定大小的存储空间，并将起始地址赋值给指针变量，就可以按照指向数组起始元素的指针的方式访问动态分配的存储空间，称为一维动态数组。

如果先创建一维动态指针数组，将起始地址赋值给指向指针的指针变量，再创建若干一维动态数组，将它们的首地址分别赋值给一维动态指针数组的各元素，这样就形成了二维动态数组，可以按照指向指针数组起始元素的指向指针的指针变量的方式，访问一维动态指针数组及其元素指向的若干一维动态数组。

```c
// 例 5.3-9  二维动态数组的创建和使用
    #include <stdio.h>
    #include <stdlib.h>
    void MakeArray(int **v, int m, int n) {
        int  i, j;
        srand(time(NULL));
        for (i = 0; i < m; i++)
            for (j = 0; j < n; j++)
                v[i][j] = rand() % 100;
    }
    void PrintArray(int **v, int m, int n) {
        int  i, j;
        for (i = 0; i < m; i++) {
            for (j = 0; j < n; j++)
                printf("%6d", v[i][j]);
            printf("\n");
        }
    }
    int main() {
        int  i, row, col, **pb;

        printf("Please input row and column numbers: ");
        scanf("%d%d", &row, &col);

        pb = (int **) malloc(row * sizeof(int *));
        if (pb == NULL) {
            printf("Not enough memory!");
            exit(1);
        }
        for (i = 0; i < row; i++) {
            pb[i] = (int *) malloc(col * sizeof(int));
            if (!pb[i]) {
                printf("Not enough memory!");
                exit(1);
            }
        }

        MakeArray(pb, row, col);
        PrintArray(pb, row, col);
        for (i = 0; i < row; i++)
            free(pb[i]);
        free(pb);
        return 0;
    }
```

程序的运行结果如下，如果行列数分别输入 3 和 4，就输出 3 行 4 列的随机数。

```
Please input row and column numbers: 3 4
    53    75     6     3
    25    73    76    12
    26    10    51    70
```

解析：

① 程序使用 malloc()函数为动态数组分配存储空间，实参为动态数组元素个数和每个元素所需字节数的乘积，得到的存储空间的存储方式与数组是相同的。

程序中的指针包括指向指针的指针变量 pb 和若干一维动态指针数组元素 pb[i]。首先要为 pb 分配存储空间，使 pb 指向有效的一维动态指针数组，然后才能引用 pb[i]，为它们各自分配存储空间，使 pb[i]分别指向有效的一维动态数组。

通过上述动态存储分配过程以及对指针变量的赋值，得到二维动态数组如图 5-26 所示。

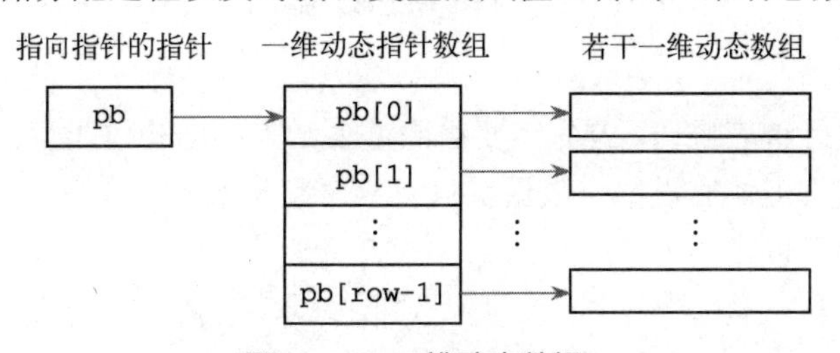

图 5-26　二维动态数组

② 动态分配的存储空间不再使用时，需要将其释放，这时需要注意释放顺序。先释放 pb[i]指向的一维动态数组，再释放 pb 指向的一维动态指针数组。如果先把 pb 指向的一维动态指针数组释放，这时 pb 就变成了悬空指针，pb[i]也不能再被引用，无法释放它们所指向的一维动态数组。

③ 在程序的 MakeArray()和 PrintArray()函数中，形参 int **v 是指向指针的指针类型，通过两次下标运算，以 v[i][j]的方式访问二维动态数组中的元素。实际上，二维动态数组中的若干一维动态数组并不一定是连续存储的，甚至不必是等长的，与真正的二维数组有很大区别。

④ 程序中随机数的生成算法首先调用 time()函数获得当前的时间，然后调用 srand()函数将当前时间设置为种子，这样调用 rand()函数就可以获得随机数序列。每次程序运行的时间不同，就会得到不同的随机数。

2．链表

链表（Linked List）是一种物理存储单元上可以非连续、非顺序的存储结构，数据元素的逻辑顺序是通过链表中的指针链接次序实现的。链表中每一个元素称为结点（Node），链表由一系列结点组成，结点可以在运行时动态生成或释放。

链表结构不要求占用连续的存储空间，可充分利用计算机内存空间，实现灵活的内存动态管理。但是，链表失去了数组随机读取的优点，同时增加了指针域，故存储空间开销有所增大。

链表有单链表、双向链表、循环链表、静态链表等不同形式，本节主要介绍最简单的类型——单链表。单链表中每个结点包括两部分：存储数据元素的数据域、存储后继结点地址的指针域。

在无头结点单链表中，头指针指向第一个结点，通过头指针访问链表。在带头结点单链表中，第一个结点前还有一个结点，称为头结点。头结点的数据域不存放有效数据，指针域指向链表的第一个结点。

单链表最后一个结点指针域的值为空指针，表示它没有后继，链表到此结束。这个空指针在示意图中一般用符号“∧”表示。

单链表的结构如图 5-27 所示，下面以无头结点单链表为例介绍链表的基本操作。

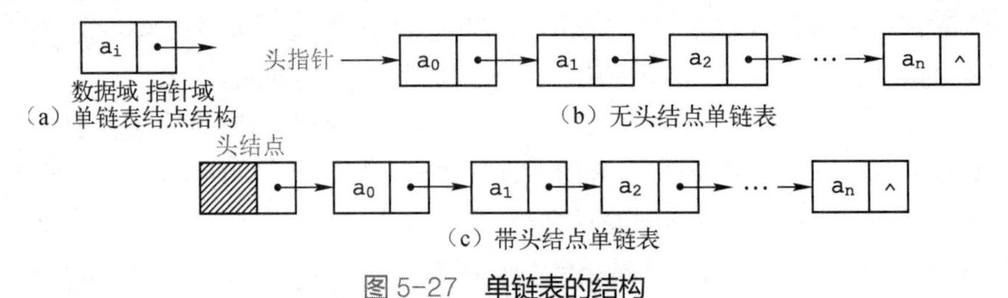

图 5-27　**单链表的结构**

（1）链表结点类型

为了在程序中进行链表操作，首先需要声明链表结点的结构体类型。为了将程序的要点集中在链表的结构和操作上，假设结点数据域只有一个整型数据。

结点结构体类型可以声明为：

```
struct node {
    int  num;                        // 数据域
    struct node  *next;              // 指针域
};
```

注意，成员 next 的数据类型是 struct node *，即指向结点结构体的指针，这说明 next 可以指向一个结点，在单链表中，next 将指向当前结点的后继结点。

下面定义链表的头指针，即指向第一个结点的指针变量。

```
struct node *head = NULL;
```

头指针 head 的初值为空指针，表示链表的初始状态是一个空表，没有任何结点。

当需创建一个新的结点时，首先为结点分配存储空间，然后将数据填入结点数据域。例如：

```
struct node  *p;
p = (struct node *) malloc(sizeof(struct node));
scanf("%d", &p->num);
p->next = NULL;
```

上面这段代码创建了一个新的结点，使用指针变量 p 指向这个结点，然后从键盘输入数据域的值，并将指针域设置为空指针，避免对野指针的误操作。

结点创建后，就可以通过指针和链表联系起来。

（2）链表的建立

建立链表的过程，就是从空表开始，逐个创建新结点，并把新生成的结点插入链表。根据不同应用的需要，新结点插入链表的位置也多种多样。这里先讨论两种最简单的情况，即新结点插入链表的开始处或末尾处。

新结点插入链表第一个结点之前的建立过程称为头插法，如图 5-28 所示。

```
// 例 5.3-10  链表的基本操作--头插法建立链表
    struct node *CreateListF(void) {
        struct node  *head, *p;
        int  num;

        head = NULL;
        printf("Input a integer: ");
        scanf("%d", &num);
```

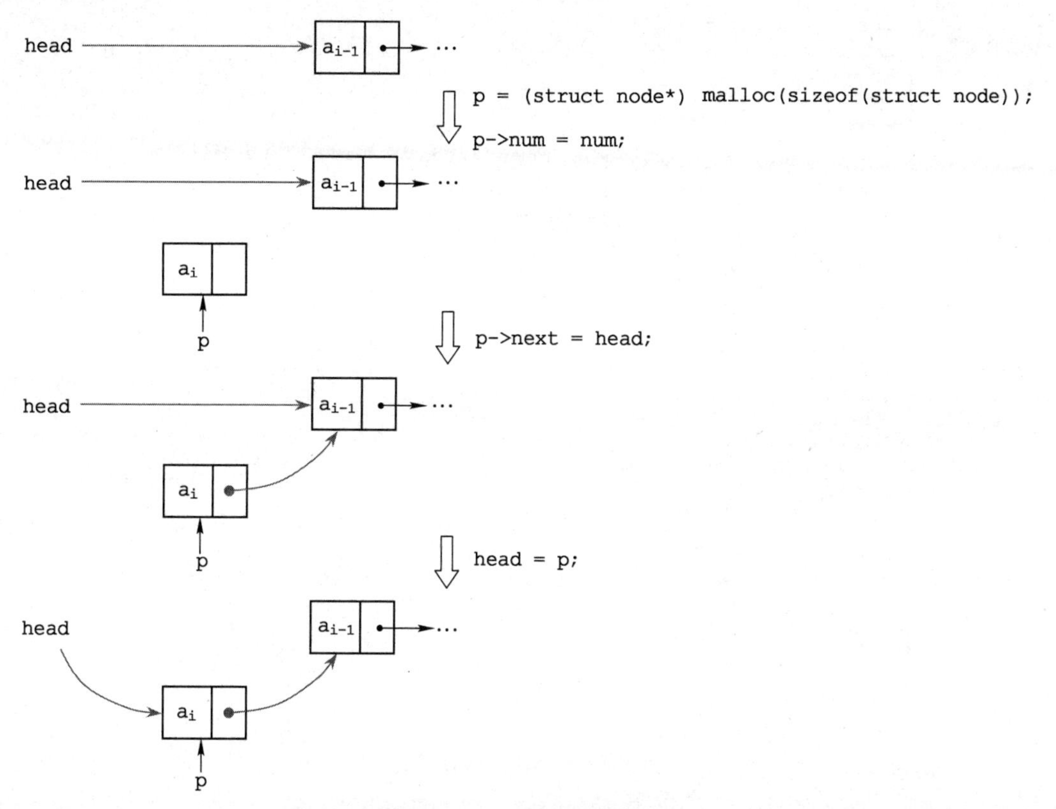

图 5-28　**头插法建立链表**

```
        while (num != 0) {
            p = (struct node *) malloc(sizeof(struct node));
            p->num = num;
            p->next = head;
            head = p;
            printf("Input a integer: ");
            scanf("%d", &num);
        }

        return head;
    }
```

解析：

① 用户输入新结点数据域的值，若输入 0，则表示创建过程结束。

② 在 while 循环中，指针 p 指向新创建的结点，新结点的成员 next 指向当前的头指针 head，然后 head 更新为 p，即指向新结点。

③ 需要检查当 head 为 NULL 时，上述循环过程能否正确操作，这个问题留给读者进行检验。

④ 创建链表函数的参数可以根据实际应用进行定义，由于头指针在函数中会被修改，一般需要将头指针返回给主调函数。

新结点插入链表最后一个结点后的建立过程称为尾插法，如图 5-29 所示。

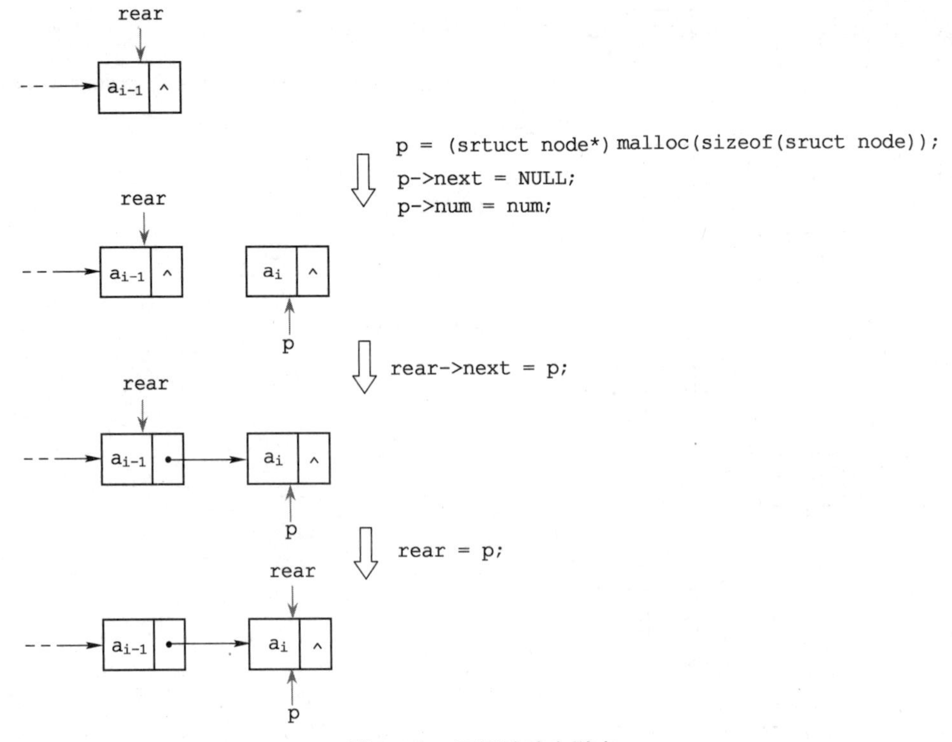

图 5-29　**尾插法建立链表**

```
// 例 5.3-11  链表的基本操作--尾插法建立链表
    struct node *CreateListR(void) {
        struct node  *head, *rear, *p;
        int  num;

        head = NULL;
        printf("Input a integer: ");
        scanf("%d", &num);

        while (num != 0) {
            p = (struct node *) malloc(sizeof(struct node));
            p->next = NULL;
            p->num = num;
            if (!head)
                head = p;
            else
                rear->next = p;
            rear = p;
            printf("Input a integer: ");
            scanf("%d", &num);
            }

        return head;
    }
```

解析：

① 在 while 循环中，指针 p 指向新创建的结点，新结点的成员 next 被赋值为 NULL，它将成为链表新的尾部。尾指针变量 rear 指向链表最后一个结点，rear->next 指向新结点后，rear 也更新指向新结点，保证 rear 一直指向链表最后一个结点。

② 当 head 为 NULL 时，直接将 head 和 rear 都指向新结点即可，此时新结点既是第一个结点，也是最后一个结点。另外，在这种情况下，rear 一开始还没有被赋值，不能访问 rear->next。

（3）链表的遍历

链表的遍历就是把链表每个结点的数据域都访问一遍，并不会对链表结构进行修改，只是对数据域进行各种访问，如输入、输出、更新、查找等，如图 5-30 所示。

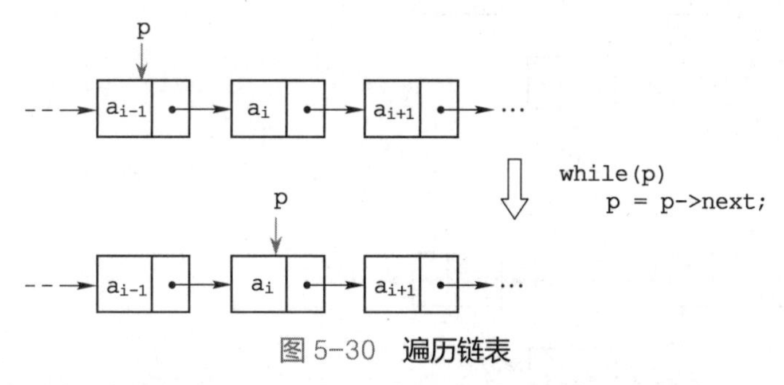

图 5-30　遍历链表

```
// 例 5.3-12  链表的基本操作--遍历链表
    void PrintList(struct node *head) {
        struct node  *p = head;
        while (p) {
            printf("%d\n", p->num);
            p = p->next;
        }
    }
```

解析：

程序输出所有结点数据域的值。指针 p 先用头指针 head 初始化，在 while 循环中判断 p 是否为空指针。若 p 不是空指针，则输出它所指结点的数据域，然后 p 指向当前结点的后继。当 p 为空指针时，说明当前结点后面已经没有后继结点，链表结束。

若 head 为 NULL，则 while 循环首次判断即为假，不输出任何数据即返回。

（4）插入链表结点

插入链表结点，就是按照一定的规则，将新结点插入链表中符合要求的位置。链表的建立过程可以看作是重复进行插入结点的操作，头插法和尾插法中，新结点的位置指定为链表头部或尾部。

实际应用中，插入新结点的位置要求多种多样，下面以有序链表为例介绍如何插入链表的结点。

例如，插入结点。假设链表中的结点按照数据域从小到大排序，要求插入新结点后，仍保持有序状态，如图 5-31 所示。

```
// 例 5.3-13  链表的基本操作--插入结点
    struct node *InsertList(struct node *head, struct node *q) {
        struct node  *p;
```

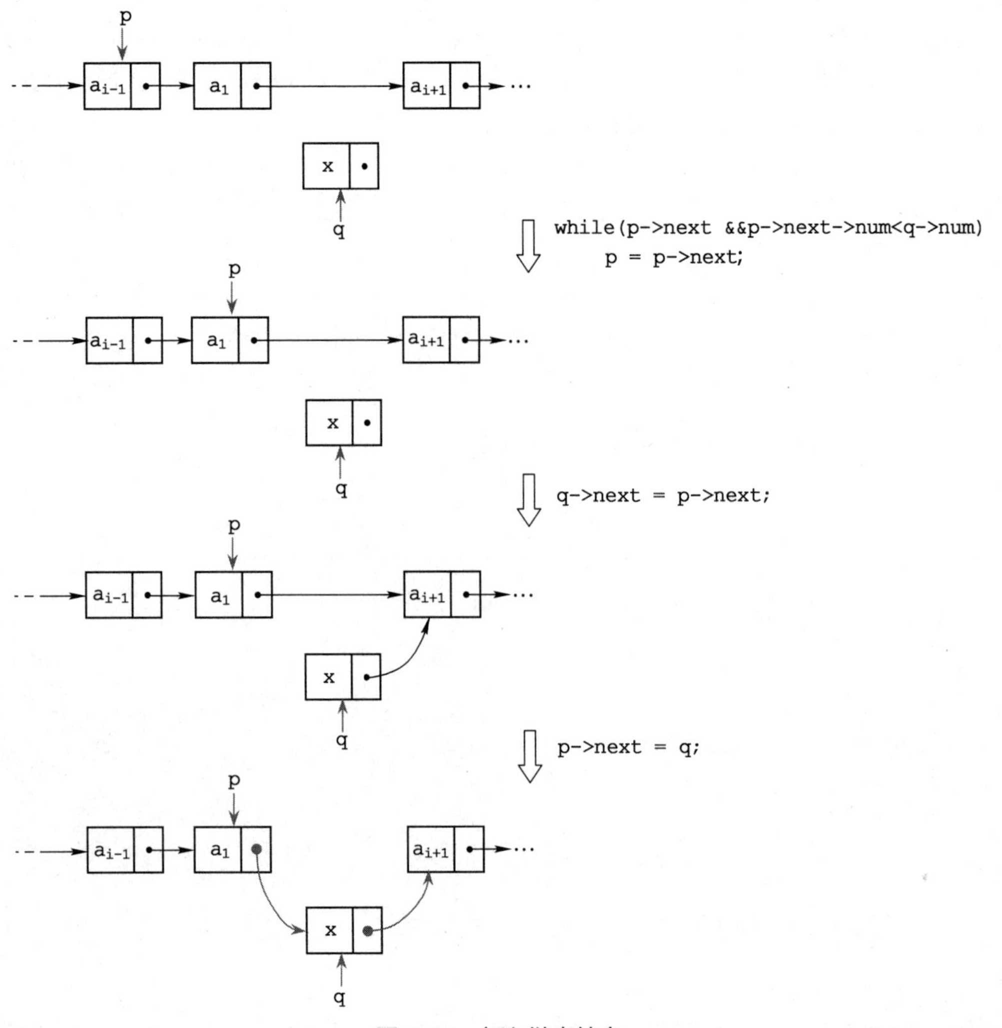

图 5-31　插入链表结点

```
    if (!head) {
        head = q;
        return head;
        }
    if (head->num > q->num) {
        q->next = head;
        head = q;
        return head;
        }

    p = head;
    while (p->next && p->next->num < q->num)
        p = p->next;

    q->next = p->next;
    p->next = q;

    return head;
}
```

解析：

① 程序中的分支语句用来处理一些特殊情况，首先分析 while 循环中的一般情况。

while 循环语句如下：

```
while (p->next && p->next->num < q->num)
    p = p->next;
```

其中，指针型参数 q 指向要插入的新结点，该循环用来找到新结点应该插入的位置。

循环条件由两部分相与组成，如果 p->next 为空指针而循环结束，就说明链表中所有结点数据域的值都小于 q->num，新结点应插到链表尾部。如果 p->next->num < q->num 为假而循环结束，就说明新结点应插到 p->next 所指结点前，也就是 p 所指结点后。

以上两种情况下，都可以使用循环语句后的两条赋值语句完成插入操作。

```
q->next = p->next;
p->next = q;
```

注意，while 判断条件的两个部分“p->next”和“p->next->num < q->num”不能交换位置，当 p->next 为空指针时，按照逻辑与运算的规则，将不会对运算符“&&”后的部分求值，这样不会因为对 p->next->num 的访问造成错误。

② 程序中的分支语句分别处理空表和新结点插入头部两种特殊情况，这两种情况无法在后面的一般情况中正确操作，需要单独进行处理。

（5）删除链表结点

删除链表结点，就是按照一定要求，从链表中删除一个或多个结点。

下面以删除最多一个结点的情况为例，介绍如何删除链表中的结点。如果需要删除多个结点，只需要稍加修改程序，在删除结点之后继续循环到链表结束即可。

例如，删除结点。假设链表中结点的数据域没有重复的值，删除数据域为指定值的结点，如图 5-32 所示。

```
// 例5.3-14  链表的基本操作——删除结点
struct node *DeleteList(struct node *head, int num) {
    struct node  *p, *q;

    if (head && head->num == num) {
        p = head;
        head = p->next;
        free(p);
        return head;
    }

    q = p = head;
    while (p && p->num != num) {
        q = p;
        p = p->next;
    }

    if (p) {
        q->next = p->next;
        free(p);
        return head;
    }
```

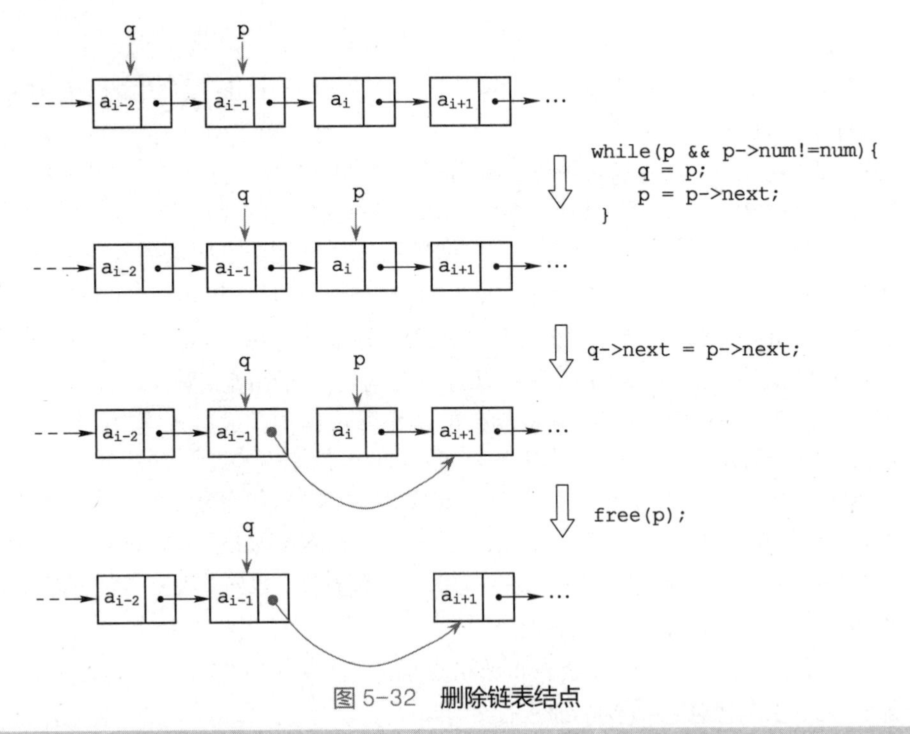

图 5-32　删除链表结点

```
        printf("Not Found!\n");
        return head;
    }
```

解析：

与插入结点的程序类似，while 循环处理一般情况，程序中的分支语句用来处理一些特殊情况，包括空表、删除第一个结点、未找到符合条件的结点等。

在 while 循环中，检查指针 p 指向的结点是否符合删除条件，如果循环结束时 p 不为空，就说明 p 所指结点符合删除条件。

在循环过程中，另一个指针 q 始终指向 p 的前驱结点。这是因为单链表只能从一个结点找到其后继结点，而不能反向找到其前驱结点。当删除 p 所指结点时，需要将其前驱结点的 next 指针直接指向其后继结点，跳过 p 所指结点，这时就需要借助指针 q 来进行操作。

```
    q->next = p->next;
```

另外，被删除的结点从链表中移除后，一般不再有其他用处，这时应当使用 free()函数予以释放，将存储空间交还给操作系统。

（6）链表基本操作函数调用

```
// 例 5.3-15  链表的基本操作--主函数
    int main() {
        struct node  *head, *ps;
        int  num;

        printf("Create Linklist: \n");
        head = CreateListR();
        printf("Print Linklist: \n");
        PrintList(head);
        ps = (struct node *) malloc(sizeof(struct node));
```

```
        printf("Insert a integer: ");
        scanf("%d", &ps->num);
        head = InsertList(head, ps);
        printf("Print Linklist: \n");
        PrintList(head);

        printf("Delete a integer: ");
        scanf("%d", &num);
        head = DeleteList(head, num);
        printf("Print Linklist: \n");
        PrintList(head);

        return 0;
    }
```

解析：

主函数中通过调用函数进行尾插法建立链表、遍历链表、插入结点、删除结点等操作，用以验证各链表操作函数的正确性。结点结构体声明和前述链表例题代码合并起来，就成为一个完整的程序。

链表操作的程序相对复杂，而且有大量的指针操作，比较容易出错。在编写程序时，可以借助图形帮助思考操作过程。

编程时，首先处理一般情况，即待处理的结点位于链表的中间位置，然后考虑特殊情况是否需要单独进行处理，特殊情况主要包括：

① 空表，此时头指针为空；

② 待处理结点是链表的第一个结点，此时可能需要修改头指针；

③ 待处理结点是链表的最后一个结点，此时该结点的后继为空；

④ 链表只有一个结点，此时唯一的结点既是第一个结点，也是最后一个结点。

另外，要保证操作结束后，头指针指向第一个结点，最后一个结点的 next 成员为 NULL。在运算过程中，要保证任何一个结点都有指针指向它，一旦结点脱离了指针，就无法再访问这个结点了。

（7）其他类型链表应用举例

【问题】 据说著名犹太历史学家约瑟夫（Josephus）有过以下故事。在罗马人占领乔塔帕特后，39 个犹太人与约瑟夫和他的朋友躲到一个洞中，这些犹太人决定宁死也不要被敌人抓到，于是决定了一个自杀方式：41 个人排成一个圆圈，由第 1 个人开始报数，每数到 3，该人就必须自杀，再由下一个重新报数，直到所有人都自杀身亡为止。然而约瑟夫和他的朋友并不想自杀，他们应该分别排在第几位才能在最后幸存？

下面是双向循环链表的应用示例——约瑟夫环，一般形式为：N 个人围成一圈，从第 K 个人开始报数，第 M 个人将自杀，求自杀顺序。设 N=6，K=1，M=5，则自杀人选的序号是：5、4、6、2、3、1。

```
// 例 5.3-16 约瑟夫环
    #include <stdio.h>
    #include <malloc.h>
    #include <process.h>

    struct strDulList {                                // 双向链表结点
```

```
    int  nData;                                        // 数据域
    struct strDulList  *pstrPre;                       // 指向前驱指针
    struct strDulList  *pstrNext;                      // 指向后继指针
};

struct strDulList  *pstrHead;                          // 双链头指针
struct strDulList  *pstrRear;                          // 双链尾指针
int  nCount = 0;                                       // 累加器

void CreatDulList(int nTotal) {                        // 创建约瑟夫环函数
    int  i;
    struct strDulList  *pstrTmp;

    if (nTotal <= 0)
        return;                                        // 无环直接返回
    pstrHead = (struct strDulList *)
    malloc(sizeof(struct strDulList));                 // 建立第 1 个结点
    pstrHead->pstrPre = pstrHead;                      // 前驱指向本身
    pstrHead->pstrNext = pstrHead;                     // 后继指向本身
    pstrHead->nData = 1;                               // 编号从 1 开始

    pstrRear = pstrHead;                               // 设置尾指针
    nCount++;                                          // 累加器+1
    for (i = 2; i <= nTotal; i++) {                    // 循环建环
        pstrTmp = (struct strDulList *) malloc(sizeof(struct strDulList)); // 建立第 i 个结点
        pstrTmp->nData = i;                            // 编号为 i
        pstrTmp->pstrPre = pstrRear;                   // 新结点的前驱指向尾结点
        pstrTmp->pstrNext = pstrHead;                  // 新结点的后继指向头结点
        pstrRear->pstrNext = pstrTmp;                  // 尾结点的后继指向新结点
        pstrHead->pstrPre = pstrTmp;                   // 头结点的前驱指向新结点
        pstrRear = pstrTmp;                            // 尾指针后移
        ++nCount;                                      // 累加器+1
    }
}
void DeleteDulList(struct strDulList *pstrTmp) {                  // 删除结点函数
    if (pstrTmp == pstrHead) {                         // 删除的是头结点
        pstrHead = pstrHead->pstrNext;                 // 头指针后移
        pstrRear->pstrNext = pstrHead;                 // 尾结点后继指向新头
        pstrHead->pstrPre = pstrRear;                  // 头结点前驱指向尾结点
    }
    else if (pstrTmp == pstrRear) {                    // 删除的是尾结点
    pstrRear = pstrRear->pstrPre;
        pstrRear->pstrNext = pstrHead;
        pstrHead->pstrPre = pstrRear;
    }
     else {                                            // 删除的是中间结点
        pstrTmp->pstrPre->pstrNext = pstrTmp->pstrNext;
        pstrTmp->pstrNext->pstrPre = pstrTmp->pstrPre;
    }

     free(pstrTmp);                                    // 释放内存空间
```

```
        --nCount;                                   // 累加器-1
    }

    int main(void) {
        int  nTotal, nStart, nDelete;
        struct strDulList  *pstrTmp;
        struct strDulList  *pstrTmp1;
        int  i;

        printf("请输入总人数 N、开始计数的人 K、自杀序数 M: ");
        scanf("%d%d%d", &nTotal, &nStart, &nDelete);
        if ((nTotal <= nStart) || nTotal <= nDelete)
            exit(1);

        CreatDulList(nTotal);
        pstrTmp = pstrHead;

        while (--nStart)                            // 开始计数人的定位
            pstrTmp = pstrTmp->pstrNext;

        printf("自杀次序为: ");
        while (nCount) {
            i = nDelete;
            while (--i)                             // 自杀的人的定位
                pstrTmp = pstrTmp->pstrNext;
            printf("%d ", pstrTmp->nData);
            pstrTmp1 = pstrTmp;
            pstrTmp = pstrTmp->pstrNext;
            DeleteDulList(pstrTmp1);
        }

        return 0;
    }
```

解析：

本例使用了双向循环链表，其结点有两个指针，分别指向直接前驱和直接后继。尾结点的后继是头结点，头结点的前驱是尾结点，整个链表形成双向环。这种结构的设计可以从任意一个结点开始，便捷地访问它的前驱结点和后继结点，如图 5-33 所示。

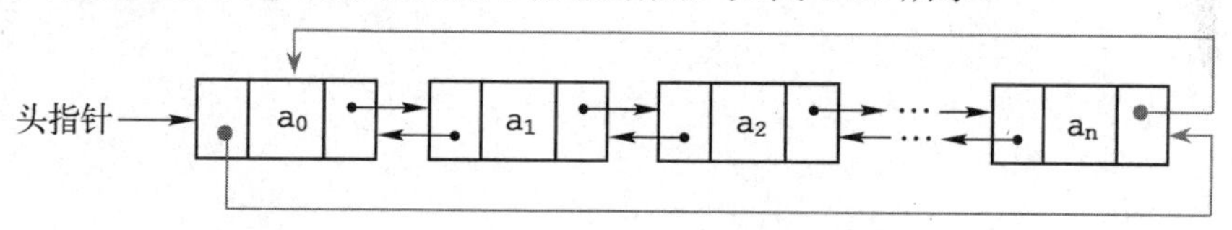

图 5-33　双向循环链表结构

请分析上述程序，用例中给出的范例数据加以验证，并帮助故事中的约瑟夫和他的朋友逃出这场死亡游戏。

更多关于链表的内容已经超出了本书的讨论范围，感兴趣的读者可以阅读“数据结构”方面的参考资料。

小　结

在内存中直接操作数据与代码对象需要掌握系统级编程方法，指针是基本的工具。

指针变量存储内存地址，可以用于间接访问内存中的数据和指令，特别是指向数组、字符串、结构体、文件类型、动态分配存储空间、函数的指针，以及指针用作函数参数和返回值的用法，使指针在系统级程序设计中起到重要作用。

结构体是一类构造类型，用于描述由不同类型的属性组成的复杂对象，结构体和指针结合，可以构建复杂的数据结构，如链表，为提高存储与计算效率提供更多可能。

文件操作使程序和磁盘文件建立起联系，能够对磁盘文件进行读写操作，扩展了程序中数据的来源和长期保存方法。

如同所有事物都有两个不同的方面一样，指针带来便利的同时，也对使用者提出了更高的要求。指针就像一把锋利的双刃剑，只有熟练地掌握它，才能充分地利用它所带来的各种好处，否则不仅可能使得程序难以理解，更可能导致严重的运行错误。

思考与练习 5

1．若有定义和初始化如下：

```
int  i, *p = &i;
```

则以下哪些表达式可以表示 i？哪些表达式可以表示 i 的地址？

（1）*p　（2）&p　（3）**p　（4）*&p　（5）&*p　（6）&&p

（7）*i　（8）&i　（9）**i　（10）*&i　（11）&*i　（12）&&i

2．在例 5.1-1 中增加打印地址的语句，观察结果，再把“p=&x”改写成“p=&x+1”或“p = &x%2”等形式，验证地址能进行哪些运算，思考运算结果是否有意义。

3．数组名在什么情况下可以当作指针使用？使用时有何注意事项？

4．空指针和空类型指针有何区别？它们分别用于什么场合？试举例说明。

5．若有定义和初始化如下：

```
int  a[] = {23,74,88,19,6,35,41,93,24,100};
int  *p = a, *q = &a[4];
```

则以下表达式的值分别是多少？

（1）*p　（2）p[2]　（3）*(p+5)　（4）*p+5　（5）q-p　（6）*p-*q

（7）q[0]　（8）q[2]　（9）*(q-2)　（10）q[-2]　（11）p<q　（12）*p<*q

6．阅读如下程序，写出运行结果。

```
#include <stdio.h>
int main() {
    int  a[] = {0,1,2,3,4,5,6,7,8,9};
    int  *p = a, *q = &a[9];
```

```
        printf("%d\n", *p++);
        printf("%d\n", *++p);
        printf("%d\n", *q--);
        printf("%d\n", *--q);

        while (p <= q)
            printf("%d %d\n", *p++, *q--);

        return 0;
    }
```

7．将例 5.1-4 中的数组 s 和 s_copy 的大小改成 20，并用 scanf()函数接收字符串和偏移量。

8．若有定义和初始化如下：

```
char  str[20] = "Hello!";
char  *p = str;
```

假设程序在 32 位环境下编译运行，则以下表达式的值分别是多少？

（1）sizeof(str)　　（2）sizeof("Hello!")　　（3）sizeof(p)

（4）strlen(str)　　（5）strlen("Hello!")　　（6）strlen(p)

9．将例 5.1-5 改成输出字母总数以及出现次数最多的前 3 个字母的个数。

10．将图 5-9 后面的两段程序添加到例 5.1-7 中，观察输出结果。

11．若有定义和初始化如下：

```
char  a[3][4] = {0,1,2,3,4,5,6,7,8,9,10,11};
char  *p = *a, (*q)[4] = a;
```

设 a 的起始地址为 0x0061FE00，请填写完成下表。

变量或表达式	数据类型	值	变量或表达式	数据类型	值
a			*(*a+1)		
a[0]			**(a+1)		
a[0][0]			p+2		
*a			p[2]		
**a			q	char (*)[4]	
a+1			q+2		
*a+1			q[2]		
*(a+1)			*q[2]		

12．为什么使用指针型参数可以通过函数调用改变主调函数中变量的值？试举例说明。

13．编写函数，利用指针型参数，求一个整型数组中元素的最大值和最小值。要求：

（1）不得使用返回值和全局变量。

（2）编写主函数，通过函数调用求出数组元素最大值和最小值并输出。

14．若有查找字符串中子串位置的函数原型如下，请画出程序实现该函数的流程图。

```
char *udf_strstr(char *haystack, char *needle);
```

说明：查找 needle 指向的字符串在 haystack 指向的字符串中首次出现的位置。若找到子串，则返回指向子串首字符的指针，否则返回空指针。

15．从键盘输入一个字符串保存到字符数组中，然后将字符串逆序输出。要求：

（1）定义函数实现字符串输入功能，使用 getchar()函数逐个读取字符，在遇到换行或达到字符数组存储上限时结束，注意补上字符串结束标志。

（2）定义函数将字符串逆序输出。

（3）上述两个函数中使用指针来处理字符数组元素，不使用下标来引用数组元素；

（4）编写主函数，并画出上述两个函数的流程图。

16．将例 5.2-16 中的 quicksort()函数改写为冒泡法字符串排序函数，并给出在主函数中的调用形式。

17．将例 5.2-19 改写为一元函数定积分的矩形法数值求解程序。

18．在例 5.3-3 程序中，增加一个函数实现对学生按照平均成绩降序排列的功能，并在主函数中调用这个函数，输出排序后的学生信息。

19．定义一个结构体类型表示复数，并编写函数实现复数的四则运算。

20．为什么要调用 fclose()函数关闭不再使用的文件？

21．在例 5.3-3 程序中，增加一个函数实现将学生信息按照二进制方式存入磁盘文件的功能，并在主函数中调用这个函数，再从文件中读出数据输出。

22．以下程序实现二维动态数组的创建、填充数据并输出，请找出其中的错误并改正。

```
#define M 8
#define N 10
#include <stdio.h>
#include <stdlib.h>
int main() {
    double  **pb;
    int  i;

    for (i = 0; i < M; i++) {
        *(pb++) = (double *) malloc(N * (sizeof double));
        for (j = 0; j < N; j++)
            **(pb+i)+j = i*N+j;
        }

    for (i = 0; i < M; i++) {
        for (j = 0; j < N; j++)
            printf("%6.1f", pb[i][j]);
        putchar('\n');
    }

    free(pb);
    return 0;
}
```

23．定义带头结点的单链表，并实现其建立、遍历、插入结点、删除结点等功能。

24．将例 5.3-16 中的约瑟夫环问题改用单向循环链表编程实现。

附录 A

CT

ASCII 表

ASCII 值	控制字符	ASCII 值	字符	ASCII 值	字符	ASCII 值	字符
0	NUL	32	(space)	64	@	96	`
1	SOH	33	!	65	A	97	a
2	STX	34	"	66	B	98	b
3	ETX	35	#	67	C	99	c
4	EOT	36	$	68	D	100	d
5	ENQ	37	%	69	E	101	e
6	ACK	38	&	70	F	102	f
7	BEL	39	'	71	G	103	g
8	BS	40	(	72	H	104	h
9	HT	41	)	73	I	105	i
10	LF	42	*	74	J	106	j
11	VT	43	+	75	K	107	k
12	FF	44	,	76	L	108	l
13	CR	45	-	77	M	109	m
14	SO	46	.	78	N	110	n
15	SI	47	/	79	O	111	o
16	DLE	48	0	80	P	112	p
17	DC1	49	1	81	Q	113	q
18	DC2	50	2	82	R	114	r
19	DC3	51	3	83	S	115	s
20	DC4	52	4	84	T	116	t
21	NAK	53	5	85	U	117	u
22	SYN	54	6	86	V	118	v
23	ETB	55	7	87	W	119	w
24	CAN	56	8	88	X	120	x
25	EM	57	9	89	Y	121	y
26	SUB	58	:	90	Z	122	z
27	ESC	59	;	91	[	123	{
28	FS	60	<	92	\	124	|
29	GS	61	=	93	]	125	}
30	RS	62	>	94	^	126	~
31	US	63	?	95	_	127	DEL

附录 B

CT

枚举类型与自定义数据类型

B.1 枚举类型

在实际应用中，有些变量的取值被限定在一个有限的范围内。如一个星期只有 7 天，一年只有 12 个月，人的性别只有男、女等，对这样的变量可以说明为枚举类型。所谓枚举，是指将变量的值一一列举出来，变量的值只限于列举出来的值的范围内。

枚举类型允许用户自己来定义一种数据类型，并且列出该数据类型的取值范围。应该说明的是，枚举类型是一种基本数据类型，而不是一种构造类型，因为它不能再分为任何基本类型。

B.1.1 枚举类型的定义

枚举类型定义的一般形式为：

```
enum  枚举类型名{元素 1, 元素 2, …, 元素 n};
```

例如：

```
enum  weekday{sun, mon, tue, wed, thu, fri, sat};
```

该枚举（变量）类型名为 weekday，枚举值共 7 个，即一周共 7 天。

枚举值即可能的取值（为常量），常称为枚举元素或枚举常量。

B.1.2 枚举变量的声明

如同结构体和共用体一样，枚举变量也可用不同的声明方式：先定义后声明、同时定义声明、无名类型直接声明。

设变量 a、b、c 被声明为上述的 weekday 枚举类型，可采用下述任一种方式。

① 说明与定义分开，即先定义后声明。

```
enum weekday {
    …
};
enum weekday a, b, c;
```

② 说明与定义合一，即同时定义声明。

```
enum weekday {
    …
} a, b, c;
```

③ 无名枚举类型直接声明。

```
enum {
    …
} a, b, c;
```

B.1.3 枚举类型变量的使用

枚举类型在使用中有以下规定。

① 枚举类型定义中枚举元素都用标识符表示，都是常量，而不是变量，因此不能为枚举元素赋值，如“sun=0; sat=6;”都是错误的。

② 每个枚举元素都有一个确定的整数值，其隐含值按顺序依次为 0、1、2、…。也可在枚举类型定义时，显式地给出枚举元素的值。例如：

```
enum  weekday{sun=7, mon=1, tue, wed, thu, fri,sat};
```

定义了 sun 的值为 7，mon 的值为 1，以后（依据前面已赋值的元素值）顺次加 1，即 tue 为 2，sat 为 6。

③ 只能把枚举值赋予枚举变量，不能把元素的数值直接赋予枚举变量。例如：

```
a = sun;
b = mon;
```

是正确的，而

```
a = 0;
b = 1;
```

是错误的。如果一定要把数值赋予枚举变量，就必须用强制类型转换，如

```
a = (enum weekday) 2
```

其意义是将序号为 2 的枚举元素赋予枚举变量 a，相当于

```
a = tue;
```

④ 枚举元素的实质是整型数据，使用时不要加“'”或“"”。

⑤ 枚举值可用来做比较判断，也可用作循环控制。例如：

```
if(today == sun)
   …
if(nextday > sun)
   …
for(day = mon; day<  fri; day++)
   …
```

⑥ 定义枚举类型的位置应该在程序首次使用该类型名之前，否则程序无法识别该类型。

⑦ 枚举类型定义时需注意：定义一个枚举类型时，不能有两个相同的枚举常量；定义两个不同的枚举类型时，不能有两个相同的枚举元素；定义的枚举类型名不能与某一个变量名或者函数名相同。

⑧ 对于枚举类型变量，赋值时可以赋以枚举类型数据和整型数据，输出时只能以整型方式输出（即以%d 形式输出），无法直接输出枚举元素/常量，其他方式需要编写代码进行转换。

⑨ 枚举类型也可以定义数组、指针。

B.1.4 实例

编写程序，已知某日是星期几，求下一天是星期几。

```
#include <stdio.h>
enum  weekday{sun, mon, tue, wed, thu, fri, sat};
```

```
enum weekday nextday(enum weekday d) {
   return(enum weekday)(((int)d+1) % 7);
}
int main() {
   enum weekday  d1, d2;
   static char  *name[] = {"sun", "mon", "tue", "wed", "thu", "fri", "sat"};
   d1 = sat;
   d2 = nextday(d1);
   printf("%s\n", name[(int)d2]);
}
```

程序运行结果如下：

```
sun
```

程序说明：

① 函数 nextday()的参数是枚举类型变量，用来接收某日是星期几；函数的返回值也是枚举类型变量，返回的值是下一天是星期几。

② 枚举元素的标识符虽然具有整型值，但枚举变量与整型值是两种不同的表示，可进行强制类型转换。

③ 枚举变量的输出，可通过间接的方法，此例中是用指针数组的下标对应字符串的方法。应用中也常用 switch 语句。例如：

```
switch(d2) {
   case sun:
      printf("%s\n","sun");  break;
   case mon:
      printf("%s\n","mon");  break;
   …
   case sat:
      printf("%s\n", "sat");
}
```

B.2 自定义数据类型

C 语言提供了类型定义语句 typedef，由用户自己定义数据类型名。所谓类型定义，就是为已经存在的数据类型重新命名一个新名字。

B.2.1 类型定义的一般格式

类型定义一般格式为：

```
typedef  原类型名 新类型名;
```

其功能是将原类型名表示的数据类型用新类型名代替。例如，“typedef float REAL;”以后就可用 REAL 来代替 float 做浮点型变量的类型说明，即“REAL a, b;”等效于“float a, b;”。

给类型定义新的名字，能提高程序的可移植性。例如，某机器一个整型变量占 4 字节，另一台机器整型变量占 2 字节，只需将程序最前面的定义“typedef int INTEGER”改为“typedef long INTEGER”，则后面程序中所有用 INTEGER 说明的变量都是 long 型，占 4 字节。

B.2.2 构造数据类型的类型定义

自定义的类型如结构类型、共用体类型、枚举类型等，书写较麻烦，可利用 typedef 定义一个简短明确的名字。例如，结构 struct student 类型，可用 typedef 来简化类型定义：

```
typedef struct student {
    int  num;
    char  name[15];
    …
} STUDENT;
```

定义后，凡是用 struct student 说明变量或函数参数的地方均可用 STUDENT 替换。例如：

```
STUDENT  st1, st2;
```

声明了两个结构变量 st1、st2。

数组是一种构造类型，也可为它定义新类型名。例如：

```
typedef int ARRAY[20];
```

定义 ARRAY 为含有 20 个整型元素的数组类型，利用它可以声明变量。例如：

```
ARRAY a1,a2;
```

说明 a1、a2 为整型数组，包含 20 个元素。

注意，typedef 定义只是对已存在的类型用一个新名称标识而已，并没有创造出新的类型。在应用中，typedef 与#define 有相似之处。例如：

```
typedef int  INTEGER;
#define INTEGER  int;
```

其作用都是用 INTEGER 代替 int。但二者又是不同的，#define 是在预处理时做简单的替换，而 typedef 是在编译时处理，这种处理并不是做简单的替换。

附录 C

CT

运算符

C 语言中全部的运算符列表如下。

<table>
<tr><th>优先级</th><th>运算符</th><th>作　用</th><th>操作数</th><th>结合性</th></tr>
<tr><td rowspan="4">1</td><td>[ ]</td><td>取数组元素</td><td rowspan="4"></td><td rowspan="4">左结合</td></tr>
<tr><td>( )</td><td>多用途</td></tr>
<tr><td>-></td><td>指向结构体成员</td></tr>
<tr><td>.</td><td>取结构体成员</td></tr>
<tr><td rowspan="10">2</td><td>!</td><td>逻辑非</td><td rowspan="10">单目</td><td rowspan="10">右结合</td></tr>
<tr><td>~</td><td>按位取反</td></tr>
<tr><td>++</td><td>自增</td></tr>
<tr><td>--</td><td>自减</td></tr>
<tr><td>-</td><td>负号</td></tr>
<tr><td>+</td><td>正号</td></tr>
<tr><td>(类型)</td><td>强制类型转换</td></tr>
<tr><td>*</td><td>指针运算</td></tr>
<tr><td>&</td><td>取地址</td></tr>
<tr><td>sizeof</td><td>求类型字节数</td></tr>
<tr><td rowspan="3">3</td><td>*</td><td>乘法</td><td rowspan="15">双目</td><td rowspan="15">左结合</td></tr>
<tr><td>/</td><td>除法</td></tr>
<tr><td>%</td><td>求余</td></tr>
<tr><td rowspan="2">4</td><td>+</td><td>加法</td></tr>
<tr><td>-</td><td>减法</td></tr>
<tr><td rowspan="2">5</td><td><<</td><td>左移</td></tr>
<tr><td>>></td><td>右移</td></tr>
<tr><td>6</td><td>< <= > >=</td><td>关系</td></tr>
<tr><td rowspan="2">7</td><td>==</td><td>相等</td></tr>
<tr><td>!=</td><td>不相等</td></tr>
<tr><td>8</td><td>&</td><td>按位与</td></tr>
<tr><td>9</td><td>^</td><td>按位异或</td></tr>
<tr><td>10</td><td>|</td><td>按位或</td></tr>
<tr><td>11</td><td>&&</td><td>逻辑与</td></tr>
<tr><td>12</td><td>||</td><td>逻辑或</td></tr>
<tr><td>13</td><td>? :</td><td>条件运算</td><td>三目</td><td>右结合</td></tr>
<tr><td>14</td><td>= += -= *= /= %=
&= |= ^= <<= >>=</td><td>赋值运算</td><td rowspan="2">双目</td><td>右结合</td></tr>
<tr><td>15</td><td>,</td><td>逗号运算</td><td>左结合</td></tr>
</table>

附录 D

CT

位运算

位运算是指进行二进制位的运算。系统软件常常对二进制位进行运算，如将存储单元中的内容左移两位。位运算适合编写系统软件，是 C 语言的重要特色之一，在计算机操作系统控制、网络通信协议设计、嵌入式开发等领域有广泛应用。

C 语言提供了 6 种位运算符，如表 D-1 所示。这些运算符只能用于整型或字符型操作数，包括 char、short、int、long 类型，不能为 float、double 等实型数据。

表 D-1　**位运算符**

运算符	含　义	描　　述
&	按位与	如两操作数对应的二进制位都为 1，该位运算结果为 1，否则为 0
|	按位或	如两操作数对应的二进制位有一个 1，该位运算结果为 1，否则为 0
^	按位异或	如两操作数对应的二进制位相同则该位运算结果为 0，否则为 1
~	按位取反	单目运算符，对一个操作数按二进制位取反，即将 0 变 1、1 变 0
<<	按位左移	将一个操作数的各二进制位全部左移 N 位，高位舍弃，右补 0
>>	按位右移	将一个操作数的各二进制位全部右移 N 位，低位舍弃，对于无符号数其高位补 0

位运算符中，除了“~”为单目运算符，其余均为双目运算符。

1．"按位与" 运算符&

“按位与”运算符&的功能是：将参加运算的两个数据，按其对应的二进制位进行“与”运算，若两个相应的二进制位都为 1，则结果值为 1，否则为 0。这里的“1”可以理解为逻辑中的真（true），“0”可以理解为逻辑中的假（false）。“按位与”与逻辑“与”的运算规则一致。例如，3 & 5，3 的编码是 00000011B，5 的二进制编码是 00000101B，那么按位与运算：

```
  00000011
& 00000101
----------
  00000001
```

由此可知，3 & 5 = 1。如果参与“按位与”运算的是负数，就以补码形式表示为二进制数，然后按位进行“与”运算。

C 语言示例代码如下。

```
#include <stdio.h>
int main() {
    int  a = 3;
    int  b = 5;
    printf("%d", a&b);
}
```

按位与有一些特殊用途：如清零、取一个数中的某些指定位、将某一位保留下来等。

（1）清零

当需要把原数 A 中的某些指定位清零时，只需要构造一个数 B，在 B 中将对应位的值设为 0，其余位的值设为 1；然后将 A 和 B 进行“按位与”运算，即可达到清零目的。例如，数 A 为 00101011B，现需要把其低 4 位清零，则构造数 B 为 11110000B，将两者“按位与”运算，就能得到想要的结果 00100000B。

```
   00101011
& 11110000
-----------
   00100000
```

（2）取一个数中某些指定位

若有一个整数 0010 1100 1010 1100，想要取其中的低字节，只需要将它与 8 个 1 按位与即可（高 8 位取 0）。

```
    00101100 10101100
&   00000000 11111111
---------------------
    00000000 10101100
```

（3）保留指定位

与一个数进行“按位与”运算，此数在该位取 1。例如，对于数 84，即 01010100B，想只保留从右边数的第 0、1、3、4、5 位，那么可以采取如下运算：

```
    0101 0100
&   0011 1011
-------------
    0001 0000
```

即：a = 84，b = 59，则 a & b 的结果为 16。

2．“按位或”运算符 |

“按位或”运算的功能是，将参加运算的两个数，按其对应的二进制位进行“或”运算。两个相应的二进制位中只要有一个为 1，该位的结果值为 1。例如，将八进制数 60 与八进制数 17 进行“按位或”运算。

```
    0011 0000
|   0000 1111
-------------
    0011 1111
```

“按位或”运算常用来对一个数据的某些位置 1。例如，想使一个数 a 的低 4 位改为 1，则只需将 a 与 0x0F 进行“按位或”运算即可。

3．“按位异或”运算符 ^

“按位异或”运算的功能是，将参加运算的两个数，按其对应的二进制位进行“异或”运算，若参加运算的两个二进制位的值相同，则此位为 0，否则为 1，即 0^0=0，0^1=1，1^0=1，1^1=0。例如，计算 9^5，结果为 12。

```
    0000 1001
^   0000 0101
-------------
    0000 1100
```

“异或”的意思是判断两个相应位的值是否为“异”（值不同），为“异”就取真（1），否则为假（0）。

“按位异或”有如下应用。

① 使特定位翻转，即 0 变 1，1 变 0。例如，对二进制数 01111010B，想使其低 4 位翻转，

可以将其与进行 00001111B 进行“异或”运算。

```
      0111 1010
^     0000 1111
---------------
      0111 0101
```

运算结果的低 4 位正好是原数低 4 位的翻转。可见，要使哪些位翻转就将与其进行“异或”运算的那些位置 1 即可（其余位置 0）。

② 与 0 相“异或”，保留原值。例如，9^0 = 9。

```
      0000 1001
^     0000 0000
---------------
      0000 1001
```

因为原数中的 1 与 0 进行“异或”运算得 1，0 与 0 进行“异或”运算得 0，故保留原数。

③ 交换两个值，不用临时变量。例如，a=3，b=4，想将 a 与 b 的值互换，可用以下连续 3 条赋值语句实现：

```
a = a^b;        // 等效于 a = 011B, b = 100B, 那么 a^b 的结果为 111B（即 a 为十进制数 7）
b = b^a;        // 等效于 a = 111B, b = 100B, 那么 b^a 的结果为 011B（即 b 为十进制数 3）
a = a^b;        // 等效于 a = 111B, b = 011B, 那么 a^b 的结果为 100B（即 a 为十进制数 4）
```

整个计算过程相当于

```
b = b^a^b = a;
a = a^b^a = b;
```

C 语言示例代码如下：

```
#include <stdio.h>
int main() {
    int a = 3;
    int b = 4;
    a = a^b;
    b = b^a;
    a = a^b;
    printf("a = %d  b = %d", a, b);
}
```

④ 同一位串“异或”运算后结果为 0。例如，为使变量 n 清零，可以采用“异或”运算

```
n = n^n;
```

其结果为 0。

⑤ 一个数与其他数连续做两次“异或”的结果为其本身，即

```
(m^n)^n;
```

的运算结果为 m。异或的这种性质常被用于对处理过的数据进行还原。

4．“按位取反”运算符~

“按位取反”运算的功能是，将操作数中各位的二进制值取反，即将 1 变为 0，0 变为 1。“按位取反”运算常用于求整数的二进制反码等。

5．"按位左移"运算符<<

"按位左移"运算的功能是，把运算符"<<"左边的操作数的各二进制位全部左移若干位，右边的操作数用于指定移动的位数（必须是非负值），高位丢弃，低位补 0。

例如，"a<<2"是将 a 左移 2 位，右边空出的位补 0，左边溢出的位舍弃，若 a=15，即 00001111B，左移 2 位得 00111100B，即 60。

左移 1 位相当于该数乘以 2，左移 2 位相当于该数乘以 $2^2=4$，即"15<<2"的结果为 60，将15×4。但此结论只适用于该数左移时被溢出舍弃的高位中不包含 1 的情况。假设 a 为 1 字节的无符号整型变量，且其值为 64，对 a 左移 1 位时，溢出的 1 位是 0，其结果为64×2，即 128；而对 a 左移 2 位时，溢出的高位中则包含 1，实际上左移运算的结果为 0。

左移比乘法运算快得多，因此在 C 语言程序中，常将乘以 2 的运算用左移 1 位来实现，将乘以 2^n 的运算用左移 n 位来实现。

6．"按位右移"运算符>>

"按位右移"运算的功能是，把运算符">>"左边的操作数的各二进制位全部右移若干位，右边的操作数用于指定移动的位数，移到右端的低位被舍弃，对于无符号数，（左边）高位补 0，对于有符号数，某些机器将对左边空出的部分用符号位填补（即"算术移位"），而有些机器对左边空出的部分用 0 填补（即"逻辑移位"）。右移 1 位相当于除以 2，右移 n 位相当于除以 2^n。例如，a 的值是 1001011111101101B，则"a>>1"的结果为：0100101111110110B（逻辑右移时）或 1100101111110110B（算术右移时）。

7．位运算复合赋值运算符

位运算符与赋值运算符结合，可以组成新的复合赋值运算符，包括：&=，|=，>>=，<<=，^=等。例如，a & = b 相当于 a = a & b，a << =2 相当于 a = a << 2。其运算规则与复合赋值运算符通用运算规则相似。

附录 E

CT

预处理

尽管绝大多数的编译器都包含了预处理程序，但通常认为它们是独立于编译器的。预处理过程在编译之前进行，读入源代码，检查以“#”开头的命令行，执行宏替换、条件编译和包含指定的文件三种命令。预处理过程还会删除程序中的注释和多余的空白字符。

E.1 宏替换

本书正文中使用宏定义时介绍过，编译前会将宏名替换为其后的字符串，这就是宏替换。宏替换基于宏定义进行。宏定义有两种形式：带形参的宏定义和不带形参的宏定义。

1．不带形参的宏定义

不带形参的宏定义的一般形式是：

```
#define        标识符  字符序列
```

其中，标识符称为宏定义名（简称宏名），字符序列称为宏体。宏名习惯用大写字母，以便与一般变量名区别。例如：

```
#define        PI   3.14
```

用 PI 代表程序中圆周率的数值 3.14。预处理时，预处理器会将 C 语言源程序中宏定义后出现的所有宏名 PI 都替换成宏体 3.14（出现在注释或字符串常量内的宏名除外）。宏替换的过程也称为宏展开。

使用宏定义的好处包括：① 便于修改程序，做到“一改全改”，减少出错的机会；② 用具有助记功能的宏名来代替常量，可提高程序的可读性；③ 在源程序中用宏名来代替频繁出现的长字符序列，可减少一定的书写工作量。

宏定义的宏体里可以引用别的宏名。例如：

```
#define        R          5.5                   // 圆的半径
#define        AREA       PI*R*R                // 圆的面积
```

宏名的作用范围通常是从宏定义的结束位置开始到源程序文件末尾。不过宏名可以在同一文件中重复定义，重复定义之后出现的宏名将被替换成新的宏体。例如：

```
#define        PI         3.14                  // 此范围内PI展开成3.14
…
#define        PI         3.14159               // 此后PI展开成3.14159
```

还可以用预处理命令#undef 来终止一个宏名的作用范围，一般形式为：

```
#undef    宏名
```

2．带形参的宏定义

带形参的宏定义在被展开时，除了将宏名替换为宏体文本外，还能进行参数替换。

带形参的宏定义的一般形式是：

```
#define        宏名(形参列表)  宏体
```

其中，“(” 必须紧随宏名后，中间不能有空格，否则空格后的文本都被视为不带形参的宏定义的一部分。形参列表中可以出现多个用 “,” 隔开的不重名的标识符，每个标识符代表一个形参。

带参数的宏展开过程也被称为宏调用，可借用函数中形参、实参的概念描述：分别用宏调用中的实参文本去替换宏体中对应的形参，而宏体中不是形参的其他文本则按原样保留。但与函数调用不同的是，宏调用归根到底仍然只是一个纯粹的文本替换过程，需要特别注意括号在其中的作用。

下面是一个计算矩形面积的带形参的宏定义的例子：

```
#include<stdio.h>
#define        AREA(W,H)      W*H                   // 计算矩形面积
int main() {
    float  a = 3.0, b = 4.0, s1, s2;
    s1 = AREA(a, b);
    s2 = AREA(a+1, b+1);
    printf("s1 = %4.1f, s2 = %4.1f\n", s1, s2);
}
```

程序的运行结果：

```
s1 = 12.0, s2 = 8.0
```

这是因为宏展开仅是文本直接替换，不会进行表达式计算，因此 s2 的值为 a+1*b+1，而不是(a+1)*(b+1)。如果改写为：

```
#define        AREA(W,H)      (W)*(H)                          // 计算矩形面积
```

就可以得到预期的结果：

```
s1 = 12.0, s2 = 20.0
```

常用的字符输入函数 getchar()和字符输出函数 putchar()，实际上是定义在头文件 stdio.h 中的宏。它们的展开值随着 C 的实现版本不同而有所不同，但大体上类似如下：

```
#define        getchar( )     getc(stdin)                      // 形参列表为空
#define        putchar(x)     putc(x, stdout)
```

例如，分别写出对 2 个、3 个和 4 个数值求其中最小值的带参宏定义。

```
#define        min(a, b)           (((a)<(b))?(a):(b))      // 求 2 个数中的最小值
#define        min3(x, y, z)       min(min(x, y), z)        // 求 3 个数中的最小值
#define        min4(r, s, t, u)    min(min3(r, s, t), u)    // 求 4 个数中的最小值
```

例如，定义一个带参数的宏，使两个参数的值互换。

方法 1：

```
#define        SWAP1(x, y)         { unsigned long temp = x;  x = y;  y = temp; }
```

SWAP1 建立在假设两个参数 x 和 y 的类型可以隐式地转换为 unsigned long 类型，并且转换回去后参数的值不会发生变化。显然，SWAP1 对参数类型的适用面比较窄。

方法 2：

```
#define        SWAP2(type, x, y)  { type temp = x;  x = y;  y = temp; }
```

SWAP2 中增加了一个形参 type，对应的实参是一个类型名，这样适用于对各种已知类型的参数进行值的互换。比如：

```
double  al = 2.3 , a2 = 4.8 ,*pl = &al, *p2 = &a2;
SWAP2(double, al, a2);                                         // 互换两个 double 型变量的值
```

```
SWAP2(double*, p1, p2);                              // 互换两个double指针型变量的值
```

E.2 文件包含

文件包含是预处理中最简单的情况，会直接替换为所包含的文件的全部内容（见第 4 章）。

E.3 条件编译

一般，C 语言源程序中的每行代码都要参加编译。有时出于对程序代码优化的考虑，希望只对其中一部分内容进行编译。此时就需要在程序中加上条件，让编译器只对满足条件的代码进行编译，将不满足条件的代码舍弃，这就是条件编译（conditional compile）。

比如，编写一段代码，调试版本添加日志输出，发行版本不包括日志输出；为 Linux 编译的程序，调用函数 a()，为 Windows 编译的程序，调用函数 b()；一个头文件，为静态编译的代码调用 lib 中的函数，为动态编译的代码，调用 dll 中的函数；等等。

条件编译可以让程序在各种软、硬件环境下运行，提高了程序的可移植性和调试灵活性。

在 C 语言中，条件编译主要有如下格式。

1．#if 格式

```
#if 表达式
    语句序列①
[#else
    语句序列②]
#endif
```

功能：当表达式的值为真时，编译语句序列①，否则编译语句序列②。其中，#else 和语句序列②可有可无。

2．#ifdef 格式

```
#ifdef  标识符
    语句序列①
[#else
    语句序列②]
#endif
```

功能：当标识符已被定义时（用#define 定义），编译语句序列①，否则编译语句序列②。其中，#else 和语句序列②可有可无。

3．#ifndef 格式

```
#ifndef  标识符
    语句序列①
[#else
    语句序列②]
```

```
#endif
```

功能：与 ifdef 相反。

例如，有一个数据类型，在 Windows 平台中应该使用 long 类型表示，而在其他平台应该使用 float 表示，这样往往需要对源程序作必要的修改，降低了程序的通用性。可以用以下条件编译：

```
#ifdef      WINDOWS
#define     MYTYPE   long
#else
#define     MYTYPE   float
#endif
```

如果在 Windows 上编译程序，就可以在程序的开始加上

```
#define     WINDOWS
```

这样编译下面的命令行：

```
#define     MYTYPE   long
```

如果在这组条件编译命令前曾出现以下命令行：

```
#define  WINDOWS  0
```

那么预编译后程序中的 MYTYPE 都用 float 代替。这样，源程序可以不必进行任何修改，就可以用于不同类型的计算机系统。当然以上介绍的只是一种简单的情况，可以根据此思路设计出其他条件编译。

例如，在调试程序时，常常希望输出一些所需的信息，而在调试完成后不再输出这些信息。可以在源程序中插入以下条件编译段：

```
#ifdef   DEBUG
   printf("device_open(%p)\n", file);
#endif
```

如果在它的前面有以下命令行：

```
#define DEBUG
```

那么，在程序运行时输出 file 指针的值，以便调试分析。调试完成后，只需将这个 define 命令行删除即可。有人可能觉得不用条件编译也可达此目的，即在调试时加一批 printf 语句，调试后一一将 printf 语句删除去。的确，这是可以的。但是，当调试时加的 printf 语句比较多时，修改的工作量是很大的。用条件编译，则不必一一删改 printf 语句，只需删除前面的“#define DEBUG”命令即可，这时所有的用 DEBUG 作标识符的条件编译段都使其中的 printf 语句不起作用，即起统一控制的作用，如同一个“开关”。

附录 F

CT

常用库函数

本附录将分类列出 C 语言提供的常用库函数及其简要功能。有关这些函数的详细使用和其他函数等内容，请参阅有关资料。

ANSI C 标准要求在使用以下库函数时要包含对应的头文件。有些版本的 C 语言可能不遵循 ANSI C 标准的规定，而用其他名称的头文件。读者使用时请查阅有关资料。

1．数学函数

使用数学库函数时应该包含头文件 math.h。数学库函数及其功能如表 F-1 所示。

表 F-1 数学函数库函数及其功能

函数名	函数原型	函数功能
abs	int abs (int x);	求整数 x 的绝对值
fabs	double fabs (double x);	求浮点数 x 的绝对值
exp	double exp (double x);	求指数 e^x 的值
log	double log (double x);	求对数 $\log_e x$ 即 $\ln x$ 的值
log10	double log10 (double x);	求对数 $\lg x$ 的值
pow	double pow (double x,double y);	计算方幂 x^y 的值
sqrt	double sqrt (double x);	计算平方根 $\sqrt{x}$ 的值
sin	double sin (double x);	计算 x 的正弦值
cos	double cos (double x);	计算 x 的余弦值
tan	double tan (double x);	计算 x 的正切值
asin	double asin (double x);	计算 x 的反正弦值
acos	double acos (double x);	计算 x 的反余弦值
atan	double atan (double x);	计算 x 的反正切值
rand	int rand (void); // 要求使用#include <stdlib.h>	产生-90～32767 间的随机整数
sinh	double sinh (double x);	计算 x 的双曲正弦函数 sinh(x)的值
cosh	double cosh (double x);	计算 x 的双曲余弦函数 cosh(x)的值
tanh	double tanh (double x);	计算 x 的双曲正切函数 tanh(x)的值
floor	double floor (double x);	求出不大于 x 的最大整数，值为双精度浮点数
ceil	double ceil (double x);	求出不小于 x 的最大整数，值为双精度浮点数

2．字符函数和字符串函数

使用字符串库函数时要包含头文件 string.h，使用字符库函数时要包含头文件 ctype.h。常用字符和字符串类库函数如表 F-2 所示。

表 F-2 常用字符和字符串函数

函数名	函数原型	函数功能	返回值
isalnum	int isalnum (int ch);	检查 ch 是否是字母(alpha)或数字(number)	是则返回 1，不是则返回 0
isalpha	int isalpha (int ch);	检查 ch 是否是字母	是则返回 1，不是则返回 0
iscntrl	int iscntrl (int ch);	检查 ch 是否是控制字符	是则返回 1，不是则返回 0
isdigit	int isdigit (int ch);	检查 ch 是否是数字字符	是则返回 1，不是则返回 0
isgraph	int isgraph(int ch);	检查 ch 是否是可打印字符（0x20～0x7E）	是则返回 1，不是则返回 0
islower	int islower(int ch);	检查 ch 是否是小写字母	是则返回 1，不是则返回 0

（续）

函数名	函数原型	函数功能	返回值
isupper	int isupper(int ch);	检查 ch 是否是大写字母	是则返回 1，不是则返回 0
isprint	int isprint(int ch);	检查是否是可打印字符（0x20～0x7E）	是则返回 1，不是则返回 0
ispunct	int ispunct(int ch);	检查 ch 是否是标点符号，不含空格	是则返回 1，不是则返回 0
isspace	int isspace(int ch);	检查 ch 是否是空格、制表符或换行符	是则返回 1，不是则返回 0
isxdigit	int isxdigit(int ch);	检查 ch 是否是一个十六进制数字字符	是则返回 1，不是则返回 0
strcat	char *strcat(char *str1, char *str2);	把字符串 str2 接到 str1 后，str1 尾部的'\0'被取消	返回连接后的字符串 str1
strchr	char *strchr(char *str, int ch);	找出指向的字符串中第一次出现字符 ch 的位置	返回指向该位置的指针，如找不到，则返回空指针
strcmp	int strcmp(char *str1, char *str2);	比较两个字符串 str1 与 str2 的大小	str1<str2，返回负数；str1=str2，返回 0；str1>str2，返回正数
strcpy	char *strcpy(char *str1, char *str2);	把 str2 指向的字符串复制到 str1 中去	返回 str1
strlen	unsigned int strlen(char *str);	统计字符串 str 中字符的个数（不包括字符串结束符'\0'）	返回字符串长度
strstr	char *strstr(char *str1, char *str2);	找出 str2 字符串在 str1 字符串中第一次出现的位置	返回该位置的指针，如找不到，则返回空指针
tolow	int tolower(int ch);	将 ch 字符转换为小写字母	返回与 ch 相对应的小写字母
toupper	int toupper(int ch);	将 ch 字符转换为大写字母	返回与 ch 相对应的大写字母

3．输入/输出函数

使用输入/输出库函数时应该包含头文件 stdio.h。常用输入/输出库函数如表 F-3 所示。

表 F-3　**常用输入/输出库函数**

函数名	函数原型	函数功能	返回值
fclose	int fclose(FILE *fp);	关闭 fp 指定的文件，释放文件缓冲区	有错，则返回非 0，否则返回 0
feof	int feof(FILE *fp);	检查文件是否结束	遇文件结束符，则返回非 0，否则返回 0
fgetc	int getc(FILE *fp);	从 fp 指定的文件中取得下一个字符	返回所得字符，若读入出错，则返回 EOF
fgets	char *fgets(char *buf, int n, FILE *fp);	从 fp 指定的文件读取一个长度最多为 n-1 的字符串，存入起始地址为 buf 的空间	返回地址 buf，若遇文件结束符或出错，则返回 NULL
fopen	FILE fopen(char *filename, char mode);	以 mode 指定的方式打开名为 filename 的文件	成功，则返回一个文件指针，否则返回 0
fprintf	int fprintf(FILE *fp, char *format, args,…);	把 args 的值以 format 指定的格式输出到 fp 指定的文件中	实际输出的字符数
fputc	int fputc(char ch, FILE *fp);	将字符 ch 输出到 fp 指向的文件中	成功，则返回该字符，否则返回非 0
fputs	int fputs(char *str, FILE *fp);	将 str 指向的字符串输出到 fp 指向的文件中	成功，则返回 0，否则返回非 0
fread	int fread(char *pt, unsigned size, unsigned n, FILE *fp);	从 fp 指定的文件中读取一个长度为 size 的 n 个数据项，存到 pt 指向的内存区	返回所读的数据项个数，如遇文件结束或出错则返回 0
fscanf	int fscanf(FILE *fp, char format, args,…);	从 fp 指定的文件中，按 format 给定的格式，将输入数据送到 args 指向的内存单元（args 是指针）	返回已输入数据个数

（续）

函数名	函数原型	函数功能	返回值
fseek	int fseek(FILE *fp, long offset, int base);	将 fp 指向的文件的位置指针移到以 base 所给的位置为基准、以 offset 为位移量的位置	返回当前位置，否则返回-1
ftell	long ftell(FILE *fp);	返回 fp 指向的文件中的读写位置	返回fp指向的文件的读写位置
fwrite	int fwrite(char *ptr, unsigned size, unsigned n, FILE *fp);	把 ptr 指向的 n*size 字节输出到 fp 指向的文件中	返回写到 fp 文件中的数据项的个数
getc	int getc(FILE *fp);	从 fp 指向的文件中读入一个字符	返回所读的字符，若文件结束或出错，则返回-1
getchar	int getchar(void);	从标准输入设备读取下一个字符	返回所读的字符，若文件结束或出错，则返回-1
printf	int printf(char *format,args,…);	按 format 指向的格式字符串所规定的格式，将输出表列 args 的值输出到标准输出设备	返回输出字符的个数，若出错，则返回负数
putc	int putc(int ch,FILE *fp);	把一个字符 ch 输出到 fp 所指的文件中	返回输出的字符 ch，若出错，则返回 EOF
putchar	int putchar(char ch);	把字符 ch 输出到标准输出设备	返回输出的字符 ch，若出错，则返回 EOF
puts	int puts(char *str);	把 str 指向的字符串输出到标准输出设备，将'\0'转换为回车换行	返回换行符，若失败，则返回 EOF
getw	int getw(file *fp);	从 fp 指向的文件读取下一个字（整数）	返回输入的整数，若文件结束或出错，则返回-1
putw	int putw(int w, FILE *fp);	将一个整数 w（即一个字）写到 fp 指向的文件	返回输出的整数，若出错，则返回 EOF
rewind	void rewind(FILE *fp);	将fp指向的文件的位置指针置于文件开头的位置，并清除文件结束标志和错误标志	无
scanf	// 要求 args 为指针 int scanf(char *format, args, …);	从标准输入设备，按 format 指向的格式字符串所规定的格式，输入数据给 args 指向的内存单元	返回读入并赋给 args 的数据个数，遇文件结束则返回 EOF，出错则返回 0

4．动态存储分配函数

ANSI 标准建议在 stdlib.h 头文件中包含动态存储分配函数的信息，但许多 C 编译系统用的是 malloc.h 而不是 stdlib.h。

ANSI 标准要求动态分配系统返回 void 指针。void 指针具有一般性，可以指向任何类型的数据。但目前有的 C 编译所提供的这类函数返回 char 指针。无论是以上两种情况的哪一种，都需要用强制类型转换的方法把 void 或 char 指针转换成所需的类型（如表 F-4 所示）。

表 F-4　动态存储分配函数的功能与返回值

函数名	函数原型	函数功能	返回值
calloc	void *calloc (unsigned n,unsigned size);	分配 n 个数据项的内存连续空间，每个数据项的大小为 size	返回所分配内存单元的起始地址，如不成功，则返回 NULL
malloc	void *malloc (unsigned size);	分配大小为 size 字节的内存区	返回所分配的内存区起始地址，如内存不够，则返回 NULL
realloc	void *realloc (void *p,unsigned size);	将 p 所指向的已分配内存区的大小改为 size，size 可以比原来分配的空间大或小	返回指向该内存区的指针
free	void free (void *p);	释放 p 所指的内存区	无

附录 G

CT

外部对象与项目

当用C语言设计一个比较复杂的软件项目时，通常会把代码分别放在多个“.c”文件中，这样不仅便于分解开发任务，也便于修改与维护。通常，按代码的功能进行划分，一些源文件存放函数的实现，一些头文件声明这些函数，这样代码会更有条理。常用的IDE都提供了创建与管理多文件项目的功能。

1．外部对象

C语言程序可以看成由一系列的外部对象构成，这些外部对象可能是变量或函数。外部与内部是相对的，内部变量指的是定义在函数内部的函数参数及变量。外部变量定义在函数之外，因此可以在多个函数中共享使用。

由于C语言不允许在一个函数中定义其他函数，因此函数本身是“外部的”。默认情况下，外部变量与函数具有下列性质：通过同一个名字对外部变量的所有引用实际上都是引用同一个对象，即使这种引用来自于单独编译的不同函数。标准中把这一性质称为外部链接。

以全局变量为例，如果该变量定义在函数的中间，而定义点前面的某个函数希望引用这个全局变量，或者非静态全局变量定义在其他文件中，当前文件希望使用它，这时就需要对该全局变量进行外部声明，其一般形式为：

```
extern 数据类型 全局变量[, 全局变量2, …];
```

例如：

```
#include <stdio.h>
int main() {
    extern int  A, B, C;            // 3个全局变量A、B、C的声明，在它们的定义之前
    A = 3;    B = 5;    C = 1;      // 全局变量的引用在定义前，所以需先声明
    printf("%d", max());
}
int  A, B, C;                       // 此处定义的3个全局变量A、B、C，其后才有效（除非用声明）
int max()  {
    int  m;
    m = A>B ? A: B;
    return(m>C ? m: C);             // 求三个数的最大值
}
```

运行结果，输出显示：

```
5
```

解析：全局变量为其定义后的所有函数共享，而本例中，main()函数中对A、B、C的引用在定义之前，所以需在引用前声明这三个全局变量。而max()函数中不需要声明，是因为这里的引用在变量定义之后。

非静态全局变量的作用域是整个程序，也就是所有的源文件，包括.c和.h文件。因此多源文件联合编译时，需要在引用全局变量的文件中对它们进行声明。例如，需要在file1.c中对file2.c中定义的全局变量m和n用extern关键字加以声明才能引用它们，源程序如下：

```
/* file1.c */
    extern  m, n;                       // 声明file2.c定义的全局变量m、n
    int main()    {
    …
```

```
        printf("%d", max(m, n));            // 引用file2.c的全局变量m、n
    }
/* file2.c */
    int  m = 10, n = 7;                     // 定义全局变量
    int max(int x, int y)   {
        return x>y ? x: y;
    }
```

这里体现出全局变量的定义和声明的不同。定义只能有一次，定义点的位置在所有函数之外，系统根据定义时的数据类型来分配存储单元。而全局变量的声明可以有多次，声明的位置可以在函数之内，也可以在函数之外。对全局变量的初始化，只能在定义时进行，而不能在声明时进行。

如果全局变量使用 static 关键字声明为静态全局变量，那么它将具有内部链接，只能被同一源程序文件内的所有函数共享，而不能被其他源程序文件内的函数使用。

2．项目与多文件程序

集成开发环境中的编译器通常都是面向项目（Project）的。尽管项目可以只包含一个“.c”文件，但通常是由多个“.c”和“.h”文件组成的文件集，也就是多文件程序。对于多文件程序，需要使用相应的菜单命令，把源代码文件加入一个项目。许多 IDE 都不在项目列表中列出头文件，不过 Xcode 要在项目中添加头文件。

多文件程序中的每个“.c”文件含有一个或多个函数定义，在程序规模很大时，可以根据需要单独编译某个“.c”文件，而不用每次都重新编译所有的文件。

假设有一个名为“pgm”的大程序，每个“.c”文件的头部都含有一条#include "pgm.h"预处理命令。当预处理器遇到这条命令时，首先在当前的目录中寻找文件 pgm.h。如果存在这个文件，就引入它；如果不存在，预处理器就在与机器相关的目录中寻找它；如果找不到 pgm.h，预处理器就会给出一个错误信息，并停止编译。

头文件中可以包含#include 和#define 预处理命令、枚举类型声明、结构体类型声明、函数原型列表。

例如，程序由 test.c、add_tool.c、test.h 三个文件组成。

主文件 test.c：

```
    #include <stdio.h>
    #include "test.h"
    int main(){
        int  a = 5, b = 10;
        int  result = add(a, b);                // 函数的调用
        printf("result = %d\n", result);
        getchar();
        return 0;
    }
```

被调用文件 add_tool.c：

```
// 函数的定义
    #include "test.h"
    int add(int x, int y) {
        return x + y;
```

```
}
```

头文件 test.h：

```
#pragma once
// 头文件在编译时会将其内容（引入的系统库和自己的库）复制到主文件中
// 函数与变量的声明
int add(int x, int y);                    // 函数的声明，分号不能省略
```

函数可以多次声明，但只能在一处定义。原则上，要先声明函数，再实现函数（这样函数实现即使在调用之后也没关系）。在可能的情况下，一般将声明函数的“.h”文件与实现函数的“.c”文件进行相同的命名。不过在“.h”文件中声明函数后，编译器会在所有的“.c”文件中寻找是否有“.h”文件中声明的函数，所以“.h”和“.c”也可以不重名。

引入“.h”文件的本质就是将文件的内容复制到“.c”文件中。

main.c 中的#include "test.h"相当于：

```
#include <stdio.h>
int add(int x, int y);                    // 直接复制过来
int main() {
    int  a = 5, b = 10;
    int  result = add(a, b);              // 函数的调用
    printf("result = %d\n", result);
    getchar();
    return 0;
}
```

在 Linux 或 UNIX 系统中，使用 gcc 命令编译程序，并生成可执行文件 test 的命令如下：

```
gcc test.c add_tool.c -o test
```

运行程序的命令如下：

```
./test
```

在头文件的声明中，对于“""”括起来的文件名，编译器会在本地查找文件，如果加上目录文件名，编译器就会在相对路径下寻找。

对于“< >”括起来的文件名，编译器在标准目录库中寻找。在 UNIX 系统中，头文件一般存放在 /usr/local/include 或 /usr/include 等目录中。

“.h”文件是头文件，内含函数声明、宏定义、结构体定义等内容。

“.c”文件是程序文件，内含函数实现，变量定义等内容。

#include 后的文件可以是“.h”或“.c”，也可以是其他扩展名的文件。

例如，有一个字符串，包括若干字符，现输入一个字符，如果字符串中包含此字符，就把它删去。用外部函数实现。

① 编写外部函数对应的头文件：file2.c → file2.h， file3.c → file3.h，file4.c → file4.h。这些文件和主程序 file1.c 放在同一个文件夹下。

file2.h：

```
void enter_string(char str[]);
```

file3.h：

```
void delete_string(char str[], char ch);
```

file4.h：

```
void print_string(char str[]);
```

（2）在主程序 file1.c 首部引入各头文件

主程序 file1.c：

```
#include <stdio.h>
#include <string.h>

#include "file2.h"
#include "file3.h"
#include "file4.h"

int main(void) {
    extern void enter_string(char str[]);                // 声明输入函数
    extern void delete_string(char str[], char ch);      // 声明删除函数
    extern void print_string(char str[]);                // 声明打印函数

    char  c;                                             // 准备删除的字符
    char str[80];                                        // 定义字符数组
    enter_string(str);                                   // 调用输入字符串函数
    printf("输入要删除的字符：");
    scanf("%c", &c);
    delete_string(str, c);                               // 调用删除字符函数
    print_string(str);                                   // 调用删除函数

    return 0;
}
```

外部程序 file2.c：

```
#include <stdio.h>
void enter_string(char str[]) {
    printf("输入字符串： ");
    gets(str);
}
```

外部程序 file3.c：

```
#include <stdio.h>
void delete_string(char str[], char ch) {
    int  i;                                   // 循环变量
    int  j;                                   // 未被删除的字符
    for(i = j = 0; str[i] != '\0'; i++) {
        if(str[i] != ch) {
            str[j++] = str[i];
        }
    }
    str[j] = '\0';
}
```

外部程序 file4.c：

```
#include <stdio.h>
void print_string(char str[]){
    printf("%s\n", str);
}
```

（3）MinGW 编译

```
gcc file1.c file2.c file3.c file4.c
```

（4）运行 a.exe 即可。

参考文献

CT

[1] (美)KERNIGHAN B W, RITCHIE D M．C 程序设计语言（第 2 版）．徐宝文，李志译．北京：机械工业出版社，2004．

[2] 贾伯琪等．计算机程序设计（C 语言版）．北京：机械工业出版社，2011．

[3] (美)STEPHEN P．C Primer Plus（第 6 版）．北京：人民邮电出版社，2016．

[4] 谭浩强．C 程序设计（第五版）．北京：清华大学出版社，2017．

[5] (美)ANDREW K．C 陷阱与缺陷．高巍译．北京：人民邮电出版社，2002．

[6] (日)柴田望洋．明解 C 语言（第 3 版）：入门篇．管杰，罗勇，杜晓静译．北京：人民邮电出版社，2015．

[7] (美) K N KING．C 语言程序设计现代方法（第 2 版）．吕秀锋，黄倩译．北京：人民邮电出版社，2010．

[8] (日)前桥和弥．征服 C 指针（第 2 版）．朱文佳译．北京：人民邮电出版社，2021．

反侵权盗版声明